Uwe Weinzierl

Der Pferdeversteher

Wie ich zum Horseman wurde und was Sie daraus lernen können

BLV

Bayerischer Landwirtschaftsverlag

Uwe Weinzierl

Der Pferdeversteher

Wie ich zum Horseman wurde und was Sie daraus lernen können

Inhalt

Vorwort 7
Geleitwort von Heinz Welz 8

Horsemanship 10

Was steckt dahinter? 12
Harmonische Partnerschaft 12
Der natürliche Umgang mit Pferden 13
Von Säugetier zu Säugetier 14
Wie alles anfing 15
Pat Parelli und die »Sieben Spiele« 16
Monty Roberts und sein »Join-up« 17
Unterschiede und Equipment 18
Der Roundpen 18
Knotenhalfter und Arbeitsseil 19
Stick und String 20

Horsemanship für jedermann? 21
In vier Phasen zum Erfolg 22
Der Weg ist das Ziel - und umgekehrt 23

11 Pferdegeschichten 24

Nando 26
Die Initiation 27
Meine Geschichte beginnt im Wald 36

Samson 40
Den richtigen Riecher muss man haben! 41
Verweigerung in der großen Stadt 49

Aragon 50
Wer zum Teufel ist Monty Roberts? 51
Kreuzberg, Krawall und Kabarett 60

Peon 64
Mein erstes Showpferd 65
Pferde und Kultur? Und wie das geht! 73

Jacques 76
Vergebliche Liebesmüh 77
Die Liebe in den Zeiten der Kohl-Ära 84

Dakini 86
Das Worst-Case-Szenario 87
Entscheidung über Leben und Tod 94

Nina 96
Hokuspokus mit Pferden 97
Religion, Märchen und andere Mythen 105

Veloz 108
Mein bestes Showpferd 109
Geld allein macht auch nicht unglücklich 119

Serio 122
Der wilde Charmeur 123
Che Guevara,
Andreas Baader - und ich 130

Indigo 134
Eine entsetzliche Tragödie 135
Melancholie und Marihuana 142

Charly 144
Mein Ausritt ins Fernsehen 145
Luxus in der Villa, Elend in der Gosse 153
Von Selbstliebe, Zweifeln und Selbstbestimmung 160

11 Praxis-Pferdetipps 164

Alles eine Frage der Haltung! 166

Wer hätte das gedacht, ich bin ein Prinzipienreiter! 168

Freiheit und Notwendigkeit 168
Mehr als nur Handwerkszeug 169

Haltung 170
Die Herdenhaltung 170
Futter und Pflege 171

Die Liebe zum Pferd 172
Leidenschaft und Rückzugsort 172
Lieb ich dich, liebst du mich? 173
Fury und andere Illusionen 173

Gewalt, geht es auch ohne? 174
Die Natur macht's vor 175
Ist das schon Gewalt? 176
Nur Zuckerbrot ist keine Lösung 176
Das Pendel schlägt zurück 177

Mein Pferd läuft weg! 178
Der pragmatische Ansatz 178
Die grundsätzlichere Klärung 178
Erste Schritte im Roundpen 180

Führen - wer spaziert mit wem? 180
Tango mit sechs Beinen 181
Den nötigen Grundstock legen 182

Anbinden - mit Strick und Geist 182
Hohe Verletzungsgefahr 183
Ground Tying - mentales Anbinden 183

Schreckgespenster 184
Annäherung und Rückzug 185
In kleinen Schritten zum Erfolg 186
Aus Scheu wird Neugier 186

Die Königsdisziplin Verladen 186
Die wichtigsten Grundregeln 188
Typische Probleme 189
Zurück im Wald - mein Paradies Neu Drefahl 190

Reitvorbereitung 192
Seitliches Führen 193
Führen von hinten 193
Der Marketendersattel 194

Reiten, aber natürlich! 195
Eisen im Pferdemaul 195
Pro und Kontra Gebiss 195
Gebisslos bedeutet nicht schmerzfrei 196
Die gebisslose Ausbildung 197
Reiten ohne Sattel 197
Der perfekte Sitz ist Übungssache 198
Reiten ohne Sattel - das Für und Wider 199
Die Notbremse 200
Unabhängiges Reiten 201
Reiten in der Karawane 202
Unabhängigkeitsübungen 202
Kontrollverlust? 203
Goldgräber, Gurus und Propheten 204

Zu guter Letzt 208

Uwe Weinzierl ganz privat 208

Register 216
Service 220
Der Autor 222
Impressum 224

»Mit dem Theater habe ich mich nach einer glücklichen Kindheit und einer verzweifelten Jugend ein Jahrzehnt lang über Wasser gehalten; mit meinen Pferden erreichte ich das rettende Ufer.«

Vorwort

Ich will nicht nur, dass ihr mich liebt.

WAS MICH WIRKLICH BEWEGT

Du hältst ein Pferdebuch in den Händen und freust dich hoffentlich auf schöne Geschichten, beeindruckende Fotos und hilfreiche Tipps. Du freust dich zu Recht, denn all das wirst du gleich finden.

Doch in den nachfolgenden Kapiteln verschafft sich nicht nur der Pferdeversteher aus dem Fernsehen Gehör, sondern auch der Mann und Mensch dahinter. Nicht nur von Pferden wird hier erzählt, sondern vom Leben, der Liebe, der Hoffnung und auch von der Verzweiflung.

Eine Binsenweisheit: Jeder Mensch ist das Produkt seiner Zeit, seiner Gene und der Menschen, die ihn geprägt haben. So werden wir, was wir sind. In meinem Fall ist dabei ein ziemlicher Narzisst herausgekommen, der zeitlebens um Anerkennung und Zuneigung ringt - auch wenn sein Verhalten dabei provoziert und befremdet. Gerade dann! Vor dem Umgang mit Narzissten wird gewarnt: Sie kennen nur sich selbst, legen alles zu ihrem eigenen Vorteil aus und sind zu Bindung und Beziehung unfähig. Natürlich legt sich so einer nicht fest, zeugt keine Kinder und liebäugelt ständig mit der Flucht aus der als sinnlos empfundenen Existenz.

Seit meinem 18. Lebensjahr habe ich mehr als 4.000 Seiten mit Tagebuchnotizen gefüllt. Von meinem Vater habe ich gelernt, dass größtmögliche Offenheit einem das Leben erleichtert. Ich habe immer gern im kleineren und größeren Kreis Themen angesprochen, die man gemeinhin gar nicht oder nur in einer Atmosphäre des Vertrauens anspricht: Alles, was Sex betrifft, sowieso. Aber auch (Tabu-)Themen wie Drogen, Revolution, Illegalität, Glück, Depression oder Tod.
Mit dem Theater und Kabarett habe ich mich nach einer glücklichen Kindheit und einer verzweifelten Jugend ein Jahrzehnt lang über Wasser gehalten; mit meinen Pferden erreichte ich das rettende Ufer.
Ich wollte immer wissen, wie es anderen wirklich geht, und ich wollte mitteilen, was mich wirklich bewegt. Und das habe ich jetzt in diesem Buch getan.

Alte Freundschaft, neue Horizonte

Heinz Welz arbeitet seit über 20 Jahren erfolgreich als Pferdetrainer. Mit Uwe Weinzierl verbindet ihn jedoch mehr als nur die Leidenschaft für Horsemanship. Ein Geleitwort.

Uwe lernte ich im September 2009 kennen. Er leitete damals seinen »alternativen« Pferdehof Arhöna. Ich war einer der 14 »Helden der Arena«, die Uwe für vier Kurswochen eingeladen hatte, um seinen Kunden die Gelegenheit zu geben, beim Gipfeltreffen der damals Besten der Horsemanship-Szene zu lernen.

DER GRENZGÄNGER

Einerseits das Siegel »alternativ« (man schläft wahlweise in restaurierten Zirkuswagen oder bodenfeuchten Indianer-Tipis), andererseits die ausgefuchste Werbesprache seiner Kursankündigungen: Uwe Weinzierl wusste (sich) zu verkaufen und weiß es bis heute. Dabei ist er kein »Ladenschwengel«, der alles vertickt, was ihm zwischen die Finger gerät. Vielmehr versteht er es, seinem Angebot die angemessene Bedeutung zu verleihen. Und so ist Uwe vor allem ein grandioser Kommunikator, und so wurden wir, die Kollegen, im Laufe der Jahre Freunde.

In unseren fast wöchentlichen, meist langen Telefonaten geht es selten um Pferde. Und das genießen wir. In unseren vielen Lebensjahren interessierten wir uns beide gleichermaßen immer vor allem dafür, unsere jeweiligen Horizonte zu erweitern. Das verbindet uns. Und wir genießen es immer wieder aufs Neue, Blicke zum Horizont des anderen zu werfen. Nicht selten gucken wir gemeinsam weit darüber hinaus. Dabei erfahre ich immer wieder, dass Uwe bereit und in der Lage ist, sich ganz nah an Grenzen heranzuwagen. Nicht selten überschreitet er sie. Und nicht zuletzt deshalb ist es faszinierend, ihm zuzuhören.
Doch Uwe redet nicht nur – meist voller Energie und Begeisterung –, er hört auch sehr genau zu. Er will »es« wissen, und er will etwas von seinem Gegenüber wissen. Nicht aus platter Neugier, sondern aus ehrlichem Interesse, gepaart mit einer großen Portion geistiger Abenteuerlust. Dazu gesellt sich Uwes radikale Ehrlichkeit, die er gerne mit so mancher koketten Übertreibung garniert. Wenn er sich

Uwe und ich arbeiten beide mit Pferden – noch viel lieber reden wir aber über ganz andere Dinge.

beispielsweise selbst einen »Drecksack« nennt, dann fischt er nicht nach billigen Komplimenten, sondern öffnet seinem Gesprächspartner immer auch ein kleines Türchen, hinter dem durchaus auch eine dunkle Seite seiner Seele schimmert. Was für manch einen abschreckend klingen mag, ist für mich nichts anderes als der Beweis für Uwes radikalen Willen zur Veränderung, zum Abenteuer und letztlich: zur Entwicklung.

Irritation und Vergnügen

So wird jede Begegnung mit Uwe Weinzierl zum Gewinn: Information, Tiefgang und Unterhaltung, all das ist bei Uwe gleichzeitig zu haben. Menschen, die dies in Gesprächen zustande bringen, sind selten, selbst unter Freunden.
Mit dem vorliegenden Buch macht Uwe seinen Leserinnen und Lesern eine Art Freundschaftsangebot. Denn er gewährt tiefen Einblick in sein Leben. Als wirklich guter Kommunikator teilt er sich mit. Einige wird die Lektüre an so manchen Stellen irritieren. Ich wünsche dir insofern nicht nur Vergnügen beim Lesen, sondern möglichst viele Irritationen. Die gute Botschaft: Wer sich diesen Irritationen stellt, wird seinen eigenen Horizont mit Sicherheit erweitern.

Horsemanship

»Der Begriff ist in den vergangenen Jahrzehnten immer populärer geworden. Doch was bedeutet er eigentlich? Geschichte und Methoden, aber auch, was ich unter Natural Horsemanship verstehe, will ich in diesem Kapitel kurz zusammenfassen.«

Was steckt dahinter?

Natural Horsemanship ist mehr als die Summe der Trainingsmethoden und Herangehensweisen, die dieser Disziplin zugerechnet werden. Es ist eine Lebenseinstellung.

HARMONISCHE PARTNERSCHAFT

Die Horsemanship-Arbeit, anfangs in Deutschland belächelt und als Seilchenschwingerei abgetan, hat in den vergangenen 30 Jahren so sehr an Aufmerksamkeit gewonnen, dass die Vorführungen der Pferdeflüsterer auf Veranstaltungen wie Messen und Shows heutzutage die meisten Zuschauer anziehen und begeistern. Auch mich hat die Natürlichkeit und die Freiheit, dieser Art mit Pferden umzugehen, vom ersten Augenblick an in ihren Bann gezogen.

Im Horsemanship werden Mensch und Pferd zum Team – allerdings mit klarer Rangordnung.

Wer sich auf die Suche nach der einen Definition oder einer einheitlichen Übersetzung des Begriffes Horsemanship begibt, wird diese recht schnell enttäuscht wieder aufgeben. Die Definitionen sind ebenso zahlreich wie die Versuche, diesen Begriff zu übersetzen und zu interpretieren. So findet man Auslegungen wie »Pferde-Mensch-Kunst«, »Pferdemenschen-Kunst«, den »natürlichen Umgang mit Pferden«, die »allgemeine Reitkunst und den fairen Umgang mit Pferden«, die »allgemeine Beschreibung der Art und Weise der Handhabung und des Reitens von Pferden durch den Menschen« oder den »Pferdemenschen-Umgang.«
Auch die Bezeichnung »Natural Horsemanship« ist nicht einheitlich definiert. Teilweise werden »Horsemanship« und »Natural Horsemanship« synonym verwendet, teilweise wird beides scharf voneinander getrennt.

Der natürliche Umgang mit Pferden

Pat Parelli interpretiert den Begriff Natural Horsemanship – etwas pathetisch und poetisch – als »gemeinsame Schiffsreise von Pferd und Mensch«, wobei »Natural« zum Ausdruck bringt, dass die gemeinsame Reise, also die Zusammenarbeit, auf der Grundlage der natürlichen Instinkte des Pferdes aufgebaut ist. Diesem Ansatz kann ich selbst gut folgen, weshalb meine eigene Auslegung des Begriffes Natural Horsemanship und dessen Bedeutung diesem sehr nahekommt.
Natural Horsemanship beschreibt aus meiner Sicht den natürlichen Umgang mit Pferden bzw. die vom Instinkt und dem Erleben des Pferdes geleitete Gemeinschaft zwischen Mensch und Pferd. Diese Philosophie ist uralt und trotzdem eine der fortschrittlichsten unserer Zeit. Natural Horsemanship beruht auf dem Wissen um das natürliche Verhalten und die Psyche der Pferde und ist viel umfassender als herkömmliche Reitlehren.

»Für einen Menschen ist es sehr leicht zu lernen, wie ein Pferd zu denken, zu handeln und zu fühlen. Für ein Pferd ist es schlichtweg unmöglich.«

Beim Natural Horsemanship wird die Tatsache berücksichtigt, dass der Mensch, der ein Raubtier und Fleischfresser ist, dem Pferd, das ein Fluchttier und Pflanzenfresser ist, als ein gefährlicher Feind erscheint. Natural Horsemanship lehrt Menschen, zu denken, zu fühlen und zu handeln wie Pferde, und motiviert Pferde zu geistiger Mitarbeit. Dabei wird das gegenseitige Vertrauen gefördert und die Rangordnung auf natürliche Weise geregelt. Sobald uns das Pferd als vertrauenswürdiges und kompetentes Wesen erkannt hat, beginnt es, uns nahezu bedingungslos zu vertrauen. Natural Horsemanship widerspricht zudem keiner Reitweise, sondern ist das Fundament, auf dem man jedes (Reiter-)Gebäude errichten kann. Genauso baut man nicht die erste Etage, bevor das Fundament gegossen und getrocknet ist. Danach kann man sich dem klassischen Reiten, dem

Westernreiten oder einfach nur dem Freizeitreiten zuwenden. Das Ziel meiner Arbeit ist eine harmonische Partnerschaft, bei der sich Mensch und Pferd gegenseitig Respekt und Vertrauen entgegenbringen und sich durch feine Signale verständigen können.

Von Säugetier zu Säugetier

Für ein Pferd ist es schlichtweg unmöglich, in die Welt und die Sprache des Menschen einzutauchen, wohingegen es für einen Menschen sehr leicht ist zu lernen, wie ein Pferd zu denken, zu handeln und zu fühlen. Dazu müssen wir uns zunächst den wesentlichen Unterschied, aber auch die Gemeinsamkeiten zwischen Pferden und Menschen bewusst machen:

Pferde sind Fluchttiere: Ihr Gehirn arbeitet instinktgesteuert. Nimmt ein Pferd eine (vermeintliche) Gefahr wahr, ist die erste Reaktion die Flucht. Darauf ist der gesamte Körper des Tieres ausgerichtet: die seitlich am Kopf liegenden Augen, die ein möglichst breites Sichtfeld ermöglichen; die Ohren, die in alle Richtungen und separat voneinander bewegt werden können und Dinge vernehmen, lange bevor Menschen sie hören können; der außerordentlich feine Geruchssinn, der ihnen nicht zuletzt verrät, dass wir Menschen Fleischfresser sind; die Muskulatur sowie die langen, schlanken Beine, mit denen die Tiere sozusagen von null auf hundert durchstarten und sich so einer Gefahrensituation entziehen können.

Menschen sind Raubtiere: In einer Gefahrensituation sagt unser Instinkt: Kampf. Unsere Augen liegen vorne am Kopf, wir haben eine gute Tiefenwahrnehmung und können sehr gut fokussieren, müssen gleichzeitig aber Abstriche in puncto Flächenüberblick machen. Unsere Ohren liegen flach an, sind kaum beweglich und unterstützen eher die Fokussierung unserer Augen. Für das Pferd ist die Botschaft, die unser Körperbau und Geruch aussenden, klar: Vorsicht, Raubtier!

Pferd und Mensch sind Säugetiere: Und hier sind wir bei der wesentlichen Gemeinsamkeit, die Pferde und Menschen verbindet: Beide verfügen über eine angeborene Körpersprache, die im Kern aus drei Elementen besteht:

- **Streicheln:** Die Mutterstute, die ihr Neugeborenes ableckt - und eine freundliche Berührung zwischen Menschen.
- **Schubsen:** Der physische Druck, mit dem die Stute ihr Fohlen mit der Nase schubst - und die Mutter ihr Kind an die Hand nimmt, um es zu leiten.
- **Vertreiben:** Der mentale, rhythmische Druck der Mutterstute, die mit angelegten Ohren und drohend schwingendem Schweif ihr Fohlen bewegt - oder die Mutter, die mit fuchtelnden Armen ihr Kind zurechtweist.

Haben wir die wesentlichen Unterschiede und die wesentlichen Gemeinsamkeiten verinnerlicht, und berücksichtigen wir diese in unserer Arbeit mit dem Pferd, ist die Basis dafür geschaffen, mit unserem Pferd so zu kommunizieren, dass es uns versteht und akzeptiert.

Im Natural Horsemanship geht es aber nicht nur darum, ein Pferd unter Pferden zu werden, sondern auch darum, die höhere Position in der Rangordnung einzunehmen. Nicht zuletzt aufgrund unseres - im Verhältnis recht schmächtigen - Körperbaus ist dies für die eigene Sicherheit zwingend notwendig. Es muss also geklärt werden: Wer führt und wer fühlt? Wer den anderen bewegt, ist der Chef. An den beiden Säulen »Vertrauen und Respekt« wird zunächst am Boden gearbeitet. Denn es gilt: Den Respekt deines Pferdes bekommst du auf dem Boden oder gar nicht! Und das bedeutet schlichtweg: Arbeite mit deinem Pferd auf Augenhöhe. Dabei kann man mit Knotenhalfter und Seil beginnen oder mit der Freiheitsarbeit im Roundpen.

WIE ALLES ANFING

Als Urväter des modernen Natural Horsemanship gelten vor allem die Brüder Tom und Bill Dorrance, die eine natürliche und sanfte Methode des Pferdetrainings, beruhend auf den Beobachtungen der Reaktionen der Pferde auf den Menschen, förderten. Auf Tom Dorrance geht der Ausspruch zurück: »The thing you are trying to help the horse do is to use his own mind. You are trying to present something, and then let him figure out how to get there.«
Bill Dorrance sagte: »When people think of natural horsemanship, that could mean a lot of things. It isn't natural for a horse to be around people, and it's not natural for a person to be sitting on him either. When we use these words, we speak about what's natural for the horse to do within his own boundaries.«
Ray Hunt gilt als der bekannteste Schüler von Tom Dorrance, der selbst das Rampenlicht scheute. Hunt hingegen gab ab Mitte der

Buck Brannaman (geb. 1962), Schüler von Ray Hunt, ist einer der führenden Pferdeflüsterer weltweit.

Monty Roberts und sein »Shy Boy«: Ihre Geschichte kennen Pferdefans auf der ganzen Welt.

1970er-Jahre Kurse auf der ganzen Welt, die er stets mit denselben Worten begann: »I'm here for the horse, to help him get a better deal.«
Auch den Spruch »Make the wrong thing difficult and the right thing easy« hörte man oft von ihm. Ebenso geht die Ansicht, dass ein Pferd sich nie irrt, auf Ray Hunt zurück. Damit meinte er, dass ein Pferd weder über die Vergangenheit noch über die Zukunft nachdenkt. Es lebt in der Gegenwart und spiegelt das Verhalten des Menschen im Augenblick. Man kann also einem Pferd nicht die Schuld zuweisen, wenn etwas nicht funktioniert, wie man es gerne hätte, sondern muss den Fehler bei sich selbst suchen. Oder wie Ray Hunt es formulierte: »It's easy to change the horse, but it's hard to change the human.« Als seine bekanntesten Schüler gelten unter anderem Buck Brannaman und Sheila Varian.

Pat Parelli und die »Sieben Spiele«

Mit dem Horsemanship ist es wie in den 70ern mit den linken Parteien: Am Anfang stand der Wunsch nach Veränderung, die Sehnsucht, es möge alles besser werden. Alle wollten etwas für die Revolution tun, aber jeder hatte seinen einen einzig und allein selig machenden Weg und erklärte die anderen für Scharlatane.

Pat Parelli, dessen Methoden des »Parelli Natural Horsemanship« (PNH) nach eigener Aussage auf dem natürlichen Verhalten der Pferde in einer Herde basieren, war es, der Mitte der 1990er-Jahre den bis dahin hierzulande unbekannten Begriff Natural Horsemanship nach Deutschland brachte.
Um eine vertrauens- und respektvolle Beziehung zwischen Pferd und Mensch aufzubauen, nutzt er das Prinzip des phasenweisen Druckaufbaus und des nachlassenden Drucks, wenn das Pferd die gewünschte Reaktion zeigt. Auf ihn gehen die heute weltweit bekannten »Sieben Spiele« (Seven Games) zurück, in denen das Verhalten von Mutterstute und Fohlen sowie das der Pferde in einer Herde untereinander imitiert werden. Ebenso entwickelte er das Konzept der »Horsenalities«, das helfen soll, die Persönlichkeit eines Pferdes einzustufen und darauf basierend den individuellen Umgang mit dem Pferd zu gestalten.

Monty Roberts und sein »Join-up«

Etwa zeitgleich wurde Monty Roberts in Deutschland populär, der sich jedoch eher mit seiner als gewaltfrei deklarierten Methode des »Join-up« einen Namen machte. Beiden ist gemein, dass sie ihre Methoden und Ausrüstungen intensiv durch Bücher, Fernsehauftritte und andere Medien vermarkten, was nicht zuletzt ihre internationale Bekanntheit begründen dürfte.

Heute gibt es allein in Deutschland mindestens 20 verschiedene Strömungen, die sich zum Teil auch eigene Namen gegeben haben, wie »Connected Horsemanship«, »Parelli Natural Horsemanship« oder »Quantum Savvy Horsemanship.« Ebenso vielfältig wie die Bezeichnungen, sind auch die Meinungen darüber, welches nun das »richtige« Natural Horsemanship ist. Die Palette reicht von einer (sehr) auf Dominanz und Leadership ausgerichteten Herangehensweise, die im Wesentlichen klärt, wer die ranghöhere Position einnimmt, bis hin zu der Ansicht, dass keinerlei Druck auf das Pferd ausgeübt werden darf und nur Liebe, Zuneigung sowie kleine Leckerbissen alle Türen zu einer perfekten Kommunikation mit dem Pferd öffnen.

»Ein Horsemanship-Pferd steht die meiste Zeit seines Lebens mit seinen Artgenossen auf der Weide - und das bei Wind und Wetter.«

An dieser Stelle möchte ich gar nicht auf die zahlreichen Protagonisten und Ansätze der heutigen Zeit eingehen, dies wäre zu ausufernd, und dafür fehlt in diesem Buch einfach der Platz. Dennoch möchte ich kurz einige Trainerinnen und Trainer benennen, die meine Arbeit mit Pferden sehr beeinflusst haben und bis zum heutigen Tag beeinflussen: Neben Pat Parelli sind dies unter anderem Alfonso Aguilar, Clinton Anderson, Silke Vallentin und Thomas Günther.

UNTERSCHIEDE UND EQUIPMENT

Ich werde immer wieder gefragt, worin denn nun die Unterschiede zwischen Horsemanship und der konventionellen Pferdehaltung bestehen. Im Wesentlichen lässt sich das in folgenden Punkten zusammenfassen:

- Ein Horsemanship-Pferd steht die meiste Zeit seines Lebens mit seinen Artgenossen auf der Weide. Eine Box sieht es nur, wenn es krank ist oder Ruhe braucht. Ein Horsemanship-Pferd übernachtet also auch unter freiem Himmel, hat ein dickes Fell (in zweifacher Hinsicht) und benötigt keine Decke.
- Ein Horsemanship-Pferd ist nicht zum Angeben da und auch nicht zum Erringen von Ruhm und Trophäen. Es ist Partner und Mitarbeiter.
- Ein Horsemanship-Pferd wird am Boden ausgebildet, und sein Trainer hat dabei in erster Linie den Geist des Tieres im Fokus. Niemals beginnt er die Ausbildung damit, den Körper des Pferdes vom Pferderücken aus zu trainieren.
- Zum Equipment sage ich gleich noch mehr. So viel vorweg: Metall am Pferd (Gebiss) und am Fuß des Reiters (Sporen) sind in der Grundausbildung verpönt. Halfter, Seil, Stick und String sind das Einzige, was der Trainer benutzt.

Der Roundpen

Der Roundpen bietet uns die natürlichste Möglichkeit, das Spiel zu spielen, Pferd unter Pferden zu sein. Hier können wir uns in einer Verhältnismäßigkeit begegnen, die der Langsamkeit und der fehlenden Ausdauer des Menschen Rechnung trägt und das Pferd dennoch frei von Halfter und Seil agieren und reagieren lässt.

Der Roundpen ist unsere Mini-Prärie – hier können wir kontrolliert und sicher »Pferd unter Pferden« sein.

Ein Roundpen muss nicht unbedingt rund sein. Auch ein abgeteiltes Stück des Reitplatzes genügt. Der Roundpen ist unsere »Mini-Prärie«. Der Durchmesser eines (runden) Roundpen sollte mindestens 15 Meter betragen. Er darf auch gerne größer sein, nicht aber so groß, dass wir bei unserer Arbeit mit dem Pferd zu viel laufen müssen und ihm bei fehlender Kondition unsere Schwäche offenbaren. Denn hier imitieren wir die Rangordnungsspiele oder -kämpfe, die Pferde auf der großen Weide fortlaufend untereinander austragen.

Meist genügt es schon, ein Areal mit Stöcken und Seilen oder Litze auf einer Höhe von ungefähr 1,50 Meter abzuteilen. Doch letztlich hängt es von dem Fluchtverhalten und der Sprungkraft des Pferdes ab, welches Material und welche Höhe es respektiert. Aus meiner Erfahrung kann ich einen Gitter-Roundpen mit einer Höhe von 1,60 Meter empfehlen. Die einzelnen Teile können flexibel miteinander verbunden werden. So kann man den Durchmesser vergrößern oder verkleinern und hat zudem die Möglichkeit, den Roundpen (mit einigen Helfern) komplett von einem Ort zu einem anderen zu verschieben.

Die Arbeit im Roundpen erfreut sich zunehmender Beliebtheit, und ich kann nur dazu raten. Nirgendwo anders kann man die Basis von Vertrauen und Respekt besser schaffen als in dieser Form der freien Arbeit. Und dazu bietet der Roundpen ebenso die Möglichkeit, auf begrenzter Fläche mit Halfter und Seil, mit der Doppellonge und an den ersten Reitversuchen zu arbeiten.

Knotenhalfter und Arbeitsseil

Bevor Pat Parelli das Knotenhalfter samt Arbeitsseil in Deutschland salonfähig machte, kannte man zum Führen nur ein breites, gepolstertes Stallhalfter und einen 80–100 Zentimeter langen Führstrick. Doch was können wir damit erreichen, wenn unser Pferd steigt oder plötzlich losschießt?
Deshalb, aber nicht nur, benutzen wir im Natural Horsemanship ein 3,80 Meter langes Seil. Mit ihm können wir dem Pferd in einer Not- oder Fluchtsituation ein gewisses Maß an Freiheit zugestehen – was dem Fluchtinstinkt des Pferdes entgegenkommt – und uns selbst in Sicherheit bringen, ohne das Seil loslassen zu müssen. Dieses Arbeitsseil ist aber auch lang genug, um dem Pferd damit bestimmte Signale zu geben, wie rückwärts zu laufen oder mit der Vor- und der Hinterhand zu weichen, während es am Halfter locker durchhängt.
Die Handhabung des Seils sollte gut geübt sein, sodass man es flexibel von der einen in die andere Hand wechseln, das Ende in Kreisen nach vorn, nach hinten oder über dem Kopf schwingen oder das Pferd mit dem Lederende des Seils gegebenenfalls in der jeweils gewünschten Intensität treffen kann.
Das Knotenhalfter ist leichter und filigraner als ein normales Stallhalfter. Wird Druck auf das Führseil gegeben, wird dieser direkt an den Pferdekopf übertragen, ohne dass eine Polsterung das Signal abfedert oder dämpft.

Knotenhalfter, Arbeitsseil, Stick und String zählen zum wichtigsten Equipment bei der Horsemanship-Arbeit.

Knotenhalfter und Arbeitsseil helfen uns also, unsere Unterlegenheit in puncto Kraft und Kondition gegenüber dem Pferd auszugleichen.

Stick und String

Der Stick, der beim Natural Horsemanship zum Einsatz kommt, hat verschiedene Namen. Pat Parelli nennt ihn »Carrot Stick«, aber auch Namen wie »Kontaktstock«, »Bodenarbeitsstick« oder »Horseman-Stick« werden gerne verwendet. Wie auch immer man ihn nennt, der Stick hat stets die gleichen Funktionen: Er ist Armverlängerer und Meinungsverstärker. Was bedeutet das? In den Spielen und Kämpfen, die Pferde untereinander austragen, kommen nicht selten Gebiss und Hufe zum Einsatz. Da wir Menschen mit der Kraft und der Wucht dieser beiden pferdischen Hilfsmittel in keiner Weise konkurrieren können, nutzen wir im Natural Horsemanship Stick und String. Aus sicherer Entfernung können wir damit, wenn nötig, einen Biss oder auch einen Tritt imitieren. Zudem dienen Stick und String als Verlängerung unseres Körpers. Damit kann ich zum Beispiel bei der Arbeit mit Halfter und Seil zugleich die führende Leitstute (Seil und Seilhand) als auch treibender Hengst (Stick mit losgelassenem String) sein. Selbst einen streichelnden oder auffordernden Schweif einer Mutterstute können Stick und String nachahmen.

Ohne Bodenarbeit geht es im Horsemanship nicht: Nur am Boden kann man Vertrauen und Respekt aufbauen.

Wie bei Halfter und Seil sollte man auch den Umgang mit dem Stick intensiv üben, und zwar am besten zunächst nicht am Pferd. Nicht nur die Flexibilität in der beidhändigen Handhabung, sondern auch die Intensität eines treffenden Schlages sollte man gut einschätzen können, um gegebenenfalls so viel Druck wie nötig, aber auch so wenig wie möglich auszuüben.

Horsemanship-Sticks bekommt man in verschiedenen Längen, bis zu 120 Zentimeter, und Farben. Man sollte ein robustes und flexibles Material (z.B. Glasfiber) wählen, sodass der

Stick auch standhält, wenn das Pferd einmal darauftritt. Je länger der Stick ist, desto schwerer ist er meist auch. Jeder muss also für sich individuell herausfinden, welche Länge und welches Gewicht passen.
Auch die Strings werden in verschiedenen Längen und Materialien angeboten. Manche saugen sich bei Nässe mit Wasser voll und werden dann sehr schwer. Lederstrings sind am leichtesten, aber Vorsicht: Seine Zähne sind auch am schärfsten. Den String kann man in der Regel vom Stick ablösen. So kann man ihn auch als Halsring oder flexible Gerte und den Stick als Lenkhilfe einsetzen.

HORSEMANSHIP FÜR JEDERMANN?

Ebenso wie den Umgang mit Knotenhalfter und Seil, mit Stick und String, kann wirklich *jeder* Natural Horsemanship lernen:

- Jeder, der bereit ist, sich auf die Sprache der Pferde einzulassen, ihr Miteinander in der Herde zu beobachten und sich selbst als Raubtier und das Pferd als Fluchttier zu begreifen.
- Jeder, der den Mut hat und sich darauf einlassen möchte, das Spiel, als Pferd unter Pferden zu sein, zu spielen.
- Jeder, der in seinem Pferd einen verlässlichen Partner finden möchte, der mit ihm durch dick und dünn geht.
- Jeder, der seinem Pferd ebenso viel Vertrauen und Respekt entgegenbringen will, wie er das im Gegenzug auch von seinem Pferd erwartet.
- Aber auch jeder, der einfach einmal ganz neue, befreiende Erfahrungen mit seinem Pferd sammeln und dabei die feinen (oder auch größeren) Unterschiede im Umgang mit Pferden erleben und erlernen möchte.

Im Grunde braucht man also keinerlei Voraussetzungen, um einen Kurs bei uns oder den vielen anderen Horsemanship-Trainern zu belegen. Wer Interesse und Neugierde mitbringt, hat alles dabei, was er benötigt.
Die Ausbildung in meinen Kursen und Camps beginnt immer am Boden - mit Freiarbeit im Roundpen und an Halfter und Seil. Hier werden die Basics und Prinzipien des Natural Horsemanship vorgestellt und geübt; Grundlage sind dabei die »Sieben Spiele« nach Pat Parelli. Bei der täglichen, meist sechsstündigen Pferdearbeit lernen die Teilnehmer einerseits, die Körpersprache der Pferde richtig zu interpretieren. Andererseits geht es natürlich auch darum, dass sie üben, mit ihrer eigenen Körpersprache zu kommunizieren, und dabei von den Pferden verstanden werden. Erst nachdem Vertrauen und Respekt am Boden - sowohl beim Pferd als auch beim Menschen - aufgebaut wurden und die Rangordnung geklärt ist, wird das Gelernte auf den Rücken der Pferde übertragen. Am Knotenhalfter geht es erst auf den Reitplatz, dann folgen die ersten Ausritte im Umland.

Mittlerweile zählen auch viele erfahrene Profis wie Dressur-, Spring- und Westernreiter zu den Gästen auf meinem Reiterhof. Eben alle, die ihr Wissen in Sachen Natural Horsemanship vertiefen oder diese ihnen vielleicht noch recht unbekannte Herangehensweise besser kennenlernen möchten. Die meisten Profis bringen natürlich ihr eigenes Pferd mit - vor allem auch dann, wenn sie mit ihm an konkreten Problemen wie zum Beispiel Schreckhaftigkeit, Angst vorm Verladen oder Scheu vor ganz konkreten Gegenständen arbeiten wollen. Wer selbst noch kein Pferd hat oder es nicht transportieren kann bzw. will, arbeitet einfach mit einem unserer Leihpferde.

»Es geht darum, dass ich meinen Weg überhaupt gefunden habe! Es war und ist mein Weg - und jeder muss seinen eigenen suchen und beschreiten.«

Noch einen großen Schritt weiter gehen wir in unserem Akademieprogramm im Sommer- und Winterhalbjahr. Wer hier mitmacht, meint es wirklich ernst: Während der intensiven Ausbildung verbringen die Teilnehmer drei Monate am Stück in Neu Drefahl und erhalten anschließend das »Weinzierl-Ausbildungszertifikat« oder lassen sich im Winter zum »Weinzierl-Jungpferdetrainer« ausbilden.

Neben der Pferdearbeit ist uns aber auch das menschliche Miteinander extrem wichtig: das gemeinsame Kochen, Essen und der Erfahrungsaustausch unserer Gäste. Der Tag endet - für diejenigen, die es wollen - also nicht nach Sonnenuntergang, und unsere Lagerfeuerabende sind ebenso beliebt wie berüchtigt.

In vier Phasen zum Erfolg

Es gibt keinen Anlass, die Erfolge des Natural Horsemanship zu verherrlichen oder zu mythologisieren. Egal, wie der eigene Erfahrungsweg beginnt: Horsemanship ist zunächst ein Handwerk wie jedes andere. Man lernt es Schritt für Schritt, und der Lernerfolg lässt sich in vier Phasen gliedern:

- **Phase 1 - unbewusste Inkompetenz:** Zu Beginn der Arbeit mit unserem Pferd wissen wir noch gar nicht, was wir alles nicht wissen. Wir versuchen dies und das und freuen uns, wenn etwas funktioniert. Warum es mal klappt und mal nicht, ist uns dabei noch gar nicht klar.
- **Phase 2 - bewusste Inkompetenz:** Dann werden wir uns (meist etwas schmerzlich, nämlich wenn etwas plötzlich nicht mehr funktioniert) dessen bewusst, dass wir eigentlich noch gar nichts wissen, dass wir also noch sehr viel lernen müssen. In dieser Phase suchen wir Fehler aber nicht mehr beim Pferd, sondern konzentrieren uns stattdessen auf die Arbeit an uns selbst.
- **Phase 3 - bewusste Kompetenz:** Allmählich lernen wir dazu, verschaffen uns also eine gewisse Kompetenz, müssen aber immer noch darüber nachdenken, welche Techniken und Werkzeuge geeignet sind, um unser Ziel zu erreichen.

- **Phase 4 – unbewusste Kompetenz:** Erst nach mehreren Tausend Wiederholungen – und das ist leider keine Übertreibung – und sehr viel Erfahrung mit unterschiedlichsten Pferden merken wir irgendwann, dass wir nicht mehr darüber nachdenken, was wir tun, um die gewünschte Reaktion bei einem Pferd zu erzielen. Das Gelernte ist uns also in Fleisch und Blut übergegangen.

Der Weg ist das Ziel – und umgekehrt

Ich denke, ich habe es mittlerweile in die vierte Phase geschafft. Und das war eine lange Reise auf holprigem Pfad mit vielen Durststrecken und Rückschlägen. Aber darum geht es gar nicht, es geht darum, dass ich meinen Weg überhaupt gefunden habe! Es war und ist mein Weg – und jeder muss seinen eigenen suchen, finden und beschreiten.

Ich kann an dieser Stelle nur alle Leserinnen und Leser ermutigen, Dinge auszuprobieren. Wer scheitert, geht die Sache beim nächsten Mal eben anders an, zieht daraus neue Schlussfolgerungen und lernt dazu. So habe ich es auch gemacht, und nur so findet man seinen Weg – im Umgang mit Pferden und im Leben. Schließlich sagte auch schon der schlaue Hippokrates: »Wer heilt, hat recht.«

Probieren, scheitern, lernen, verbessern und nie aufgeben: Das ist mein simples Erfolgsrezept.

11 Pferde-geschichten

»In diesen Kapiteln erinnere ich mich in vielen Schlaglichtern an mein bewegtes Leben - und an Pferde, die darin eine besondere Rolle gespielt haben. Nach und nach entsteht aus den herumliegenden Puzzleteilen ein immer klareres Bild.«

»Es ist nicht nur mein Lebensrhythmus, der mich von den Einheimischen unterscheidet.«

Nando

Mit 33 Jahren saß ich zum ersten Mal auf einem Pferd – und danach war nichts mehr wie zuvor.

DIE INITIATION

Warum fällt es mir frühmorgens nur immer so schwer, Entscheidungen gut zu finden, die ich am Vorabend aus vollem Herzen getroffen habe?
Beim Essen hatte mich der Schäfer gefragt, ob ich nicht Lust hätte, ihm am nächsten Tag für ein paar Stunden zur Hand zu gehen. Durch den überraschenden Wintereinbruch müssten die 150 Ziegen, die er neben seinen 1.000 Schafen hielt, in den heimischen Stall geführt werden. Ich hatte begeistert zugesagt; das würde bestimmt ein toller, erlebnisreicher Tag an der frischen Luft werden. Mit einer Flasche Bier und lakonischem Smalltalk ließen wir den Abend ausklingen.

Nur wenige Stunden später reißt mich der Wecker aus meinen unruhigen Träumen. Leicht verkatert reibe ich mir die Augen, schäle mich aus den Federn und trotte zehn Minuten später, die Hände tief in den Taschen meiner Jacke vergraben, durch die klirrende Kälte Richtung Schäferhof. Es schneit noch immer, und ich spüre die winzigen, stechenden Schneekristalle auf Kinn und Wangen. In vielen Scheunen und Häusern, die an meinen müden Augen vorbeiziehen, brennt bereits Licht. Die Landbevölkerung ist längst wach und fleißig, wie könnte es anders sein. Ich gähne und sehne mich nach meinem warmen, weichen Bett.
Doch es ist nicht nur mein Lebensrhythmus, der mich von den Einheimischen unterscheidet. Ein Nachbar hatte einst angehalten, als ich ihm auf dem Gehweg entgegenkam. Ich war damals noch fremd im Ort, also grüßte ich ihn zuerst. So habe ich das eben als Kind von meinen Eltern gelernt. Daraufhin sah er mich mit schiefem Grinsen an und meinte: »Ich hab nichts gegen Berliner.« Dann machte er eine Kunstpause. »Aber ich finde, sie sollten in Berlin bleiben.« Dörflicher Humor.

Der fremde Freund

Auch der Schäfer ist vermutlich schon seit Stunden auf den Beinen. Über seiner Garage flackert eine grelle Neonröhre, im Hof steht mit laufendem Motor der Toyota-Allrad bereit, und auch der Pferdehänger ist angekuppelt. Als ich eintreffe, ist er gerade dabei, seinen gesattelten Araberschimmel hineinzuführen. Moment mal, ich dachte, es ginge heute um die Ziegen? Doch ich sage nur »Morgen« und verberge meine Verwunderung. Wer viel fragt, bekommt viele Antworten, lautet das Credo des hageren Mannes mit Vollbart, den ich jetzt schon eine ganze Weile kenne, über den ich aber so gut wie gar nichts weiß. Wie sollte ich auch, wenn man dem Schäfer jedes Wort aus der Nase ziehen muss? Immerhin, zur Begrüßung nickt er mir kurz zu.

Durch die eiskalte Finsternis

Wenige Minuten später rollen wir mit unserem Gespann auf schneebedeckter Fahrbahn Richtung Friedewald. Die Scheiben sind beschlagen, nicht nur wegen der Hunde im Heck. Der beißende Geruch nach Schaf und Scheiße, der sich über die Jahre im Inneren des Wagens festgesetzt hat und mir auf dem Beifahrersitz in die Nase steigt, ist mir vertraut. Wir reden nicht, wir rauchen. Auch das hilft gegen den Gestank, wie ich mittlerweile gelernt habe. Ab und zu fahren die Wischerblätter ächzend und quietschend über die Windschutzscheibe, auf der die vereisten Schneereste jedoch hartnäckig kleben bleiben. Mehrmals blendet der Schäfer resigniert auf, für klare Verhältnisse sorgt aber auch das nicht. Egal, es gibt ja ohnehin nicht viel zu sehen bei dieser Nacht-und-Nebel-Aktion.

Nur wenige Fahrzeuge, die noch früher als wir unterwegs waren, haben Spurrillen hinterlassen, an denen wir uns orientieren und von Kurve zu Kurve vorarbeiten können. Wo bleibt denn der Winterdienst! Die Kuppenrhön ist berüchtigt für ihre verschlungenen, oft steilen Sträßchen, und ohne Allradantrieb wären wir bei diesem Wetter vermutlich längst im Graben gelandet. In einer besonders engen Wegbiegung bricht der Hänger aus, ich kann mir einen spitzen Schrei nicht verkneifen, während der Schäfer ruhig gegenlenkt. Die Kippe, schon bedenklich kurz, hat er zwischen Zeige- und Mittelfinger eingeklemmt. Er führt sie zum Mund, und während er den letzten Zug einsaugt, wirft er mir einen verächtlichen Blick zu: Memme. Er drückt auf den Schalter des Fensterhebers. Ich höre das Surren eines Elektromotors, der vergeblich eine Scheibe aus der Umklammerung der zugefrorenen Fensterdichtung lösen will. Keine Chance. Schließlich landet der Zigarettenstummel dann doch bei all den anderen im bereits bedenklich überquellenden Aschenbecher.

»Die Kuppenrhön ist berüchtigt für ihre steilen Sträßchen. Ohne Allradantrieb wären wir bei diesem Wetter vermutlich längst im Graben gelandet.«

Endlich biegen wir in einen Feldweg ein. Im Scheinwerferlicht zeichnen sich die Umrisse eines Zauns ab, dann erkenne ich die ersten Ziegen. Ihr lautes Meckern vermischt sich mit dem dumpfen Brummen des Dieselmotors. Der Schäfer hält an, lässt erst die Hunde raus, lädt dann den Schimmel aus und öffnet das Gittertor. »Du gehst hinterher.« Viel mehr habe ich heute von ihm noch nicht gehört. Er setzt sich aufs Pferd, und 150 Ziegen folgen ihm. Weil ich keine andere Aufgabe habe, knete und biege ich kurz meine klammen Finger und rücke widerwillig mit den Hunden als Schlusslicht nach.

Schafmamas und ihre Lämmer einsammeln, das hatten wir in den letzten Wochen schon häufiger gemacht.

In letzter Zeit hatte ich den Schäfer mehrmals zu seinen Schafen begleitet, aber noch nie zu dieser nachtschlafenden Stunde - und auch noch nie bei Eis und Schnee. Oft fuhren wir nach einer Tasse Kaffee und einer selbst gedrehten Zigarette hinaus zur Herde, und ich genoss die Weite, die Kälte und das Geräusch der Autoreifen, die knirschend von der Landstraße auf den holprigen Waldweg und dann auf die zugefrorene Schafwiese rollten. Winter ist Lammzeit, und in den vergangenen Wochen bestand unsere Aufgabe darin, einzelne Muttertiere und ihre Neugeborenen aufzuspüren und einzusammeln.
Warum sich Schafmamas oftmals so weit von ihren Babys entfernten, war mir ein Rätsel. Aber wer viel fragt, bekommt viele Antworten. Das Blöken der Lämmer klang jedenfalls ratlos, als wüssten sie auch nicht, wie etwas passieren konnte, das in den Lehrbüchern ganz anders stand.
Während wir die Mutterschafe und ihre Jungen paarweise in den Anhänger verfrachteten, machten sich die Hunde auf der Weide wie gierige Wölfe über die Nachgeburten her. Mich faszinierte dieser Anblick und all das, was ich auf der Schafwiese immer wieder beobachten konnte: Geburt, Tod, Blut, Sperma, Scheiße - die Konstanten und Rohstoffe des Lebens und ihr Wechselspiel, das sich als ewiger Kreislauf wiederholt. Diese Themen hatten mich auch schon während meiner Theaterzeit in Kreuzberg stets beschäftigt. Aber dort wurden sie auf der Bühne verhandelt, hier waren sie ungefilterte Realität!

Plötzlich Provinz!

Doch an diesem frühen Morgen hüllen sich die Natur und auch all meine Lebensgeister noch in Dunkelheit. Auch deshalb fühle ich mich nicht so befreit wie sonst. Zudem müssen wir nicht einzelne Schafe einfangen, sondern eine ganze Ziegenherde zum zwölf Kilometer entfernten Stall treiben.

Aber bis jetzt läuft alles wie von selbst. Der Schäfer reitet auf seinem Schimmel voraus, ich stapfe stoisch durch den Pulverschnee hinterher. Da ich besonders beim Gehen ins Grübeln verfalle und nichts weiter zu tun habe, mache ich mir Gedanken, wie ich mir eigentlich immer Gedanken mache. Ehrlich gesagt auch im Sitzen und im Liegen. Mir scheint da ein Ausschaltknopf zu fehlen.
Was hat mich eigentlich hierher verschlagen, in die tiefste Provinz? Bin ich zur richtigen Zeit am richtigen Ort? Nach acht Jahren Berlin mit Häuserkampf, Schauspielausbildung und Erfolgen auf der Kabarettbühne war ich mit meiner Freundin Bine und ihren beiden Kindern aufs Land gezogen, um hier den großen Wurf zu landen. Ich plante ein neues Großprojekt, wollte Musiktheater mit hohem politischen Anspruch machen, der grassierenden Deutschtümelei kurz nach der Wiedervereinigung einen ordentlichen Schlag ins Gesicht verpassen. Das war mein fester Entschluss gewesen.

»Reiten lernt man durch reiten«, lautete das Credo des wortkargen Mannes, den ich kaum kannte.

Warum dafür Berlin verlassen? Weil ich begriffen hatte, dass es mir in der Hauptstadt des Theaters mit all ihren Verlockungen und Ablenkungen niemals möglich sein würde, konzentriert zu arbeiten. Ich wollte mich dort niederlassen, wo sich das Kulturleben auf Kirmes, Vereinssitzungen und Privatfernsehen beschränkt, an einem Ort, an dem mich nichts mehr vom Lesen, Schreiben und Denken abhält. Und ich wollte mich voll und ganz auf meine neue Freundin konzentrieren. Sie sollte endlich die Einzige sein, die ich mit Haut und Haaren begehrte. Schluss mit all den Frauengeschichten und sexuellen Fantasien, die mich in Berlin immer daran gehindert hatten, mich ernsthaft auf eine festere Beziehung einzulassen!

Fast wie Autofahren

»Jetzt setzt du dich mal drauf.« Der Schäfer reitet plötzlich neben mir her, und ich blicke verdutzt zu ihm auf. Hat er Mitleid mit mir? Oder hat er diesen Tag ganz bewusst ausgewählt, um seinen schon mehrfach geäußerten Vorschlag in die Tat umzusetzen?

Seine Stimme hat einen Tonfall, der keinen Widerspruch duldet. Er steigt ab, hält das Pferd und fordert mich auf, meinen linken Fuß in den Steigbügel zu stellen und aufzusitzen. »Zum Losgehen gibst du ihm die Absätze, zum Anhalten ziehst du an den Zügeln«.
Ich nicke beflissen wie ein Fahrschüler, dem man gerade beigebracht hat: »Kupplung langsam kommen lassen!« Ich hätte nicht gedacht, dass Reiten so einfach ist.

Ist es auch nicht, wie ich gleich feststelle. Der Araber macht ein paar Schritte, ich wackle unsicher im Sattel hin und her. Um mich irgendwie festzuklammern, presse ich meine Unterschenkel mit aller Kraft an den Bauch des Pferdes. Sofort wird aus dem Gewackel ein noch deutlich unangenehmeres Gehoppel - der Übergang von Schritt zu Trab, wie ich heute weiß. In Zeitlupe kippe ich nach rechts und plumpse in den Tiefschnee am Wegesrand. Ein glimpflicher »Marshmallow-Sturz«. Das würde ich in Zukunft noch oft und auch deutlich schmerzhafter auf nicht so weichem Untergrund erleben.

Affe im Sattel

Das Pferd bleibt unbeirrt neben mir stehen und scharrt mit den Hufen die Schneekruste auf. Ich klopfe meinen Parka ab und schüttele den Schnee aus meiner Kapuze. »Jetzt musst du wieder rauf, sonst hast du Angst!« Wieder diese strenge Stimme. Wie hypnotisiert folge ich den Anweisungen des Schäfers. Diesmal geht er neben mir her und zeigt mir, wie ich die Zügel halten muss. »Klammer dich nicht wie ein Affe mit den Beinen fest, sonst gibst du Gas, und dein Pferd wird schneller. Ganz locker!« Ich nicke, bin aber immer noch angespannt.
»Wie heißt denn das Pferd?«, erkundige ich mich, um ein wenig Interesse zu zeigen und meine Nervosität zu überspielen. »Nando. Vollblutaraber.« Eine Frage gestellt, zwei Antworten erhalten - das ist ungewöhnlich für den wortkargen Mann. Offensichtlich liegt ihm etwas an diesem Tier.

»Wie hast du eigentlich reiten gelernt?« Vielleicht gelingt es mir ja tatsächlich, ihn in ein längeres Gespräch zu verwickeln.
»Reiten lernt man durch reiten.«
Ich sehe ihn fragend an. »Aber ...«
»Aber was?« Der Schäfer wischt sich mit dem Handgelenk den nassen Schnee aus den Barthaaren. »Wie hast du denn Fahrradfahren gelernt, hattest du da einen Lehrer?« Er hält kurz inne. »Rauf auf den Sattel, und los geht's. Du verlierst das Gleichgewicht, holst dir blutige Knie, und beim nächsten Mal passt du eben besser auf. Mit der Zeit geht dann alles wie von selbst.«
»Und du meinst, das kann man aufs Reiten übertragen?«

»Ist bei allem so, beim Tanzen, beim Autofahren, beim Sex. Du kannst für alles und für viel Geld einen Lehrer engagieren, aber besser wird's dadurch nicht.«
»Na ja«, ich wage die Gegenrede. »Autos darf man ja auch nicht einfach so fahren, ohne Unterricht. Und wenn es nach mir ginge, müssten auch Eltern einen Erlaubnisschein machen, bevor sie Kinder in die Welt setzen. Vielleicht würde dann weniger schiefgehen auf unserem Planeten.«

Der Schäfer wendet sich von mir ab und schweigt, sein Blick schweift in die Ferne. Er selbst hat drei Kinder, die er selten sieht. Seine Frau ist längst über alle Berge, hat sie mitgenommen; mit Besuchen hält sie ihn kurz. Er geht noch eine Weile neben mir her und überlässt mich dann wieder meinen Gedanken.
Während unseres Gesprächs habe ich gar nicht mehr auf mein neues Fortbewegungsmittel geachtet. Noch ahne ich nicht, dass ich genau diese Ablenkung vom Reiten später zu den wichtigsten Prinzipien meines Unterrichts machen werde. Egal, ob ich meine Schülerinnen und Schüler auf dem Pferd Fußbälle kicken oder Sticks auffangen lasse – oder sie mit unseren Weidepferden Rindertreiben spielen. Hauptsache, sie denken nicht ans Reiten.

»Ich muss wohl einfach nur den Kopf ausschalten und mich stattdessen den Bewegungen meines Pferdes hingeben.«

Statt mich krampfhaft auf mein Pferd zu konzentrieren, bringt das Gegenteil den Erfolg: Loslassen, sich treiben und tragen lassen. Wie durch ein Wunder fühle ich mich jetzt gar nicht mehr wackelig im Sattel. Es ist so, als würde ich von Nando sanft geschaukelt und gewiegt. Ich muss wohl einfach nur den Kopf ausschalten und mich stattdessen den Bewegungen meines Pferdes hingeben, mit seinem Körper mitgehen, einen gemeinsamen Rhythmus finden. Aha, Reiten ist wie Tanzen, Reiten ist wie Sex! Das schreibe ich mir hinter die Ohren. Apropos: Nandos gleichmäßiges Auf und Ab beschert mir ein angenehmes Kribbeln im Schritt, und ich frage mich, wie es weitergehen soll auf dem Land, ohne die große Liebe.

Stadtflucht und Landliebe

Ich muss an Bine denken, bittersüße Erinnerungen. Ein Jahr lang ging es gut mit uns. Man könnte auch sagen, ein Jahr lang ging es, und dann war es vorbei. Ich hatte sie beim Trampen in Kreuzberg kennengelernt. Und noch bevor ich auch nur ein Wort mit ihr gewechselt hatte, eigentlich schon bevor ich in ihren alten Mercedes-Kombi eingestiegen bin, war es um mich geschehen, und ich hatte mich in sie verliebt. Bine und ich waren ein echtes Kreuzberger Traumpaar, das dachte ich zumindest damals: sie Kostümbildnerin, ich Szenekabarettist. Dazu zwei heranwachsende Kinder von zwei verschiedenen Vätern, keines von mir. Beide wollten wir unbedingt irgendwann aufs Land ziehen.

Bevor wir zusammenkamen, hatte ich lockere Affären am laufenden Band, berauschte mich regelmäßig mit Bier, Wein und Champagner - und nicht selten auch mit härteren Drogen. Ich war am Abend euphorisiert und am nächsten Morgen gerädert und verkatert, kostete meine unzähligen Liebesabenteuer in vollen Zügen aus und war doch zerrissen und innerlich getrieben. Das alles entsprach meiner Vorstellung von sexueller Freiheit und Selbsterfahrung, wie sie in Künstlerkreisen gelebt wird. Alle Schattenseiten, alle zermürbenden Zweifel nahm ich in Kauf. Schließlich befeuerten auch sie meine Kreativität, davon war ich zumindest überzeugt. Ein Klischee.

Doch dann verknallte ich mich in meine Ostberliner Künstlerin, und sie fegte alles weg. Mehrere Geliebte? Für Bine kein Problem. Trotzdem, oder gerade deshalb, verloren andere Frauen plötzlich ihre Anziehungskraft. Schließlich packten wir die Kinder und unsere Habseligkeiten in einen schrottreifen VW-Bus und zogen nach Osthessen aufs Land. Gerade noch rechtzeitig, bevor uns die bald darauf einstürzende Berliner Mauer im engen Kreuzberg hätte erschlagen können.

Ein Zicklein im Schoß

»Pass mal auf«, sagt der Schäfer. Er hält ein Zicklein in den Armen, die Vorderhufe in seine linke, die Hinterbeine in seine rechte Hand geklemmt. »Die schafft das nicht zu Fuß.« Mit diesen Worten landet die junge Ziege auf meinem Schoß, und ich greife reflexartig nach dem knochigen Tier, bevor es herunterfällt. Bestimmt wird sie gleich zappeln, um sich aus meiner Umklammerung zu befreien? Doch dafür ist das Zicklein schon zu schwach.

Auch Nando stört sich nicht an dem neuen Passagier auf seinem Rücken, und so geht es im Schritttempo weiter Richtung Dorf und Stall. Ich spüre ein ungewohntes Glücksgefühl. Es gleicht einer tief versunkenen Erinnerung, die plötzlich wach wird, zu strampeln beginnt und dann auftaucht: Ich sitze auf einem Pferd, dessen kraftvolle Schritte unter mir durch den Schnee pflügen. Ich halte ein Zicklein im Arm, das sich friedlich an meinen Bauch schmiegt. Wir wärmen uns gegenseitig, und ohne dass wir es verabredet hätten, steuern wir im Hier und Jetzt auf unser gemeinsames Ziel zu.

Als ich auf Nando saß und ein krankes kleines Zicklein im Arm hielt, spürte ich ein ungewohntes Glücksgefühl.

Dieses Glücksgefühl, so empfand ich das damals, kam dem sehr nahe, was ich mir von meinem Leben erhoffte. Die meiste Zeit hatte ich es schwer, mich mit der menschlichen Existenz anzufreunden, und noch heute erscheint mir häufig alles sinnlos, fragwürdig, verlogen und irgendwie traurig. Zu wenige Lichtblicke in einem viel zu langen Tunnel. »Und nur manchmal eine Blume und der Duft einer Nacht, aber meistens … nichts, nichts, nichts«, heißt es in einem Lied aus meiner Feder. Doch in diesem Moment, im bitterkalten Morgengrauen des 14. Dezember 1990, war alles gut. Wie aus dem Nichts war plötzlich Nando gekommen und hatte mir einen Lichtblick verschafft. Und auf einmal wusste ich, dass ich den Rest meines Lebens mit Pferden verbringen möchte.

Kein Halten mehr

In der Vergangenheit hatte der Schäfer schon viele vergebliche Versuche unternommen, mich fürs Reiten zu begeistern; ab jetzt nervte ich ihn mit der ständigen Bitte, gemeinsam auszureiten. Wenn ich auf Nando unterwegs war, fühlte ich mich kaum anders als einst auf meiner XT, meinem Yamaha-Geländemotorrad, mit dem ich mich wochentags durch die verstopften Berliner Straßen geschlän-

Auf Nando fühlte ich mich wie neugeboren: Plötzlich wusste ich, worum es im Leben geht.

gelt und sonntags die umliegenden Steinbrüche unsicher gemacht hatte. Hauptsache schnell, Hauptsache Nervenkitzel, Hauptsache wild und gefährlich.
Mit dem Motorrad war ich fast nie gestürzt, mit den Pferden lagen wir öfter im Dreck. Wenn ich wieder mal den Untergrund auf einem lehmigen Wiesenweg falsch eingeschätzt hatte und Nando zu schnell abbog, rutschten ihm die Vorderbeine weg, und wir schlitterten zusammen ein paar Meter. Es war das gleiche Gefühl wie beim Fußballspielen, wenn man den Gegner mit einer Grätsche zu Fall bringt und dann gemeinsam über den Rasen gleitet. Auf die Idee, dass dabei etwas schiefgehen könnte, kam ich genauso wenig wie auf dem Bolzplatz.

Nach einigen gemeinsamen Ritten erlaubte mir der Schäfer, mit Nando auch ganz allein loszuziehen, und nun gab es kein Halten mehr: Die Wälder, die ich zuvor per pedes und mit Diktiergerät und Notizblock durchstreift hatte, gehörten jetzt mir und meinem Pferd. Sobald ich am Schreibtisch begann nervös mit den Fingern zu trommeln oder Schweißausbrüche bekam, weil das Blatt Papier vor mir immer noch leer war, sprang ich auf und rannte zu Nando. Schon beim Putzen veränderte sich meine Stimmung, und spätestens beim Abbiegen in den Wald lösten sich meine eben noch tief empfundene Verzweiflung und die Angst davor, als Möchtegernkünstler und Hochstapler entlarvt zu werden, in Luft auf. Ich atmete tief durch, inhalierte dabei den würzigen Duft von Harz und Pferdeschweiß - und glaubte plötzlich zu wissen, worum es im Leben wirklich geht.

»Und auf einmal wusste ich, dass ich den Rest meines Lebens mit Pferden verbringen wollte.«

Die Zeit ist reif

»Was willst du denn mit der?«, rief mir der Schäfer zu, als ich eines Tages Nando meiner neuen Bekanntschaft vorstellte und gerade dabei war, ihr aufs Pferd zu helfen. Die junge Studentin und der Schriftsteller, wieder so ein Klischee. Er zupfte an seinem Bart und musterte Anja, die in einem modischen Stadtoutfit angereist war, als sei sie von einem anderen Stern vor seinem Stall gelandet.
Diesmal war ich es, der schwieg. Und auf einmal ging es nicht mehr, dass ich das Pferd des Schäfers reite. Es war eben nicht nur der Lebensrhythmus, der mich von den alteingesessenen Dörflern unterschied. Mir war jetzt klar: Es wurde langsam Zeit für neue Freunde - und höchste Zeit für eigene Pferde!

Meine Geschichte beginnt im Wald

Keine Künstlerin, kein Reiter in der Familie: Meine Mutter war eine brave, anständige Löterin, mein Vater ein versoffener bayerischer Anstreicher. Besser hätte ich's nicht treffen können.

Im April 1958 kam ich zur Welt. Dass meine Mutter schwanger wurde, war eigentlich gar nicht geplant.

Das grelle Licht der Welt

Am 2. April 1958 sitzt eine 19-Jährige in der Küche ihrer Mutter. Sie ist hochschwanger, der Geburtstermin ist seit 14 Tagen überfällig. Plötzlich tropft es aus ihr heraus, und die erfahrene Mutter erkennt sofort: Fruchtwasser, es ist so weit.

Nachdem die künftige Mutter im Krankenhaus abgeliefert ist und der hilfsbereite Nachbar die zukünftige Großmutter wieder zu Hause abgesetzt hat, läuft diese zum zukünftigen jungen Vater, der in einem Malergeschäft im Ort gerade seiner sehr gegenwärtigen Arbeit nachgeht. Von der Schwangerschaft hatte er letzten Sommer erfahren und dann darauf gedrängt, das Kind »wegmachen zu lassen«. Doch die Mutter wollte das nicht. Und so hatte er die Frau, die offensichtlich trotz Coitus interruptus hinter einer Hecke am Rande des Dorfes von ihm schwanger geworden war, im November geheiratet und mit ihr eine kleine, primitive Mietwohnung im ersten Stock bezogen.

Ein unsanfter Start

Der werdende Vater ruft am Nachmittag im Krankenhaus an und erhält die Nachricht, dass das mit der Geburt noch ein wenig dauert und er sich getrost schlafen legen kann. Die Frau besuchen und ihr beistehen – bei der Geburt dabei sein? Wo denken Sie hin! Wir sind in Deutschland, im Schwarzwald, der Krieg ist erst seit wenigen Jahren vorbei.

Der zukünftige Sohn lässt sich eine Menge Zeit und erblickt gegen fünf Uhr morgens das Licht der Welt: Nach stundenlangen Schmerzen und Wehen wird das Bündel aus Schleim und Blut, das durch den verlängerten Aufenthalt im Mutterbauch recht groß geraten ist, aus der wohligen Wärme und Dunkelheit durch den engen Geburtskanal in den weiten, lichtdurchfluteten Kreißsaal gepresst, wo es kalte, latexbehandschuhte Finger in Empfang nehmen, waschen, trocknen und von der Mutter trennen.

Denn die hat andere Sorgen, als ihr schreiendes Baby auf dem eigenen Bauch zu liebkosen und zu trösten: Die Nachgeburt, die sich eigentlich hätte lösen sollen, ist an der Gebärmutter angewachsen. Die junge Mutter muss also sofort operiert werden. Glück im Unglück, denn dem Eingriff ist es zu verdanken, dass die Kosten für den Krankenhausaufenthalt später doch noch von der Kasse übernommen werden.
Als sie aus der Narkose erwacht, wird ihr der Sohn kurz gezeigt und dann wieder von den Schwestern ins Zimmer für Neugeborene gepackt. Ein sanfter Weg ins Leben sieht anders aus.

Familienzeit vorm Fernseher

Kein Badezimmer, keine eigene Toilette, kein Telefon, kein Auto: Das Wirtschaftswunder ist schon in Sicht, aber es hat die junge Familie im Schwarzwald noch lange nicht erreicht. Gebadet wird samstags, das Badewasser mit Holz erhitzt, die Kinder teilen sich die Wanne, und man badet im Wasser des Vorgängers. Der Samstag ist auch der einzige Tag, an dem die Unterwäsche gewechselt wird. Wer mal muss, geht aufs Plumpsklo; mit sorgsam geschnittenem Zeitungspapier wischt man sich den Hintern ab.

Immer wieder samstags versammelt sich am Abend dann auch die ganze Familie, oder besser gesagt: Die Familie versammelt sich um den einzigen Fernseher. Der gehört der Tante, die ihn sich – weil sie alleinstehend ist, noch dazu bei Saba arbeitet und das Gerät somit günstiger bekommt – auch leisten kann.
Zu zwölft schauen wir »Einer wird gewinnen« mit Hans-Joachim Kulenkampff.

Die eigenen vier Wände

Weil ich aber eben doch der Prinz im Leben meiner Eltern bin, setzen sie alles daran, unsere Wohnverhältnisse zu verbessern. »Bis er in die Schule kommt, hat er sein eigenes Zimmer!« Und so rackern sie sich an den Wochenenden ab, um aus der alten Scheune der Großtante ein Wohnhaus zu machen. Mit sieben Jahren bekomme ich, wie versprochen, pünktlich zur Einschulung ein eigenes Zimmer im eigenen Haus.

Endlich Einschulung! Mir machte der Unterricht immer Spaß, und ich produzierte Einsen in allen Fächern.

Ein Hund auf Probe

Auf meinem Lieblingsradiosender habe ich vor ein paar Jahren mal ein Feature über vergangene Zeiten gehört, als es noch keinen Strom gab und die Erde noch ein stiller Planet war: kein Dauergedudel, keine lauten Motoren, Musik gab es nur, wenn man sie selbst machte. Und so herrschte fast das ganze Jahr über Ruhe, besonders im Winter, wenn es früh dunkel wurde und nicht einmal die Vögel zwitscherten.

Ganz so ist es nicht mehr im Schwarzwald der 1960er-Jahre, aber ohne Telefon, ohne Fernsehen hat man viel freie Zeit, und die verbringen wir auf dem Fußballplatz. Und keine Ahnung, wie es dazu kommt, aber auch die Schule macht mir damals eben Spaß. Alles fällt mir leicht, und so produziere ich nur Einsen in allen Fächern. Einmal ist Herr Fritz, mein Klassenlehrer, bei meinen Eltern zu Besuch. Er lobt meine Intelligenz über den grünen Klee und empfiehlt dringend den Besuch der höheren Schule. Als sie das hören, sterben meine Eltern fast vor Stolz.

Mein Bruder (links) war damals mein Ein und Alles. Manchmal fühlte es sich so an, als wäre ich sein Vater.

Empfang mit Fangzähnen

Mit zehn Jahren, ich bin gerade ein frischgebackener Gymnasiast, haben die Nachbarn Hundenachwuchs, den sie aber loswerden wollen. Zu Hause fange ich an zu betteln, meine Eltern lehnen meinen Wunsch jedoch rundweg ab, also wird ein Kompromiss geschlossen: Ich darf einen der Welpen übers Wochenende zur Probe mit nach Hause nehmen. Purzel, so haben wir ihn später genannt, heult in seinem Körbchen so lange, bis mein Vater ihn zu sich ins Bett holt. Und dann darf er bleiben. Wir kaufen Erziehungsratgeber für Welpen, die ich eifrig durchlese.

Wie man es richtig macht mit jungen Hunden? Keine Ahnung. Wir jedenfalls drücken Purzels Nase in die Pfützen und Haufen, die er in unserem Haus hinterlässt, und setzen ihn dann vor die Tür. Wenn er mal wieder die Wurst vom Tisch klaut, bekommt er die vom Ratgeber verordneten Klapse mit einer zusammengerollten Zeitung auf den Hintern.
Vor einer meiner Strafaktionen flüchtete er unter den Tisch, und ich verfolge ihn mit der Zeitung. In die Enge getrieben, knurrt er mich an. Davon habe ich in all den Büchern nichts gelesen. Wenn Besuch kommt, muss Purzel weggesperrt werden, um den Gästen den Anblick eines zähnefletschenden Hundes als Willkommensgruß zu ersparen. Dass es sich um keine leeren Drohungen handelte, beweist der Hund

Allein unter Frauen? Kein Problem. Schon als Kind fühlte ich mich in weiblicher Gesellschaft sehr wohl.

meinem Onkel, in dessen Unterschenkel er eines Tages die Spuren seiner Fangzähne hinterlässt.

Bruder oder Vater?

Im Frühjahr 1971 überraschen mich meine Eltern mit einer lange erhofften Nachricht: Es wird Nachwuchs geben. Einen Bruder oder eine Schwester habe ich mir schon seit Jahren gewünscht!
Kurz darauf tagt der Familienrat. Es wird darüber gesprochen, wie feindselig und aggressiv sich unser Hund gegenüber Fremden benimmt und dass sein Verhalten für unser neues Familienmitglied vermutlich eine Gefahr darstellt. Letztlich wird beschlossen, den Hund einzuschläfern, sobald meine Mutter im Wochenbett liegt. Ich bin todtraurig, gebe aber meine Zustimmung . Und als es so weit ist, vergieße ich die letzten Tränen meiner Kindheit.

Die Trauer hält nicht lange an, denn die Ablenkung durch meinen neugeborenen Bruder ist perfekt: Ich gebe ihm das Fläschchen, füttere ihn mit Brei, trage ihn durch die Gegend, ich wickele ihn, bringe ihn ins Bett, kaufe ihm später ein Kettcar. Ich erzähle ihm Geschichten, singe ihm Protest- und Kinderlieder vor, wir liegen im meterhohen Schnee und formen Engel oder bauen Iglus. Im Sommer steht er vorne auf meinem Motorroller zwischen meinen Beinen und klammert sich am Lenker fest. So brausen wir über Feldwege. Nicht selten rutscht ihm ein »Papa« raus, wenn wir zusammen sind.

So war meine Jugend von Fußball und Schule, von einem Hund und einem Bruder geprägt, der mehr mein Sohn war als mein Bruder. Ich kam in meinem ganzen Leben nicht mehr auf die Idee, mir ein Haustier anzuschaffen oder mich fortzupflanzen.

Widerstand regt sich

Der leibliche Vater meines Bruders ist damals mit der Gewerkschaft verheiratet und hat sehr wenig Zeit. Als Betriebsrat wehrt er sich gegen alles, was Unternehmer und Kapitalist heißt. Gemeinsam sind wir empört über die Ungerechtigkeiten, die die Unterdrückten hinnehmen müssen, und gemeinsam sind wir begeistert über alle Aktivitäten, die an diesen Ungerechtigkeiten etwas ändern sollen. Und es ist sonnenklar: Bei diesen Aktionen sind wir dabei!
So werde ich Klassensprecher und Schülersprecher, lege mich mit den Lehrern an, organisiere Boykotte, berufe Vollversammlungen ein und halte aufrührerische Reden, in denen ich die Schule als Zwangsanstalt zur Produktion von Untertanen geißele.
Mein erste Demo erlebe ich im Park neben unserem Schulhof als Zaungast. Es geht gegen den Numerus Clausus. Ich verstand davon nichts, war aber von den langhaarigen, bärtigen Schreihälsen und ihren Fahnen und Transparenten fasziniert.
Mindestens ebenso wie für den Aufruhr interessierte ich mich für Mädchen. Das hat schon im Kindergarten begonnen, und mein zunehmendes Interesse trägt mir den Schimpfnamen »Maidleschmecker« ein.

»Heute stehen meine Pferde bei Wind und Wetter draußen auf der Koppel. Das tut nicht nur ihnen, sondern auch mir gut, denn ich spare mir jede Menge Arbeit und noch dazu unnötige Ausgaben.«

Samson

Aus Schaden wird man bestenfalls klug. Typische Anfängerfehler müssen leider oftmals auch die Pferde ausbaden - vor allem, wenn ihre Halter kaum Erfahrung mitbringen.

DEN RICHTIGEN RIECHER MUSS MAN HABEN!

Anja ist völlig aus der Puste. Ist sie etwa gerannt?
»Komm schnell, Samson liegt am Boden und benimmt sich so komisch!«
Ich hänge gerade buchstäblich angeschlagen im Wohnzimmer ab und erhole mich von dem Tritt, den ich mir am Vormittag eingefangen habe. Zwar wird der pulsierende Schmerz im linken Oberschenkel langsam dumpfer, aber der Gang zum Kühlschrank eben war eine Qual. Meine Motivation, mich aus meinem Sessel zu erheben und noch einmal zu den Pferden zu humpeln, geht daher gegen null. Doch meine Freundin ist käseweiß im Gesicht und sieht mich ebenso verzweifelt wie auffordernd an. Bestimmt nur falscher Alarm, vielleicht habe ich ja Glück.

Ein Bild des Jammers

Habe ich leider nicht. Als wir im Stall ankommen, wälzt sich Samson schweißgebadet im Stroh hin und her. Als ringe das Tier gerade mit dem Tode, reißt es die Nüstern auf und schlägt sich gleichzeitig immer wieder mit den Beinen gegen den Bauch. Anja wirft mir einen fragenden Blick zu, doch damals habe ich noch keinen blassen Schimmer, warum sich mein Pferd so merkwürdig verhält. Plötzlich rinnen auch mir kalte Schweißperlen über die Stirn.
»Zum Telefon, jetzt!« Anja spurtet los, ich hinke, so schnell es geht, hinterher. Während der Umstellung von Sommer- auf Winterhaltung haben die Tierärzte in der Gegend Hochkonjunktur. Und doch, wie durch ein Wunder ist die Leitung frei, und der Anruf bringt uns etwas Klarheit: »Das klingt sehr nach Kolik«, meint der Arzt. Ich solle das Pferd aufscheuchen und dann im Schritt oder sogar möglichst im Trab mit ihm spazieren gehen. »Das schaffen Sie schon, ich komme so bald wie möglich, kann aber noch ein bis zwei Stunden dauern.«

»Soll ich Samson führen«, bietet mir Anja an. »Dann kannst du mit deinem Bein zurück auf die Couch?« Ein wunderbarer Plan! Der leider von unserem zweiten

Pferd Java vereitelt wird. Sie tobt, schnaubt und wiehert nervös, um uns unmissverständlich klarzumachen, dass sie auch vor Selbstverstümmelung nicht zurückschrecken würde, würden wir sie jetzt in dieser Situation allein zurücklassen. Um weitere Patienten zu vermeiden und weil sowohl ich als auch Anja noch viel zu unerfahren sind, um Samson und Java alleine im Doppelpack auszuführen, marschieren wir schließlich zu viert die Dorfstraße auf und ab – und bieten dabei ein Bild des Jammers: Ich ziehe wie ein Zombie mein lädiertes Bein hinter mir her, Samson tritt sich in regelmäßigen Abständen gegen den Bauch und versucht sich mitten auf der Teerstraße hinzulegen. Und Anja zeigt mit hängenden Schultern und finsterer Miene, dass sie sich unter Pferderomantik eigentlich etwas anderes vorgestellt hatte.

Kein Geld und keine Muse

Dabei hatte in den ersten Jahren der Neunziger alles vielversprechend begonnen: neues Leben, neue Liebe, neue Pferde! Das Landleben war seinerzeit schon gar nicht mehr so ungewohnt für mich, fühlte sich aber immer noch richtig und abenteuerlich an. Meine Theaterleidenschaft und mein Ehrgeiz überschatteten allerdings zunehmend meine Beziehung mit Bine. Am Ende vernachlässigte ich sie so sehr, dass unsere Verbindung zerbrach. Irgendwann hat Bine es einfach nicht mehr ausgehalten, dass ich mich immer häufiger aus unserem gemeinsamen Alltag ausklinkte, um mein »Opus Magnum« zu vollenden. Oft zog ich mich stundenlang in mein Arbeitszimmer zurück oder verließ das Haus, um auf ausgedehnten Streifzügen durch die Natur alles zu vergessen – vor allem sie und die Kinder. Von einem Tag auf den andern waren sie dann weg. Kein Wunder.

Nach unserer Trennung lebte ich monatelang wie ein Eremit, vergrub mich in meine Studien und Schriften, war mal glücklich, mal am Boden zerstört. Nur sehr selten ging ich zum Einkaufen oder unter Leute, um nicht völlig zu vereinsamen und hin und wieder eine fremde Stimme zu hören. Worte verlor ich kaum noch. Ich brachte sie stattdessen zu Papier, auch wenn mich meine Texte oft nicht zufriedenstellten und ich schon gar nicht von ihnen leben konnte. Und so gesellten sich zu meinen künstlerischen Selbstzweifeln und Versagensängsten auch noch chronische Geldsorgen.

»Eigentlich wollte ich nie wieder schnöde Lohnarbeit leisten, sondern ausschließlich von meiner Kunst leben – oder eben sterben.«

Eigentlich wollte ich nie wieder als Zahnrädchen im Mahlwerk des Kapitalismus schnöde Lohnarbeit leisten, sondern ausschließlich von meiner Kunst leben – oder eben sterben, falls das nicht gelänge. Das hatte ich mir hoch und heilig geschworen! Doch in der Not frisst der Teufel bekanntlich

Anja lernte ich abends am Lagerfeuer in Südfrankreich kennen, ich jobbte damals als Busfahrer.

Fliegen. So hielt ich mich damals mit Gelegenheitsjobs als Bus- und Taxifahrer über Wasser oder überführte hin und wieder einen Lkw.

Vor allem die Bustouren für einen Reiseveranstalter quer durch Europa hatten dann aber durchaus ihren Reiz, und ich genoss das Leben auf Achse. Auf einer dieser Fahrten lernte ich auch Anja kennen. Wir saßen eines Abends in großer, weinseliger Runde am Lagerfeuer, und ich gab mit meiner Westerngitarre ein paar Bob-Dylan-Songs zum Besten. »How many roads must a man walk down?« Anja wippte sanft mit dem Oberkörper zum Rhythmus, und mit jedem Akkordwechsel verschränkten sich unsere Blicke ein wenig enger.
Ein paar Stunden später angelte sie sich dann den klampfenden Busfahrer mit der Wuschelfrisur. Als sie mich auf dem nahe gelegenen, alten Friedhof, den sie sich als Ziel für unseren Nachtspaziergang ausgesucht hatte, so wild und leidenschaftlich küsste, dass mir dabei meine Brille von der Nase rutschte und ich sie auf allen vieren im hohen Gras zwischen den Grabsteinen suchen musste, hätte ich niemals vermutet, dass aus unserem südfranzösischen Liebesabenteuer eine lebenslange Verbindung würde. Praktischerweise wohnte Anja in Kassel, und so konnte sie mich jedes Wochenende in meiner hessischen Schreibidylle besuchen.

Wir zogen in ein Fachwerkhaus im Nachbarort Mansbach, für Samson und Java pachtete ich eine Wiese.

Es dauerte nicht lange, und sie zog bei mir ein. Gemeinsam entdeckten wir ein schmuckes Fachwerkhaus im Nachbarort Mansbach. Kaufen konnte ich es nur, weil mir mein Vater finanziell unter die Arme griff. Ohne viele Worte zu verlieren, überwies er das Geld. Für unsere ersten beiden Pferde legten Anja und ich dann zusammen. Ich pachtete kurzerhand eine kleine Wiese, erstand günstig einen alten, klapprigen Wasserwagen und dazu die nötigen Litzen inklusive Weidezaungerät, um unsere kleine Pferdeherde sicher unterzubringen.

Langfristige Planung war nie meine Stärke. Im Mai hatten wir Samson und Java gekauft und auf die Weide gestellt. Der Sommer kam überraschend früh in diesem Jahr; noch dazu war er heiß und trocken und erschien mir damals endlos. So saßen wir an vielen lauen Abenden gemeinsam am Wiesenhang und sahen unseren ersten eigenen Pferden dabei zu, wie sie friedlich grasten und mit wedelnden Schweifen Mücken und Fliegen verscheuchten, während hinter den Hügeln langsam die Sonne unterging. Das alles war so traumhaft schön, dass ich völlig ausblendete, dass auf diese herrliche Jahreszeit irgendwann auch ein Winter folgen würde.

Ein Quartier für den Winter

Als die Tage dann kürzer und die Nächte kühler und ungemütlicher wurden, war es höchste Zeit, sich nach einem Stall umzusehen. Es war inzwischen Oktober, und morgens lag weißer Raureif auf den spärlichen Grashalmen. Auf die Idee, meine Pferde bis zum nächsten Frühjahr einfach unter freiem Himmel zu halten und sie nur mit Heu und Wasser zu versorgen, wäre ich damals noch nicht gekommen. Schließlich brachten alle anderen Bauern ihre Tiere während der Wintermonate in überdachten Ställen unter. Musste also richtig sein, oder? Wir zerbrachen uns über diese Frage nicht lange den Kopf.

Heute stehen meine Pferde von Januar bis Dezember, Tag und Nacht bei Wind und Wetter draußen auf der Koppel. Das tut nicht nur ihnen, sondern auch mir gut, denn ich spare mir jede Menge Arbeit und noch dazu unnötige Ausgaben. Aber klüger wird man nur durch Erfahrung, und die kostet eben Lehrgeld. Unser Konto war jedoch leer geräumt, trotzdem wollten wir es wie die Nachbarn machen. So sahen wir uns in der Umgebung nach einem möglichst günstigen Winterquartier für Samson und Java um. Zwei Grundstücke weiter stand ein verlassenes, wenn auch ziemlich verwahrlostes Gehöft. »Das wäre vielleicht was«, sagte ich zu Anja, und sie nickte zaghaft.

Unverschämtes Glück

Gleich am nächsten Tag erkundeten wir das Objekt. »Puh, was mieft denn hier so?« Anja rümpfte die Nase und zog die Mundwinkel nach unten. Die alten Lehmdecken im Wohnbereich waren porös und ausgeschwemmt. Und auch sonst war die Bausubstanz in ziemlich desolatem Zustand.
»Könnte der Schimmel sein«, erwiderte ich und zeigte auf die dunklen, feuchten Flecken an den Wänden. Einen besseren Eindruck machte die in einen Hang hinter dem Haus gebaute Scheune, die so kolossal hoch war, dass sie alle umliegenden Mansbacher Gebäude wie eine hölzerne Festung überragte.
»Also, genügend Platz hätten wir hier.« Ich musste grinsen. Der Bauer, dem sie einst gehörte, musste wohl Hunderte Milchkühe besessen oder einen Anflug von Größenwahn gehabt haben, als er sie damals aus dem Boden stampfte.

Unser Gespräch mit den Besitzern war dann viel unkomplizierter als erwartet. Als wir sie endlich ausfindig gemacht und ein wenig Überzeugungsarbeit geleistet hatten, erlaubten sie uns ohne Umstände, den ehemaligen Kuhstall und den davor liegenden, denkmalgeschützten Hof für unsere Zwecke zu nutzen. »Ach, steht ja eh alles leer«, sagte die alte Dame mit mildem Lächeln. Und auch versicherungsrechtliche Einwände, die man hätte vorbringen können, um missliebige Bittsteller möglichst schnell abzuspeisen und wieder vor die Tür zu setzen, brachte das Ehepaar nicht vor.
»Ich glaube, die waren ganz froh, dass sich jemand überhaupt um das Anwesen kümmert«, sagte ich später zu Anja. »Abreißen darf man ja nicht, und eine Sanierung würde ein Heidengeld kosten.« Sogar das Stroh, das oben auf der Tenne lagerte, und auch das viele saftige Gras auf der Streuobstwiese gleich nebenan durften wir kostenlos verwerten. Da würden sich unsere Pferden freuen!
Unser Triumph mit all den guten Nachrichten liegt nur wenige Tage zurück. Das Stroh von

Das alte Gehöft, das wir als Winterquartier für die Pferde nutzen durften, war ziemlich heruntergekommen.

der Tenne würde sich perfekt als Einstreu eignen, dachten wir. So verteilten wir gleich gestern unbekümmert eine ordentliche Fuhre davon in Samson und Javas neuem Zuhause. Schließlich sollten die ersten Nächte in fremder Umgebung für sie so angenehm wie möglich werden.

Heute war es dann so weit, und unsere Pferde konnten in ihr neues Domizil umziehen – viel schneller, als wir uns das jemals erhofft hatten. Doch als ich Java über die Streuobstwiese führen wollte, keilte sie plötzlich wie ein Rodeopferd nach hinten aus und schoss los. Was hatte sie so erschreckt?

»Ich ärgerte mich in diesem Moment so sehr über mich selbst, dass ich mir mit der Hand auf die Stirn schlug.«

Ich hatte keine Zeit, mich umzusehen, denn ihr Huf traf mich mit voller Wucht am Oberschenkel. Autsch! Zum Glück wurde mein Körper sofort von Adrenalin durchflutet, was mein Schmerzempfinden etwas dämpfte. Humpelnd, fluchend und auch ein wenig zitternd versuchte ich, die Stute wieder einzufangen. Anja verfolgte mit offenem Mund und Samson – zumindest er war einigermaßen ruhig geblieben – im Schlepptau das Geschehen.
Nach kurzem Hasch-mich-Spiel gab dann auch Java nach, und wir konnten beide Pferde in den ehemaligen Kuhstall bugsieren. Ich hatte die Nase voll für heute; ich wollte nur noch mein geschwollenes Bein hochlegen, mir ein Bier aufmachen und den missglückten Start in den Winter vergessen. Diesmal war ich es, der sich schmollend nach ein bisschen mehr Pferderomantik sehnte. Und dann kam auch noch meine Freundin angerannt und überbrachte die nächste Hiobsbotschaft.

Schnelle Diagnose

»Endlich«, seufzt Anja, als ein beiger Volvo-Kombi langsam an uns vorbei auf den Hof zusteuert. Als der Wagen zum Stehen kommt, sind wir mit den Pferden wieder im Stall angekommen. Der Tierarzt trägt Schlapphut, Daunenweste und Winterstiefel. Ich möchte ihm zur Begrüßung die Hand schütteln, doch seine Unterarme sind längst in einem Paar Gummihandschuhe verschwunden. Also nicken wir uns nur kurz zu und reden auch nicht lange. Er will sich gleich Samson ansehen und mustert ihn von Kopf bis Fuß, hebt seine Lider, macht sich ein Bild von der Farbe der Mundschleimhaut.
»Aha« und »hmm« murmelt er dabei immer wieder und bestätigt dann seine Ferndiagnose: »Klassische Kolik, wie sie im Lehrbuch steht«.
Schließlich greift er in seinen Koffer, kramt eine Spritze mitsamt Kanüle und einer kleinen Glasampulle hervor. »Wird schon wieder«, sagt er mit ruhiger Stimme, zieht die Spritze auf und schiebt die Nadel routiniert in eine Hautfalte an Samsons Hals. Das Pferd lässt die Behandlung regungslos über sich ergehen.

Ich bin erleichtert, aber gleichzeitig immer noch perplex: »Wie kann die denn so plötzlich kommen, so eine Kolik?« Der Tierarzt bückt sich, greift nach einem Büschel Stroh und hält es mir direkt vors Gesicht: »Riechen Sie das?« Ich weiche irritiert zurück, atme dann aber vorsichtig ein. Ein modrig-fauliger Geruch strömt mir in die Nase, und plötzlich wird mir alles klar. »Ich Idiot!«

Gammelstroh

Ich ärgerte mich in diesem Moment so sehr über mich selbst, dass ich mir mit der Hand auf die Stirn schlug. Scheinbar hatte das Stroh eine halbe Ewigkeit im Dunkeln gelegen und sich über die Jahre mit Feuchtigkeit vollgesogen. »Kein Wunder«, sagte ich zu Anja, »dass ein Pferd von dem gammeligen Zeug krank wird.« Die Scheunenbesitzer hatten es sicherlich nur gut mit uns gemeint, und wir waren dankend auf ihr Angebot eingegangen. Manchmal macht man eben aus Sparsamkeit kapitale Fehler.

»Schaffen Sie das alte Zeug raus, und das Pferd muss unbedingt weiter bewegt werden«, verabschiedete sich der Tierarzt. »So lange, bis er geäppelt hat!« Wir begleiteten ihn noch zurück zu seinem Wagen. Als er losfuhr, zwinkerte er uns durchs Autofenster noch kurz zu. Anscheinend waren wir nicht seine ersten Kunden, die ihren Pferden blauäugig mit altem Heu oder Stroh geschadet hatten. Wir winkten ihm hinterher. Anja hatte schon Gabel, Schaufel und Besen parat, ich hinkte los, um eine Schubkarre zu organisieren. An diesem Abend brannte noch lange Licht in unserm Stall.

Als ich einige Zeit später endlich meinen Traum verwirklicht hatte und sich auf meinem Reiterhof die ersten, neugierigen Gäste einfanden, zählte Samson zu meinen verlässlichsten Mitarbeitern. Die Bedürfnisse der Touristen und Schulpferde unter einen Hut zu bringen war gar nicht so einfach - vor allem, weil uns die Erfahrung fehlte.

Raus damit! Vermodertes Stroh und unsere Sparsamkeit waren schuld, dass Samson an einer Kolik erkrankte.

Immerhin wussten wir mit der Zeit genau, welches unserer Pferde mit wem gut kann. Und wir achteten penibel darauf, dass während der Ritte unsere strengen Regeln befolgt wurden. Sich vordrängeln und den Rest der Gruppe überholen war ebenso tabu wie ein Wechsel der Gangart auf eigene Faust: Schritt, Trab, Galopp und alle Pausen wurden vorab angesagt, und wenn jemand unterwegs seine Gerte verlor, hielt die ganze Karawane vorsichtshalber an und wartete geduldig ab, bis das Problem gelöst und der Schüler wieder sicher im Sattel saß.

Nach einem Ausritt sagte Holger, ein schon etwas älterer Kursteilnehmer, einmal zu mir: »Das ist ja ein bisschen wie bei einem Güterzug, du bist die Lokomotive und wir die Waggons. Die Pferde hören mehr auf dich als auf uns!« Ich sah ihn an, überlegte kurz und grinste. »Ja, das ist so, und das ist auch gut so.« Einen Gedanken, den ich eigentlich noch nachschieben wollte, verkniff ich mir. Er wäre vermutlich geschäftsschädigend gewesen.

Vom Prachtstück zum Problempferd

Und so juckelte und galoppierte ich mit meinen Gästen, Samson und den anderen Schulpferden durch den Sommer und freute mich über jeden, den ich überreden konnte, mir die Treue zu halten und das Cowboy-Abenteuer noch einmal zu versuchen. Denn die Winter in der Rhön waren lang - und sie ohne Einnahmen zu überstehen war keine angenehme Perspektive.

Mit der Zeit wollte Samson dann nicht mehr so wie ich und wurde als Schulpferd immer schwieriger. Wie damit umgehen? Ich hatte damals keine Ahnung. Und dass »Problempferde« einmal zu meinem Spezialgebiet werden würden, hätte ich mir selbst in meinen kühnsten Träumen nicht vorstellen können. So entschloss ich mich schweren Herzens, ihn zu verkaufen. Das erste eigene Pferd muss ein dickes Fell haben, um all die Anfängerfehler seines Halters zu verkraften. Einige Jahre später informierte mich Samsons neue Besitzerin in einem kurzen Brief, dass er verstorben sei. Noch heute muss ich öfter an ihn denken - und an das Lehrgeld, das wir damals beide bezahlt haben.

Verweigerung in der großen Stadt

Volljährig und voller Träume: Mit der Gitarre in der Hand mache ich erste Schritte in die Freiheit. Es geht nach Regensburg, die nördlichste Stadt Italiens.

Musik, Mädchen und Politik

1977 gibt es in Deutschland noch die Wehrpflicht. Selbstredend will ich verweigern. Ob dich darf, entscheidet ein Gericht; bei der Verhandlung steht mir mein Vater zur Seite. Ich sage, was ich sagen muss, dann zitiert mein Papa seinen Vater: »Wer es wagt, einen meiner Söhne einzuziehen, den werde ich mit meinem Karabinergewehr daran hindern!« Zum Glück gehe ich trotzdem als Kriegsdienstverweigerer durch und trete meinen Zivildienst in Regensburg an.

Flugblätter und Protestlieder

Ich ziehe in eine Zivi-WG und freue mich auf das Leben in der Stadt meiner Träume, die ich als Kind in den Ferien lieben gelernt habe. Abends spielen wir Gitarre, rauchen Gras und reden über Mädchen und Masturbation. Den Urlaub verbringe ich mit einer linken Jugendgruppe in Griechenland, die sich für den Widerstand gegen die Militärdiktatur starkmacht. Wieder zu Hause verliebe ich mich dann in Jeannette und sympathisiere wie sie mit dem Arbeiterbund. Morgens verteilen wir Flugblätter vor den Betrieben, die viele nur widerwillig entgegennehmen. Dann wird Hanns Martin Schleyer entführt. Mit der BILD-Zeitung in der Hand kommentieren die Arbeiter das Geschehene: »Die Entführer sollte man am Sack aufhängen!« Plötzlich bin ich mir nicht mehr sicher, ob ich diesen Menschen Protestlieder vorsingen will.

Löwenmähne auf dem Kopf – Frauen und Protest im Kopf: So sah ich in meinen Regensburger Jahren aus.

»Fortan lebten wir also nicht nur von der Faszination, die unsere Pferde ausübten, sondern auch von der Sehnsucht nach einem besseren Leben, das unser Gemeinschaftsprojekt verkörperte.«

Aragon

Dieses Pferd, ein abgegriffenes Buch und ein legendäres Video ebneten mir den Weg zum Horsemanship.

WER ZUM TEUFEL IST MONTY ROBERTS?

»Die musst du dir ansehen!« Im Herbst 1995 erreichte mich die Nachricht eines Freundes, dass im nahe gelegenen Niederaula südamerikanische Criollos verkauft werden. Ein geschäftstüchtiger Immobilienmakler hatte sechs der exotischen Argentinier im Angebot, alles helle Schecken unterschiedlicher Statur. Ich war sofort Feuer und Flamme, also fuhren wir hin und ritten auf den Pferden kreuz und quer über die Wiesen der Fulda-Auen. Es war einfach wunderbar! Der Wallach, den ich mir für meinen Proberitt ausgesucht hatte, zog nicht am Zügel, wie ich es von meinen Pferden kannte. Ein Schnalzen mit der Zunge genügte, und ich saß plötzlich auf einem Ross, das sich im Schaukelgalopp bewegt und seinem Reiter geschmeidig in alle Richtungen folgt. Wollte man langsamer reiten, nahm man den Zügel einfach auf, und schon wechselte das Pferd in einen sanften Trab, der sich ebenfalls butterweich anfühlte. »Das ist Reiten!«, schrie ich in den wolkenlosen Himmel und jauchzte vor Glück. Das hatte ich bisher so noch nicht erlebt.

»Ein Schnalzen mit der Zunge genügte, und ich saß auf einem Pferd, das mir im Schaukelgalopp geschmeidig in alle Richtungen folgt.«

Geschäft mit Bluff

»Na, wie war's?«, fragt der Makler, als wir wieder am Stall ankommen und uns aus dem Sattel schwingen. Am liebsten hätte ich als Antwort ein dickes Bündel Scheine ausgepackt und alle sechs Criollos sofort mitgenommen. »Die beiden will ich«, sage ich stattdessen mit aufgesetztem Pokerface und zeige auf meine zukünftigen Pferde. »Für den Aufbau meines Reiterhofs und die Eingewöhnung brauche ich sie sofort, kann aber jetzt nur den einen bezahlen.« Der Makler beißt sich auf die Lippen und mustert mich mit zusammengekniffenen Augen.
»Das Geld für den Zweiten kommt gleich im Frühjahr«, schiebe ich nach und versuche, im Brustton der Überzeugung zu sprechen – obwohl ich noch keine Ahnung habe, wie ich in so kurzer Zeit so viel Geld beschaffen soll.

Mehr als nur ein Hobby

Der Kauf meiner ersten beiden Pferde vor einigen Jahren war in gewisser Weise eine Trotzreaktion und reines Privatvergnügen. Damals war ein Ende meiner Theaterleidenschaft und auch meines Verlangens danach, selbst auf der Bühne zu stehen, noch nicht in Sicht. Gleichzeitig wurde mir schnell klar, dass die Pferdehaltung ein ziemlich kostspieliges Hobby ist - ein Zeitvertreib, den ich mir eigentlich gar nicht leisten konnte. Meine Pferde wieder aufzugeben war aber auch keine Option. Dafür war ich mittlerweile zu vernarrt in sie.
Was also tun? Ich trat die Flucht nach vorne an.

Traumlandschaft im Nordosten Hessens: Die Rhön bot die perfekte Kulisse für unseren Reiterhof.

Im Frühling und Sommer besuchten uns damals viele Freunde und Kollegen in Mansbach. Vor allem die Städter genossen die Landpartie, das konnte man sehen und hören: »Das ist aber toll!«, raunten sie, als sich die weite, hügelige Landschaft vor ihnen in der Abendsonne ausbreitete. Und »Die sind aber schön!«, als ihr Blick dann auf unsere kleine, grasende Herde fiel. Den vielen Bitten, sich einmal auf eines der Pferde setzen zu dürfen, kamen wir anfangs vorsichtig, dann aber immer selbstverständlicher nach. Es war auch für mich ein Spaß zu beobachten, wie die Augen unserer Gäste zu leuchten begannen, als sie plötzlich im Sattel saßen und sich ein wenig angespannt, fast wie in einem Fahrgeschäft auf der Kirmes, über die Koppel tragen ließen. Die Idee, mit diesem Vergnügen meinen Lebensunterhalt zu verdienen und einen eigenen Reiterhof zu eröffnen, kam dann wie von selbst.

Wie ich diesen Plan in die Tat umsetzen sollte, war mir aber noch ein Rätsel. Und so schwankte ich täglich zwischen Aufbruchstimmung und Verzweiflung, zwischen Tatendrang und tiefer Resignation - je nach Wetterlage, Kontostand und Müdigkeit, die sich oft in meinem Kopf und in meinen Knochen breitmachte. Diese Launenhaftigkeit kannte ich nur allzu gut; so

Zwischen Tatendrang und todmüde: Die Realisierung unseres Projekts kostete viel Zeit, Kraft und Geld.

hatte ich mich auch immer in den Jahren vor meinen künstlerischen Erfolgen auf der Bühne gefühlt. Anscheinend ist das der Preis, den man bezahlt, wenn man wie ein rebellisches Kind nicht aufgibt, seinen Instinkten und Sehnsüchten hinterherzujagen und dabei die Erwachsenen, die von der Seitenlinie aus mahnend den Zeigefinger heben, einfach ignoriert.

Jedes Mal, wenn ich mich morgens auf den Weg machte, um die Pferde zu versorgen, hielt ich kurz vor dem Hof mit seinen maroden Mauern inne. An vielen Stellen war der Putz abgeblättert, sodass man die nackten Ziegelsteine sehen konnte. Andere Gebäudeteile waren komplett eingefallen und mit Brennnesseln und anderem Gestrüpp überwuchert. Wie schön man dieses historische Anwesen doch herrichten könnte, dachte ich mir und verlor mich für ein paar Minuten in meinen Tagträumen. Dass die Besitzer verkaufen wollten, wusste ich. Aber welche Summe könnte ich ihnen anbieten - und wie sollte ich jemals die Finanzierung stemmen? Ich entschloss mich, mein Glück bei der Gemeinde zu versuchen und dem kleinen Schloss, in dem damals das Rathaus untergebracht war, einen Besuch abzustatten.

Unser Draht ins Rathaus

»Wird aber auch Zeit, dass sich der Theatermann mal vorstellt.« Als ich Eberhard Fischers Arbeitszimmer betrete, streckt mir der Bürgermeister von Hohenroda, zu dem auch Mansbach gehört, die Arme entgegen, als wolle er mich kräftig drücken. Doch stattdessen reißt er gleich das Gespräch an sich.
»Sie sind beliebt hier in der Gegend.« Er deutet auf einen gepolsterten Holzstuhl neben seinem Schreibtisch.
»Wissen Sie auch, warum?«
Ich nehme Platz und schüttelte den Kopf.
»Sie grüßen zuerst!«
»Na ja, ich bin in einem kleinem Dorf im Schwarzwald aufgewachsen, da bekommt man das eingetrichtert.«
Wir müssen beide lachen und verstehen uns auf Anhieb.
Als ich mein Anliegen vortrage, versinkt mein Gegenüber im Bürosessel, lauscht konzentriert meinen Worten und gluckst dabei immer wieder in sich hinein.

»Was wollen Sie denn mit dem Hof und der Wiese?«
Ich hole noch ein wenig weiter aus, doch Fischer schielt jetzt immer öfter auf seine Armbanduhr. Langweile ich ihn, hat er noch andere Termine?
»Gehen Sie nach Hause und schreiben Sie alles auf, all Ihre Träume, das können Sie doch, oder?« Er grinst, dann verabschieden wir uns.

Randvolle Fördertöpfe?

Rückblickend war dieses Treffen ein großes, unverhofftes Glück – der erste Dominostein, der umfiel und dann eine ganze Reihe weiterer, meist erfreulicher Ereignisse ins Rollen brachte.
»Das sind ja keine Träume, das ist ja schon ein fertiges Konzept«, lobte mich Fischer, nachdem ich wie befohlen meine Ideen gesammelt, geordnet und dann auf zwei DIN-A4-Seiten zusammengeschrieben hatte. Kurzerhand organisierte mein neuer Freund und Gönner, der offensichtlich hervorragend vernetzt war, Treffen mit anderen SPD-Politikern und Funktionären, die sich die wirtschaftliche und touristische Entwicklung der Region auf die Fahne geschrieben hatten und dafür aus diversen Fördertöpfen schöpfen konnten.

»Dank Fischers Hilfe verwandelten sich Formulare und Businesspläne in Banknoten.«

In den folgenden Jahren lernte ich den Politfilz im roten Hessen kennen und schätzen. Sogar zur Landesregierung in Wiesbaden und zur Europäischen Kommission in Brüssel hatte Fischer einen Draht, und bei der Sparkasse konnte er mir dringend nötige Kredite vermitteln. »Sie wollen DIN-A4-Seiten, also füttern wir sie mit DIN-A4-Seiten«, sagte er immer, wenn es darum ging, neue Anträge zu stellen. Und dank seiner Hilfe verwandelten sich Anträge, Formulare und Businesspläne in Banknoten.

Leider flossen die Subventionen dann doch nicht so üppig wie erhofft. Das lag auch an meinen hohen Ausgaben: Die Anschaffung von Baumaterial, Futter sowie die laufenden Nebenkosten und Gehälter für meine Mitarbeiter rissen regelmäßig klaffende Löcher in mein Budget. Zudem musste ich noch meine Schulden tilgen. Fast zwanzig Jahre lang sollte das so weitergehen, und wenn ich das geahnt hätte, hätte ich meinen Traum vom eigenen Reiterhof wohl aufgegeben und mir viele schlaflose Nächte erspart. Nur gut, dass ich nichts ahnte – es gibt wichtigere Dinge im Leben als eine sanfte Nachtruhe.

Würde ich heute Abend gut einschlafen können? Der Makler schweigt und zögert noch immer. Ich bin mir nicht sicher, ob er meinen Bluff durchschaut, doch anscheinend rattert es in seinem Kopf. »Komm schon, Junge, du hast doch keine andere Wahl!«, beschwöre ich ihn in Gedanken. »Schließlich ist es Herbst, und die

Kosten für den Unterhalt im Winter willst du dir doch sparen, oder?« Nervös spiele ich mit den Autoschlüsseln in meiner Jackentasche, dabei vergehen die Sekunden in Zeitlupe. Endlich nickt er, und wir besiegeln unser Geschäft. »Hmm, abgemacht.« Noch ein klatschender Handschlag, dann bin ich stolzer Besitzer von Aragon und Gamín, zwei argentinischen Ranchpferden. Wir sind überglücklich mit unseren Lateinamerikanern. Aragon erhält seinen Namen vom kommunistischen Dichter und Schriftsteller Louis Aragon, von dem gesagt wird, dass er ein echter Draufgänger war. Gamín heißt auf Spanisch so viel wie »Straßenjunge«, und das passt einfach zu ihm.

Nachdem wir den langen Winter mit viel heißem Tee, herzhaften Wurstbroten und harter Arbeit an guten sowie taub gefrorenen Gliedern und etlichen Streitereien an schlechteren Tagen überdauert hatten, ging plötzlich alles Schlag auf Schlag. Wir hatten EU-Fördermittel beantragt und dank Fischers Hilfe tatsächlich bewilligt bekommen. Ein Stein fiel mir vom Herzen. Kaum war das Geld auf dem Konto, begannen wir zu schaufeln und zu hämmern, was das Zeug hielt. Zudem konnte ich jetzt das Geld für Aragon aufbringen, das ich ja noch seinem Vorbesitzer schuldete. Das alles fühlte sich großartig an, und als 1996 dann unser alternativer Reiterhof Arhöna seine Pforten eröffnete, verflogen für einige Tage all meine Sorgen.

Sehnsucht und Gras

Zu unseren ersten Gästen zählten vor allem Freunde und Bekannte aus der Berliner Theater- und Alternativszene. Dann schalteten wir Kleinanzeigen in der »taz«, und immer häufiger beäugten auch fremde Gesichter neugierig unseren frisch renovierten Hof. Allmählich sprach sich herum, dass man in Mansbach nicht nur reiten und Urlaub machen, sondern Gleichgesinnte treffen und abends am Lagerfeuer lachen, singen, diskutieren und dabei auch noch Gras rauchen konnte.

Fortan lebten wir also nicht nur von der Faszination, die unsere Pferde ausübten, sondern auch von der Sehnsucht nach einem anderen, besseren Leben, das unser sozialistisch angehauchtes Gemeinschaftsprojekt verkörperte.

Samson und Java auf ihrer neuen Weide: Arhöna wurde zum kleinen Paradies für die Pferde und unsere Gäste.

Anja mit Gästen beim Ausritt: Unterm Strich war unsere erste Saison ein voller Erfolg.

Wer war hier Gast, wer Mitarbeiter? Oft konnte ich das selbst gar nicht mehr unterscheiden, so begeistert packte unsere zahlende Kundschaft beim Holzhacken, Heuschleppen, Waschen und Kochen mit an. Manche nannten mich plötzlich einen Heuchler oder beschimpften mich sogar als »Kapitalistenschwein«, auch weil sie mitbekommen hatten, dass ein Teil meiner Pferde aus Argentinien nach Deutschland verschifft worden war - und ich noch dazu einige Schwarzarbeiter aus Polen engagiert hatte. Aber das ist eine andere Geschichte.

Das abgegriffene Buch der Bücher

Unterm Strich war unsere erste Saison jedenfalls ein voller Erfolg, und als sie vorbei war, wollte ich mir zur Belohnung eine kurze Auszeit gönnen und mich mit Fachbüchern und meinen Pferden beschäftigen. Als mich zur gleichen Zeit mein Freund Gilbert einlud, machte ich mit Aragon, meinem inzwischen besten und ausdauerndsten Pferd, auf den 35 Kilometer langen Weg.
Gilbert empfing mich mit einem leckeren Abendessen, beim Abwasch erzählte ich ihm auch von meinem Coup mit den Criollos. Und nachdem wir unser letztes Bier vor dem Schlafengehen geöffnet hatten, schob er mir mit bedeutungsvollem

Blick erst ein abgegriffenes Buch und dann eine Videokassette über den Tisch direkt unter die Nase. »Der mit den Pferden spricht, von Monty Roberts?« Ich las den Titel laut vor und sah ihn fragend an. »Wird dir garantiert gefallen!«

Wer zum Teufel ist Monty Roberts? Von diesem Mann hatte ich noch nie gehört, begann aber gleich im Bett noch mit der Lektüre, die mich erst neugierig machte, nach ein paar Seiten dann aber regelrecht fesselte. Ich liebe ja romantische Geschichten, aber dieses Rührstück zwischen Drama und Western hatte es in sich: Der kleine Monty, vom seinem cholerischen Vater misshandelt, entdeckt seine Liebe zu Pferden. Schon als Vierzehnjähriger beobachtet er in der nordamerikanischen Prärie wilde Mustangs und entschlüsselt dabei sogar ihre Sprache, der er auch gleich einen Namen verpasst. »Eee-quu-uus«, murmelte ich im Halbschlaf, dann war ich weg und träumte in verschwommenen Bildern von einem Jungen, der dem Wüten der Welt den Rücken kehrt, sich ins Reich der Pferde flüchtet und auf einem wilden Mustang ungezügelt seinem Glück entgegenpreschst.

Kleiner Mann, ganz groß

Als ich am nächsten Morgen wach werde, greife ich gleich nach dem Buch, das noch auf meinem Nachttisch liegt, doch stattdessen berühren meine Fingerspitzen die VHS-Kassette. Ich zögere kurz und sehe mich in meinem Gästezimmer um. Auf einer Kommode steht ein Fernseher mit eingebautem Videorekorder - Gilbert hat wirklich an alles gedacht. Ich taumle aus meinem Bett, lege das Band ein und drücke die Play-Taste. Ein kleiner, rundlicher Mann, der sich als Monty Roberts vorstellt, erscheint auf dem Bildschirm. Er und sein Pferd sind regelrecht eingekesselt von zwei Meter hohen Betonwänden. »Was für eine Festung von Roundpen!«, hätte ich vermutlich ein paar Wochen später ausgerufen und dabei durch die Zähne gepfiffen. Doch jetzt staune ich nur und habe keinen blassen Schimmer, was ich da gerade sehe. Und vor allem, warum dieser Trick funktioniert? Also spule noch ein paarmal zurück, denn so gut ist mein Englisch nun auch wieder nicht. Am Frühstückstisch schwärme ich Gilbert vor, dass ich all das unbedingt auch mit Aragon ausprobieren will - am liebsten gleich nach dem Kaffee.

»Doch jetzt staune ich nur und habe keinen blassen Schimmer, was ich da gerade sehe. Und vor allem, warum dieser Trick funktioniert?«

Gesagt, getan. Ich führe mein Pferd in die Mitte der kleinen Reithalle auf Gilberts Hof und nehme ihm das Halfter ab. Ein langes Seil habe ich mir von meinem Freund geliehen. Wie war das noch mal im Video? Ich werfe das Seil in Aragons Richtung, und er rennt davon. Aha, klappt! Dann lasse ihn einige Runden im und

gegen den Uhrzeigersinn laufen und treibe ihn dabei immer wieder an. Sieht auch gut aus, er bleibt in Bewegung! Jetzt wende ich mich abrupt ab. »Mist, das war zu früh.« Ich ärgere mich über meine Ungeduld. Hat Aragon schon den Kopf gesenkt und sich bei mir, seinem Leithengst, entschuldigt? Keine Ahnung. Auf die Ohren, das Kauen und das Lippenlecken habe ich vor lauter Aufregung auch nicht geachtet. Ich mache trotzdem weiter, wende mich wie Roberts von meinem Pferd ab, um langsam ein paar Schritte von ihm wegzuschlendern.
Ich halte inne und horche. Und da ich nicht glauben kann, was ich höre, drehe ich mich um: Aragon trabt auf mich zu! Als hielte ich einen bis zum Rand voll mit leckeren Möhren gefüllten Eimer in der Hand, läuft er mir freudig entgegen. Und plötzlich bleibt er vor mir stehen, wie ein treuer Dienstbote, der auf seine nächste Anweisung wartet. Ich entferne mich, Aragon läuft mir nach. Ich gehe nach links, er geht nach links. Ich gehe nach rechts, er folgt mir auch in diese Richtung. Ich renne los, und mit leichtfüßigem Trab holt mich mein Pferd ein. Ich bin im Himmel, mein erster Join-up war geglückt!

Ohne Sattel und Gebiss

Bevor ich aufbreche, klopft mir Gilbert noch einmal auf den Rücken. »Bravo, mein Lieber!«, sagt er und drückt mir zum Abschied eine weitere Videokassette in die Hand. »Hmm, noch so ein Amerikaner«, sage ich und versuche, mein Interesse herunterzuspielen. In Wahrheit kann ich es aber kaum erwarten, mir zu Hause auch den zweiten Film anzusehen.
Pat Parelli war mir sofort sympathisch. Vor allem mit seinem Wahlspruch »Look what's normal and do the opposite« rannte der Mann bei mir offene Türen ein. Sinngemäß und frei übersetzt schmückte ein Plakat mit diesem Satz schon vor Jahren die schräge Decke über meinem Jugendbett: »Wer zur Quelle will, muss gegen den Strom schwimmen.« Doch als ich mein neu erworbenes Wissen zum ersten Mal mit Aragon ausprobierte, funktionierte es nicht nur, es inspirierte und beflügelte mich regelrecht.

»Um es den Gästen bequemer zu machen, legten wir Westernpads auf die Pferde und fixierten sie mit Gurten, die wir aus alten Autos geschnitten hatten.«

»Der macht das ja genau wie du«, würde so mancher meiner Schützlinge später sagen, wenn ich ihnen abends nach dem Unterricht noch ein Horsemanship-Video meines neuen Idols Pat Parelli vorspielte. »Ist ja auch mein bester Schüler«, antworte ich dann gern mit einem Augenzwinkern.

Mit der Zeit gefielen mir Parellis Herangehensweise und Philosophie immer besser, und so krempelten wir auch unser Kursprogramm komplett um: Weg mit allen Sätteln, das ist besser für die Balance. Keine Gebisse mehr und auch keine

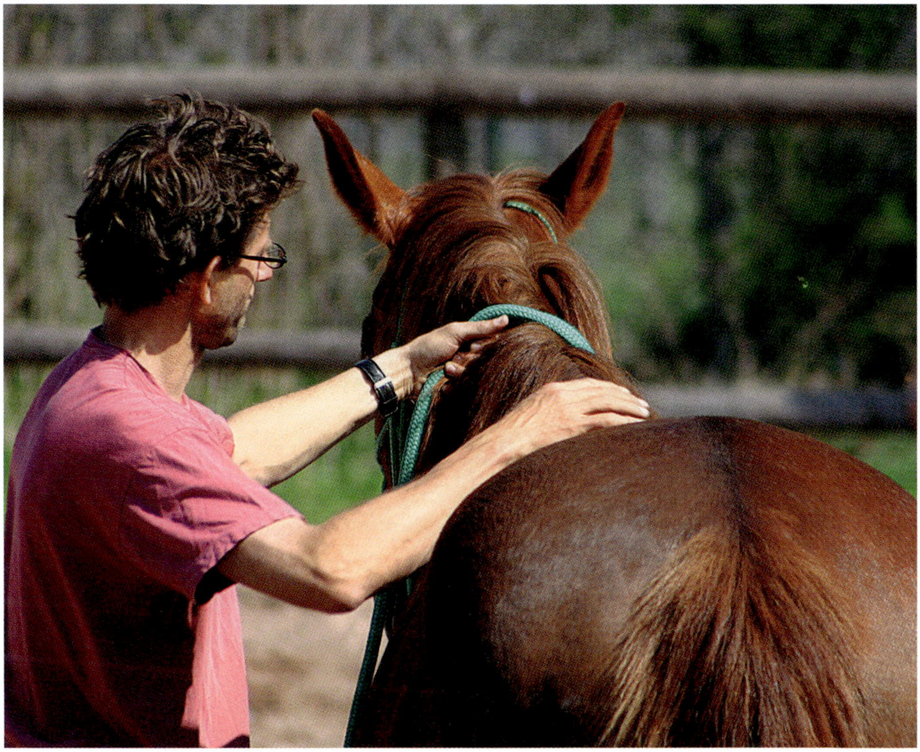

Reiten ohne Gebiss und Sattel: Parellis Herangehensweise gefiel mir mit der Zeit immer besser!

Bremsmanöver mit beiden Zügeln – stattdessen Reiten mit lockerem Knotenhalfter. Und unsere Gäste? Um es ihnen etwas bequemer zu machen, legten wir den Schulpferden dicke Westernpads auf den Rücken und befestigten sie mit Sicherheitsgurten, die wir auf dem Schrottplatz aus abgewrackten Autos geschnitten hatten. Die passenden Gurtlöcher brannten wir dann einfach mit einem Lötkolben ein. Wenn man will und muss, geht es auch einfach.

Auf einen Tanz mit meinem Pferd

Aragon und Gamín entpuppten sich ebenfalls als echte Parelli-Fans. Als meine besten Schulpferde machten sie viele Gäste glücklich und begeisterten sie für die Horsemanship, die schönste und natürlichste Art des Reitens.
Doch auch ich liebte die beiden, vor allem Aragon. Und immer wenn ich mir nach einem langen Arbeitstag etwas Gutes tun wollte, ging ich noch einmal zu den Pferden, nahm meinen Criollo aus der Herde und suchte mir ein Plätzchen, an dem wir dann unser Tanz-Spiel spielten. Ganz allein, in Freiheit.
Nur er und ich – und der Wind.

Kreuzberg, Krawall und Kabarett

In Berlin erlebe ich mit 27 Jahren den Tag, der mein Leben verändert: Die Welt erhält endlich Kenntnis von meiner Existenz – und ich klettere auf Bühnen.

In Berlin sympathisierte ich mit der Hausbesetzerszene. Als einer von uns starb, schäumten wir vor Wut.

Häuserkampf in Berlin

Berlin, Anfang der 1980er-Jahre. Mein Freund Rainer wohnt schon seit einiger Zeit in der Stadt. Als er sich Hausbesetzern anschließt und umzieht, wird seine Wohnung in der Osloer Straße im Wedding frei, und ich kann dort direkt einziehen. Meiner damaligen Freundin Susanne geht es wie mir. Auch sie will nach Berlin, aber wir sind nicht mehr so richtig ein Paar. Und so ziehen wir zwar beide in die gleiche Stadt, aber nicht in die gleiche Wohnung. Beide wollen wir Psychologie studieren, beide haben wir Affären, beide sind wir eifersüchtig. Ich suche mir einen Job und lade Heu- und Strohballen auf der Trabrennbahn Mariendorf ab. Für die Pferde, für die sie gestapelt werden, interessiere ich mich damals noch nicht.

Im Schwarzen Block

Ich bin gerade auf der Arbeit, als ich erfahre, dass ein junger Hausbesetzer bei einer Räumungsaktion zu Tode gekommen ist. Er ist vor einem heranstürmenden Polizeitrupp geflüchtet und auf die Straße gerannt. Dort hat ihn ein Linienbus erfasst. Als er kurze Zeit später stirbt, kocht die Empörung über: Das ist also unser erster Toter! Noch am selben Abend ziehen Zehntausende durch die nächtlichen Straßen, ohrenbetäubender Lärm von Sprechchören, überall Blaulicht und schwer bewaffnete Bullen. Auch ich gehe mit Susanne zur Demo. Wie in Grimms Märchen vom Brüderchen und Schwesterchen, in dem das Brüderchen die Gefahr sucht und das Schwesterchen ihn zurückhalten möchte, diskutieren wir, wie weit wir heute gehen wollen und sollen.
Ich ziehe mir meine neu gekaufte Hasskappe über den Kopf, verabschiede mich von meiner Freundin im

Mittelblock und renne nach vorne. Nach ganz vorne, wo die Entschlossenen sind, wo im »Schwarzen Block« die Autonomen marschieren, die ihre mitgebrachten Benzinkanister an Tankstellen befüllt haben, natürlich ohne zu bezahlen, die in Windeseile Bauwagen und Müllcontainer umwerfen und in Brand stecken, die das Pflaster aufreißen, um damit Schaufenster von Banken und Geschäften zu zertrümmern oder heranrückende Polizeieinheiten zu begrüßen. Das alles habe ich bisher nur auf Fotos und im Fernsehen gesehen, deswegen bin ich nach Berlin gekommen – und jetzt bin ich mittendrin.

Wenn Wut explodiert

Natürlich führt der Demonstrationszug auch an dem Ort vorbei, an dem der Hausbesetzer gestorben ist – an der Kreuzung von Kurfürsten- und Potsdamer Straße. Hier explodiert die Wut, und plötzlich finde ich mich in einem Drogeriemarkt mit geborstenen Scheiben wieder und schleppe mit den anderen Vermummten den ganzen Kosmetikkram nach draußen, wo wir alles auf den Bürgersteig und auf die Straße werfen. Hier geht es nicht ums Klauen – es geht uns um die Zerstörung einer Warenwelt, die wir hassen. Und das ist ein berauschendes Gefühl!

Mehr noch als die heranrollenden Wasserwerfer und die Bullenhorde, die ihre Schlagstöcke schwingt, fürchten wir in diesem Moment die »Zivis«, die sich, gekleidet wie wir, bestimmt längst unter uns gemischt haben. Wird man von so einem Zivilpolizisten verhaftet, landet man für mindestens ein Jahr im Knast, das ist so gut wie sicher. Sosehr ich mich auch für meine Feigheit schäme, sosehr ich die Kämpfer in der ersten Reihe bewundere: Ich bekomme es mit der Angst zu tun, der Angst vor Konsequenzen. Und sie hält mich von radikaleren Aktionen ab.
So geht es den meisten heute, und mit Hasenfüßen gewinnt man eben keine Revolte. Was folgt ist der lange Katzenjammer, der immer ertönt, wenn aus Hoffnungen Illusionen werden. Nach und nach werden die Häuser geräumt, und die Linke ist fortan mehr damit beschäftigt, sich gegenseitig zu kritisieren, als gemeinsam gegen das verhasste System zu kämpfen. Wir haben uns kräftig verschätzt, und es tut weh, jetzt als Verlierer dazustehen.

Ich gehe lustlos zur Uni, und obwohl da eigentlich alles richtig ist – linke Professoren, marxistische Seminare und endlose Diskussionen –, zieht es mich immer seltener in die Hörsäle nach Dahlem. Ich treibe mich nachts in Diskotheken herum, habe die eine oder andere Liebschaft und die eine und andere Depression. Wenn man immer meint, der Durchbruch stünde kurz bevor, und er kommt und kommt dann nicht, trinkt man bald zu viel und schläft zu lange.

Gehversuche auf der Bühne

Inzwischen bin ich von Wedding nach Kreuzberg gezogen: Hinterhof, Außentoilette. Außer mir wohnen dort nur ältere, gebrechliche Damen, die nach und nach versterben. Weil ich mich mit der Hausverwaltung gut stelle, ist der Hinterhof schon bald in der Hand von jungen Möchtegernkünstlern, die ihre Stereoanlagen aufdrehen und viel kiffen.

Eines Tages fragt mich ein Freund, den ich noch aus meiner Schulzeit am Gymnasium in Villingen kenne, ob ich Lust habe, bei der Neugründung einer Band als Frontmann und Sänger zu firmieren. Klar will ich das! Ich hänge mein Studium an den Nagel, und zu viert gründen wir »Die Brote«, mieten einen feuchten Keller zum Proben und haben einen Auftritt am Oranienplatz. Ohne dass irgendjemand von unserer Musik und Existenz als Band Notiz genommen hätte, lösen wir uns nach Streitereien wieder auf.

Trotzig kaufe ich mir daraufhin ein Aufnahmegerät und versuche mich als Studiomusiker. Meine nicht vorhandenen Fähigkeiten als Musiker versuche ich mit immer neuen technischen Geräten zu kaschieren, die ich mir nach und nach zulege: einen Drumcomputer, ein Hallgerät, ein Mikro von Sennheiser. Dann nehme ich einen Rocksong für den Senatswettbewerb auf und erhalte eine Ablehnung.

Von der Musik zur Miliz?

Aber ich mache immer weiter und bin zerrissen zwischen politischem Anspruch, dem Bedürfnis, etwas Besonderes zu sein, sowie dem Gefühl, dass ich und die Menschheit so sehr am Arsch sind, dass man vielleicht über einen starken Abgang nachdenken sollte. In jener Zeit gibt es einen Aufruf in der »taz«, sich als Milizionär den Internationalen Brigaden in Nicaragua anzuschließen. Ich lese damals ständig Artikel über den Spanischen Bürgerkrieg und die kubanische Revolution, und so liegt es nahe, den Worten endlich Taten folgen zu lassen – und koste es mich das Leben. Ist ja ohnehin nicht das Leben, von dem ich träume, oder? Also kann ich es genauso gut wegschmeißen.

Im Januar soll es losgehen. Mein Ticket habe ich schon in der Tasche. Doch dann erfahre ich beim Jugendradiosender »S-F-Beat« von einer neu gegründeten Musical-Schule in Kreuzberg. Für die Aufnahmeprüfung könne man sich noch anmelden. Das und nichts anderes tue ich, und zwar sofort! Ich habe zwei Wochen Zeit, etwas einzustudieren.

Der große Durchbruch

Am Prüfungstag betrete ich eine Fabriketage und eine neue Welt. Gut aussehende junge Menschen in Tanzklamotten lümmeln auf den Teppichböden, dehnen ihre Beine und schwatzen. Ich habe einen Song und eine Schauspielszene vorbereitet. Nach fünf Stunden ist die Prüfung vorbei, und ich bin angenommen. Und das, obwohl ich mit meinen 27 Jahren der mit Abstand älteste Bewerber bin! Ich taumle wie benommen vor Glück auf die Straße. An diesem Tag nimmt mein Leben die entscheidende Wende: Die Revolution verliert einen Kämpfer, der vor Dienstantritt Fahnenflucht begangen hat.

Ab jetzt wird täglich getanzt und gestretcht, ich übe Tonleitern und das Halten der zweiten Stimme. Zu dritt gründen wir die Kabarettgruppe »Dr. Kimble«, und wie die Krimiserie heißt auch unser Programm »Auf der Flucht«. Wir planen eine Straßenmusik-Tour durch Italien und kaufen im Ramschladen drei giftgrüne Seidensakkos zum Discountpreis. Ich schwebe auf einer Wolke, von der aus ich den herannahenden Ruhm schon sehen und riechen kann – bis

Unsere ersten Auftritte mit Nummern aus unserer Feder hatten wir im »Go-In« in der Bleibtreustraße.

ich sechs Monate später, nach Ablauf der Probezeit, zusammen mit meinem guten Freund Christoph von der Schule fliege: kein Talent zum Tanzen.

Das halbe Jahr hat sich dennoch für uns beide gelohnt, denn wir haben Blut geleckt, und vor allem finden wir großen Gefallen am Künstlerdasein. Mit unseren ersten selbst geschriebenen Nummern treten wir im »Go-In« in der Bleibtreustraße auf, wo, wie gemunkelt wird, auch Reinhard Mey seine Karriere gestartet hat. Das ist das Leben, das ich führen will! Um die teure Privatschule finanzieren zu können, nehme ich einen Job in »Joes Bierhaus« am Theodor-Heuss-Platz an. Die Bezahlung ist nicht übel, aber ich brauche viel Geld für meine Ausbildung. Daher zweige ich mit den Kollegen regelmäßig Einnahmen aus dem Bier- und Eintrittskartenverkauf für meinen guten Zweck ab. Ich fürchte, wir haben den Laden in den Bankrott getrieben.

Paradies und Ekel

Etwas später setzen Christoph und ich alles auf eine Karte. Die Sommerpause in einer befreundeten Galerie nehmen wir zum Anlass, dort ein ganzes Kabarettprogramm aufzuführen. Nachts klauen wir Holzbretter von Baustellen, um uns eine Bühne zu zimmern, tagsüber treffen wir uns zum Proben und Texten. Wir leihen uns Geld und kaufen eine kleine Gesangsanlage. Im Sommer 1987 ist es dann so weit: Das Kabarett »Zwei Drittel« empfängt sein Publikum. Und wieder haben wir Glück: Über der Galerie wohnt eine Redakteurin vom Radio, die uns zur Premiere den Kritiker Lutz Ehrlich vorbeischickt, der uns in den höchsten Tönen lobt. Von heute auf morgen sind wir angesagte Szenekünstler, das Sprachrohr der autonomen Bewegung, die Nachfolger der legendären »Drei Tornados«. Selbst das Fernsehen wird auf uns aufmerksam. Wenn die Aufnahmeprüfung an der Schauspielschule der Apfel der Versuchung war, dann ist dieses erste Programm mit seinem berauschenden Erfolg ein endloser Apfelstrudel, in dem wir täglich mit Schlagsahne und Vanillesoße baden. Ich genieße mein neues Leben in vollen Zügen und habe unsägliche Angst, wir könnten nur eine Eintagsfliege, ein kurzes One-Hit-Wonder sein.

Doch unser zweites Programm ist sogar noch erfolgreicher als das erste! Und wie immer bei mir, wenn Träume in Erfüllung gehen, stellt sich plötzlich Ekel ein: Ich ekle mich vor der Eitelkeit meiner Kollegen, ich ekle mich vor der Borniertheit unseres Publikums. Am meisten ekle ich mich aber vor mir selbst. Dann verliebe ich mich in eine Künstlerin; ich flüchte mit ihr, ihren Kindern und dem Auftrag, binnen Jahresfrist ein Theaterstück zu schreiben, aufs Land.

Um sich vor der Polizei und Räumungen zu schützen, mauerten die Besetzer manche Eingänge einfach zu.

»Von meinem Idol Pat Parelli habe ich gelernt: Respekt und Vertrauen bekommst du auf dem Boden – oder eben gar nicht.«

Peon

Mit Peon stand ich plötzlich wieder im Rampenlicht. War es mir tatsächlich das zweite Mal in meinem Leben gelungen, meine Leidenschaft zum Beruf zu machen?

MEIN ERSTES SHOWPFERD

Ich sitze mit Marc im Auto. Auf der A7 ist wenig los, aber wir bleiben trotzdem auf der rechten Spur. Dass wir am Abend mit gleich zwei Pferden im Anhänger zurück nach Mansbach fahren würden, ahne ich noch nicht. Geplant war ein Pferd, für Marc. Doch im Radio laufen Oldies zum Mitsingen, noch dazu führen wir gute Gespräche. Und so denke ich im Moment gar nicht an Amberg – und was wir dort eigentlich wollen.

Marc kaut Kaugummi und erzählt mir Geschichten von seiner Familie. Wie die Oma aus Schlesien kam, und wie schwer es für sie war, in Mansbach Fuß zu fassen. Ich erfahre, dass er seinen Vater nie kennengelernt hat, weil der sich als junger Draufgänger mit seinem Sportwagen zu Tode raste. Gespannt höre ich zu; die Lebenslinien und Schicksale anderer Menschen haben mich schon als kleiner Junge fasziniert. »Erzähl mir was von früher«, habe ich oft zu meiner Großmutter gesagt, und dann erzählte sie mir von der Arbeit auf den Feldern, vom Schlachten und Ausnehmen der Tiere, rauschenden Erntefesten, betrunkenen Raufbolden und heimlichen Liebschaften. Und von jüdischen Viehhändlern und Söhnen, die unter Tränen in den Krieg zogen und nie wieder nach Hause kamen.

Neues Zuhause

Ich versinke in Gedanken. Wie es wohl in meinem neuen osthessischen Wohnort seinerzeit zuging? Darüber hatte ich schon viel gehört und gelesen, und einiges kann ich nach Marcs Geschichten sogar noch besser einordnen. Als alter Adelssitz hat Mansbach nicht nur zwei Schlösser, sondern blickt auch auf eine lange Tradition als Pferdegestüt zurück. Über Jahrzehnte hinweg lebte man hier großteils von der Zucht, und bis in die 1940er-Jahre grasten auf den Hügeln rundherum an die 1.000 Pferde. Noch heute steht ein riesiges Gebäudesilo mit bombensicherem Betonspitzdach mitten im Ort, ein steinernes Denkmal dieser Zeit.

Unser Traumprojekt als Modell – aber wie und vor allem wo sollte es in Mansbach Wirklichkeit werden?

Während der Nazi-Herrschaft brach jedoch auch die Pferdewirtschaft zusammen, und in den ehemaligen Gutshöfen und Scheunen wurden deutsche Flüchtlinge aus den Ostgebieten untergebracht. Die Dörfler hießen sie ebenso wenig willkommen wie einst die Juden, die man davongejagt oder deportiert hatte. Der Mensch ist dem Menschen ein Wolf.

Noch Anfang des 20. Jahrhunderts gab es in Mansbach eine lebendige jüdische Gemeinde mit eigener Synagoge und vielen jüdischen Betrieben, darunter auch eine koschere Bäckerei. Ein hiesiges jüdisches Privatgestüt hatte es sogar zu Weltruhm gebracht. Als dann die Nationalsozialisten an die Macht kamen, wurden die jüdischen Familien erst schikaniert, dann boykottiert und schließlich vertrieben. Wer sich nicht rechtzeitig in Sicherheit bringen konnte oder wollte, landete in Theresienstadt und später vermutlich in Auschwitz.
Kein Mahnmal, kein Stolperstein erinnert heute daran, dass das Dorf unter tatkräftiger Beteiligung der Einheimischen »arisiert« wurde. Nach dem Krieg nannte man die »Judengasse« stillschweigend in »Oststraße« um. In meinen gelegentlichen Kabarettauftritten behauptete ich damals, man habe damit nicht nur jede Reminiszenz an das jüdische Leben im Ort auslöschen, sondern auch darauf hinweisen wollen, dass der neue Feind jetzt eben im Osten zu suchen sei. Das kam nicht so gut an. Aber in die Rolle des Nestbeschmutzers zu schlüpfen hat mir schon immer Spaß gemacht.

Ein Reiterhof braucht Platz

Natürlich konnte ich auch anders – und zeigte das auch. Schließlich war ich ja selbst auf dem Dorf aufgewachsen, wusste also, was sich gehört und worauf die Landbevölkerung Wert legt. So trat ich nach meinem Umzug gleich mehreren Vereinen bei und versuchte, mich, so gut es ging, ins Mansbacher Dorfleben einzufügen. Nicht ohne Hintergedanken, versteht sich. Denn mein Traum vom eigenen Reiterhof ließ mir keine Ruhe und nahm, zumindest in meiner Fantasie, immer mehr Gestalt an. Nur wie das alles umsetzen, und vor allem wo? Zwar hatten ich und meine Mitstreiter den Zuschlag für den leer stehenden Fachwerkhof mitsamt Scheune, Stall und Streuobstwiese bekommen, es fehlten uns aber größere Freiflächen, und keiner der umliegenden Bauern wollte auch nur einen Quadratmeter Grund abknapsen. Um einigermaßen trainieren zu können und ab und an mit Freunden ein paar Runden zu drehen, mussten wir auf eine Wiese am Ortsrand ausweichen. Immerhin, das Gelände dort war schön eben, bot aber nicht den Platz und die Voraussetzungen, die man für einen Reiterhof braucht.

Unerwartete Freundschaft

Eines Nachmittags, ich bin gerade auf der Wiese mit Samson beschäftigt, fährt ein tiefergelegter BMW mit Heckspoiler auf uns zu und hält an. Ein junger Kerl steigt aus, dunkle Locken, Jogginghose, breitbeiniger Gang. Sein Gesicht und auch den Wagen kenne ich, da beide regelmäßig mit heulendem Motor durchs Dorf heizen. Was will der Bursche vor mir?
»Ich heiße Marc, kann ich bei dir reiten lernen?«
»Ähm. Klar, warum nicht.«
Ich bin so überrascht, dass mir keine andere Antwort einfällt. Ob das klug war?
Er düst wieder ab, und ich bereue meine Zusage.
Am nächsten Nachmittag trägt Marc enge Jeans mit Boots und sieht aus, als sei er einem Werbespot für amerikanische Baumwollhosen entsprungen.

Das Geyso-Schloss Mansbach war vor dem Zweiten Weltkrieg ein weltberühmtes Gestüt.

»Alles gut?«, frage ich nach, als er lässig im Sattel sitzt. Er strahlt und streckt seinen Daumen nach oben. In diesem Moment ahne ich, dass es vielleicht doch nicht verkehrt war, sich auf den Jungen einzulassen.

Und tatsächlich, Marc war ein echtes Naturtalent, noch dazu ausdauernd und völlig angstfrei. Wir freundeten uns rasch an, und weil er danach fragte, erzählte ich ihm von meinem Leben und meinen Plänen.
»Oma hat letzte Woche alle Kühe verkauft«, sagte er nach seiner dritten Reitstunde. »Ich meine, da wäre Platz für deine Pferde.«
Ich sah ihn mit offenem Mund an. »Nicht dein Ernst?«
»Klar, Wiese ist auch dabei.«
Es dauerte einen kurzen Moment, bis ich begriffen hatte, was er mir da gerade anbot. Dann packte ich ihn, nahm vor lauter Freude seinen Lockenkopf in den Schwitzkasten und drückte ihn laut lachend an meine Brust.
Schon am nächsten Tag stellte mich Marc seiner Familie vor, zwei Wochen später unterschrieben wir den Pachtvertrag. So ein unverschämtes Glück! Jetzt konnte es richtig losgehen mit Arhöna und meinem Reiterhof.

Aalstrich und Tigerbeine

Noch zehn Kilometer bis Amberg. Als das blaue Schild an uns vorbeizieht, werden wir dann doch etwas nervös. Ich drehe das Radio leiser, schwärme von den Criollos und erkläre Marc, vermutlich bereits zum dritten Mal, warum ich sie für die besten Freizeitpferde der Welt halte. »Du stellst ihn dann einfach in meine Herde, reitest, wann du willst, und wir kümmern uns um den Rest«, wiederhole ich sicherheitshalber auch noch einmal unsere Abmachung.
»Und ihr dürft ihn für eure Gäste nutzen, ist ja schon gut«.
Marc grinst und schiebt sich einen neuen Kaugummi in den Mund.
»Genau«, nicke ich. So waren wir verblieben, als sich Marc zu meiner Verwunderung ein eigenes Pferd gewünscht hatte. Und das, obwohl er fürs Reiten neuerdings kaum noch Zeit findet. Auf dem letzten Stück Landstraße schweigen wir und biegen dann in die Hofeinfahrt des Criollo-Händlers ab.
Der Mann mit Karohemd und schwarzem Schnauzer ist sehr geschwätzig. Er erzählt von seinen Winterreisen nach Argentinien, handverlesenen Pferden und ihrem Transport im Flugzeug, den er angeblich streng überwacht und oft sogar persönlich begleitet. Fehlt nur noch, dass er uns von der kostenlosen Bordverpflegung für die Tiere vorschwärmt. Marc klebt an seinen Lippen, meine Stirn zieht sich in Falten. Darüber, wie die Gauchopferde tatsächlich nach Deutschland kommen, habe ich schon ganz andere, weniger herzerwärmende Geschichten gehört. Aber ich halte den Mund. Gut so, denn jetzt dürfen wir endlich reiten.

Die Criollos sind in kleinen Gruppen in einem ehemaligen Laufstall für Kühe untergebracht. Schon nach ein paar Schritten bleibt Marcs Blick an einem hübschen, stichelhaarigen Fuchs gleich neben dem Eingang hängen. »Der ist es!«, sagt er und streckt den Zeigefinger nach seinem Wunschpferd aus. Und ich ... soll und will ja heute eigentlich kein Pferd kaufen, deute aber trotzdem auf eines. »Ganz unverbindlich«, entgegne ich Marcs irritiertem Blick und winke ab. »Schauen und auch mal testen darf man ja wohl.«

»Darüber, wie die Gauchopferde tatsächlich nach Deutschland kommen, habe ich schon ganz andere, weniger herzerwärmende Geschichten gehört.«

Marc und Sisco drehen etliche, sehr geschmeidige Runden durch die Reithalle und verstehen sich auf Anhieb. Das Pferd meiner Träume, ein temperamentvoller Dunkelfalbe mit Aalstrich und Tigerbeinen, buckelt mich beim ersten Proberitt gnadenlos runter. Ich lande unsanft auf hartem Teerboden. Dann wird Peon zum Dampfablassen durch die Halle gescheucht, und beim zweiten Versuch werde ich für meinen Sturz entschädigt: Peon, so nannte ich ihn später, ist wundervoll: weiche Gänge, leicht kontrollierbar und ein einzigartiges Gefühl von Kraft und Eleganz unter mir. Meine Begeisterung will gar nicht mehr nachlassen.
»Damit sich der weite Weg und die Schmerzen gelohnt haben«, sage ich später zu Marc, und wir kaufen beide. Erst als wir nach langer Fahrt im Dämmerlicht wieder in Mansbach ankommen, überlege ich mir, wen ich wohl fragen könnte, ob er mir für einen Latino mit Aalstrich und Tigerbeinen 4.000 Mark borgt?

Sieben Spiele als Zehn Gebote

Sisco war von Anfang an ein sicheres Pferd, auf das man auch blutige Anfänger setzen konnte. Peon hingegen wurde von Woche zu Woche schwieriger, und das nagte an meinem Stolz: Ausgerechnet mein naseweiser Schüler, der noch dazu immer seltener zum Reiten kam, hatte instinktiv aufs richtige Pferd gesetzt. Und ich? Der Experte, für den ich mich damals schon hielt, hatte sich von der Schönheit eines verängstigten Fluchttieres blenden lassen und sich zudem für den Kauf Hals über Kopf in weitere Schulden gestürzt.

Im Laufe der Zeit wurde es unmöglich, mit Peon zu arbeiten, ohne dabei die Gesundheit meiner Gäste aufs Spiel zu setzen. Sogar mein Team bekam es mit der Angst zu tun, weil Peon immer öfter wie aus heiterem Himmel aufschreckte und dann nach Hause rannte, um bei seiner Herde Schutz zu suchen. Nichts konnte darüber hinwegtäuschen, dass Peon als Schulpferd nicht geeignet war.
Mich belastete diese Entwicklung zunehmend. Nicht nur, weil Peons Eskapaden unseren Reiterhof in Verruf brachten, sondern auch, weil ich jetzt als Blödmann

und Versager dastand, der einen nutzlosen Exoten angeschleppt hatte - noch dazu gegen mein ausdrückliches Versprechen, Marc nur beratend nach Amberg zu begleiten. Ich musste etwas unternehmen.

Ob mir vielleicht Pat Parelli aus der Bredouille helfen könnte? In meiner Not erinnerte ich mich an mehrere Videos, die mir einst eine Kollegin in die Hand drückte, nachdem wir über Natural Horsemanship und dabei auch über besonders schwierige Pferde geplaudert hatten. Ich war damals noch ein Greenhorn, und Parellis Bodenarbeit begeisterte mich zwar, viele der Übungen wirkten auf mich jedoch wie Zirkustricks - mehr Kür als Pflicht. So hatte ich mir die Kassetten kopiert, sie dann aber nur selten eingelegt. Auf die Idee, mit Parellis Methoden an einem »Problempferd« zu arbeiten, wäre ich gar nicht gekommen. Dank Peon und meiner verletzten Eitelkeit sollte sich das ändern, und Parellis »Sieben Spiele« wurden schon bald zu meinen Zehn Geboten.

Training mit Pferd und Flimmerkiste

Ich stöberte ein Weilchen im Haus und fand die Videos in einem alten Umzugskarton. Nachdem ich sie hervorgekramt und sortiert hatte, saß ich gleich am ersten Abend bis Mitternacht vor der Flimmerkiste, machte mir Notizen und imitierte die Bewegungen des großen Meisters. »Bieten Sie jetzt etwa auch Aerobic an?«, scherzte eines Morgens eine Nachbarin, die meine Übungen anscheinend schon mehrmals auf ihren nächtlichen Spaziergängen durchs Fenster beobachtet hatte. Ich lächelte sie mit müden Augen an; ihre Neugier war mir so gleichgültig wie mein Schlafmangel.

»Peon wurde Tag für Tag besser, und im Roundpen bewahrheitete sich Parellis Credo immer eindrucksvoller.«

Vor lauter Vorfreude, die neuen Techniken an meinem Pferd auszuprobieren, stand ich jetzt sogar noch früher auf als sonst. Denn auch Peon wurde von Tag zu Tag besser, und im Roundpen bewahrheitete sich Parellis Credo immer eindrucksvoller: »Respekt und Vertrauen bekommst du auf dem Boden oder gar nicht.« Hoffentlich macht mein Videorekorder nicht schlapp, dachte ich, während ich ungeduldig ein neues Band in den Kassettenschlitz schob.

»Kannst du deine Daumen in den Nasenlöchern deines Pferdes verschwinden lassen?« In einem Kurs brachte mir Parelli bei, dass es keine Tabuzone am Körper des Pferdes geben darf, im nächsten, dass ich Peons Ängste in Vertrauen umwandeln muss. So schüttelte ich meinen Argentinier am ersten Tag geduldig rückwärts, testete am zweiten Tag den bösen »Schwiegermutter-Blick«, um seine Hinterhand zu bewegen, am dritten Tag spielten wir »Jo-Jo« und am vierten

»Seitwärtsgehen«. Um Peons Nervenkostüm abzuhärten, befestigte ich nach und nach Schaufeln, Gießkannen, Kanister und all den anderen Plastikkram, der ihm Angst machte, an seinem Rücken. Bald konnte ihn wirklich fast nichts mehr aus der Ruhe bringen.

Freiheit und Freiwilligkeit

Peon wurde ein so zuverlässiger Partner, dass ich mir angewöhnte, unsere Gäste am ersten Abend ihres Aufenthalts mit einer kleinen Einführungsshow zu überraschen. Damals genügte es, ihm das Halfter abzunehmen und ihn einfach hinter mir herlaufen zu lassen. Daraufhin staunten die allermeisten Neuankömmlinge und wollten plötzlich nicht nur reiten lernen, sondern auch alles über die Geheimnisse der Pferdesprache erfahren. Das war gut fürs Geschäft, und noch dazu entlastete die Bodenarbeit die Rücken meiner Tiere. Wenn ihr Pferd dann nach einer Trainingswoche in Freiheit und Freiwilligkeit neben ihnen hertrabte, wischten sich einige Schüler sogar Freudentränen aus den Augen. Das alles machte auch mich sehr glücklich. Trotzdem juckte es mich in den Fingern. War es nicht höchste Zeit, dass ich Peon auch einem größeren Publikum vorstellte?

Peon mauserte sich zum echten Showpferd – hier sieht man uns beim Festival »Western World«.

Mit der Zeit wurden unsere Auftritte und unser Programm immer verrückter und fantasievoller.

Die Jahre vergingen, und nach vielen Erfolgen und Rückschlägen hatte sich Peon zum veritablen Showpferd gemausert. Jetzt war kein Pferde-Event im weiteren Umkreis mehr vor uns sicher - und noch dazu wurde unser Programm immer verrückter. Erst wickelte ich Peon in riesige Plastikplanen ein oder streifte ihm mit einem laut aufgedrehten Gettoblaster über sein Fell. Tosender Applaus!
Als bald darauf der amerikanische Pferdeflüsterer Gawani Pony Boy in Mode kam, nannte ich mich kurzerhand »Salami Sony Roy« und tourte im extraknappen Lendenschurz, um mein Pferd mit der »Kraft indianischer Weisheit« zu reiten.

Endlich zurück auf der Bühne

Später steuerte ich Peon wie einen Roboter mit einer alten Fernbedienung über den Reitplatz und machte meinem Publikum weis, ich hätte ihm einen »Horseman-Chip« implantiert, weil sich das eigenwillige Pferd so leichter und zuverlässiger kontrollieren lasse. Zu meinem Bravourstück wurde jedoch, mit meinem Pferd ohne Sattel und Gebiss einen geöffneten Hänger zu verfolgen und während der Fahrt hineinzureiten - eine im Grunde leicht zu lernende Übung, die mir unverhofft zum Durchbruch verhalf.

Dank Peon stand ich plötzlich wieder im Rampenlicht, und auch meine Qualitäten als Pferdetrainer wurden zunehmend nachgefragt. War es mir tatsächlich das zweite Mal in meinem Leben gelungen, meine Leidenschaft zum Beruf zu machen? Und war es nur ein Traum oder Realität, dass ich dabei ein weiteres Mal - und sogar noch mehr - Zuspruch und Applaus genießen durfte, wie zu meiner Zeit als Kabarettist? Manchmal musste ich mich kneifen, weil ich mein Glück kaum fassen konnte.

Pferde und Kultur? Und wie das geht!

Eine Arena ist ein Kampf- und Schauplatz, und wenn sie in der Rhön eröffnet wird, heißt sie »ArhönA« – am besten zweimal mit großem »A« und Anarchiekreis drum herum.

Flucht nach vorn

Ich ziehe nach Osthessen aufs Land, um Theaterstücke zu schreiben. Eine große Herausforderung mit kleinem Einkommen. Zum Glück kann ich meinen Vater überreden, mir einen Teil meines Erbes im Voraus auszubezahlen. Für das Geld kaufe ich mir ein kleines, leer stehendes Gehöft, mein erstes eigenes Haus, und meine ersten eigenen Pferde! Mit der Zeit wird das Theater in Berlin immer unwichtiger. Eines Tages fahre ich hin, breche Streit vom Zaun und gehe, ohne mich noch einmal umzudrehen. Jetzt wende ich mich endgültig dem Landleben zu: Brot backen, Hühner halten, Salat und Möhren anpflanzen, Leitungen verlegen, Dächer decken und Lehmputz anrühren.

Geld und Freundschaft

Ob es, so wie mir, vielleicht auch den anderen aus meinem Freundeskreis gelingt, vorzeitig ihr Erbe loszueisen? Mir schwebt jedenfalls eine Erbengemeinschaft vor, ein »Institut für Lebensfreude«, wie es Franz Josef Degenhardt vorgesungen hat: »Die Mitgift in das Fass aus Saus und Braus«. Doch die meisten kollektiven Bestrebungen halten nicht lange; unsere kommt gar nicht erst ins Laufen. Beim Geld hört die Freundschaft eben auf.

Nun versuche ich es beim Bürgermeister. Volltreffer: Das Konzept »Reiterhof und Kulturscheune im Biosphärenreservat Rhön« entsteht. Für die SPD-Leute,

Einmal im Jahr organisierte das Arhöna-Team ein großes Pferdefest, das mit der Zeit immer beliebter wurde.

die im damals roten Hessen alle Schaltstellen besetzen, bin ich einer, von dem sie annehmen, dass er seine Jugendträume noch nicht verraten hat. Man verspricht mir Fördergelder in Millionenhöhe.

Die genannte Summe klingelt in meinen Ohren: Jetzt hast du es geschafft! Doch alle Prophezeiungen vom schnellen Geldsegen lösen sich in Luft auf. Es folgt eine Absage: In der Landeshauptstadt Wiesbaden hat man andere Pläne. Aber nun kann ich nicht mehr zurück. Die Flucht nach vorn beginnt.

Kommen und Gehen

Zwar erhalte ich kleinere Subventionen, muss mich aber zudem mit Krediten und permanenter Bettelei bei Freunden und Kunden über Wasser halten. Das ist demütigend, aber unvermeidlich – schließlich dient das Geld einer guten Sache.
Die Bewohner und Mitstreiter meines Projektes kommen und gehen, und manchmal würde ich gerne mit ihnen das Weite suchen. Einfach weggehen, etwas Neues beginnen, das ist in dieser Zeit meine Trostfantasie, an die ich mich klammere, wenn sich mein Traum mal wieder wie ein Albtraum anfühlt, wenn mich mein katastrophaler Kontostand deprimiert durchs Dorf schleichen lässt, wenn ich zum »Leid-Tier« werde, das kein Leittier mehr sein möchte. Aber ich habe mich schon zu sehr verstrickt, und so bleibe ich Jahr um Jahr, veranstalte immer größere Pferdefeste und Kulturveranstaltungen, kaufe leer stehende Häuser, organisiere ihre Renovierung und verkaufe sie dann weiter. Manchmal habe ich jetzt das Gefühl, wir sind eine Baufirma, die nur so tut, als sei sie ein Reiterhof.

Kultur in der Scheune

Mit sechs Pferden und sechs Schlafplätzen im Zirkuswagen öffnet 1996 mein Reiterhof seine Pforten. Meinem Optimismus kann das zumindest tagsüber selten etwas anhaben; nachts kann ich oft nicht schlafen und schwitze meine Laken durch. Zwei Jahre später gelingt es mir, Politiker und Behörden für die Vergrößerung unseres Projekts zu gewinnen: Aus der alten, riesigen Scheune wird eine Kulturscheune. Veranstaltungen mit Franz Josef Degenhardt, Norbert Blüm oder Peter Sodann finden ebenso statt wie Hochzeiten und andere Familienfeste.

Beim Event »Helden der Arena« waren die damals Besten der Horsemanship-Szene in Mansbach zu Gast.

Natürlich gaben wir in unserer Arhöna-Kulturscheune auch immer wieder Kabarett zum Besten.

Aber nicht nur in der Kulturscheune wird jetzt regelmäßig gefeiert. Einmal im Jahr stellen wir in Mansbach ein Pferdefest auf die Beine. Zur ersten Veranstaltung kommen 200 Zuschauer, zehn Jahre später sind es dann 2.500. Die Lokalzeitungen berichten, und die Zuschauer strömen in Scharen zu uns.

Inseln der Wahrhaftigkeit

Weil es menschlich wie immer und überall hakt, organisieren wir Therapie- und Selbsterfahrungsgruppen, die uns und unsere Gemeinschaft retten sollen. Es wird getanzt und geschrien, erinnert und meditiert, geschwiegen und gefastet. Wunderbare Tage brechen an, Inseln der Wahrhaftigkeit, die erahnen lassen, wie das Leben sein könnte, wenn einen Alltag, Überforderung und das viele Gepäck aus der Kindheit nicht in Konkurrenz und Eifersucht trieben.

Das Projekt Arhöna entwickelt sich rasant, und noch rasanter wachsen die Kosten. In jedem November, wenn die Herbstsaison vorbei ist und ich versuche, mir einen Überblick über die Finanzen zu verschaffen, verfalle ich in eine Depression: Ich habe keine Ahnung, wie ich die herannahenden Wintermonate überstehen soll. In meinen schlaflosen Nächten fallen mir dann aber immer wieder Argumente ein, die es rechtfertigen könnten, bei der Sparkasse noch einen weiteren Kredit zu beantragen.
Die Banker sehen das leider anders: Meine Projekte werden jetzt zunehmend mit Misstrauen beäugt, aber die Machtverhältnisse sind klar: Die Sparkasse ist in der Hand des Landkreises; dort wiederum haben Politiker das Sagen, die sich vor allem für die Weiterentwicklung der Region interessieren. Und da wir als wichtiges Aushängeschild im Biosphärenreservat Rhön gelten, bekommen wir nach einigem Zögern immer die gewünschten Finanzspritzen.

Auf der Überholspur

Irgendwann trennen sich Anja und ich. Sie lernt einen Reitlehrer kennen, was mich erst zur Verzweiflung und dann in die Hände eines Psychoanalytikers treibt. Ich habe damals mehrere lockere Liebschaften gleichzeitig. Die Frauen, die sich mit mir einlassen, wissen und akzeptieren das, weil sie sich ihrerseits von den Männern, mit denen sie liiert sind und die sie hintergehen, nicht trennen wollen. Jetzt lebe ich auf der Überholspur und genieße das Tempo.

Doch bald bin ich einfach völlig außer Atem. Durch ein paar glückliche Umstände gelingt es mir, unser Projekt zu entschulden. Jetzt macht es Sinn, sich verantwortlich zu fühlen und finanziell zu engagieren. Auf einmal sind wir nur noch zu viert – beste Freunde, gemeinsame Sache, Supersache! Denken wir.
Ein Jahr geht es gut, dann platzt die Seifenblase. 2010 steige ich nach einem Grundsatzstreit aus. Es soll nur ein Abgang auf Zeit sein, für ein halbes Jahr. Doch ich komme nie wieder zurück. Mein Vater hat einmal zu mir gesagt: »Wenn sie einen andern hat, pack' ich zwei Koffer, geh' und schau' mich nicht mehr um.« Ich schaue nicht zurück.

»Ein Pferd, das gelernt hat, sich Unannehmlichkeiten durch Tritte vom Leib zu halten, muss die Konsequenzen dieses Verhaltens spüren. Und das tut eben weh - anders geht es leider nicht.«

Jacques

Was habe ich nicht alles versucht mit diesem hübschen Kerl, doch nicht jedes Pferd kann man korrigieren. Bei Jacques war diese Erkenntnis sehr schmerzhaft, im wahrsten Wortsinn!

VERGEBLICHE LIEBESMÜH

Wenn ich ein Pferd neu kennenlerne, gehe ich inzwischen am liebsten mit ihm in den Roundpen und lasse es komplett frei. Früher habe ich mit allen Neulingen erst an Halfter und Seil gearbeitet, mehr oder weniger streng nach dem Repertoire und den Regeln von Pat Parellis »Sieben Spielen«: Das Pferd wird überall angefasst, auch an den sensiblen Stellen wie Geschlechtsteil, After, Nasenlöcher, Maul und Ohren. Anschließend werden diese Berührungen mit Stick und Seil wiederholt, danach hebt man die Hufe an. In dieser bewährten Reihenfolge wollte ich es diesmal auch mit Jacques machen, den sein Besitzer Horst erst kürzlich vorbeigebracht hatte. Der stämmige Welsh-Cob-C war ein bisschen nervös, verständlich bei der ersten Session in fremder Umgebung. Aber nichts deutete auf das hin, was wenig später passieren würde.

Da könnte man fast neidisch werden

Ich hole also Jacques von der Weide und bringe ihn direkt in die Reithalle. Wie immer verzichte ich aufs Putzen; ich kann dem stundenlangen Bürsten, Kämmen und Hufelackieren einfach nichts abgewinnen. Der schöne Jacques hat das ohnehin nicht nötig. Er sieht aus wie ein Mini-Friese: rabenschwarzes Fell, beeindruckende Mähne, üppiger Schweif und schwerer Behang. Dazu Augen, so tief und dunkel, dass man in ihnen versinken will. Alle jungen Damen, die auf meinem Hof gerade ihr Praktikum absolvieren, hat er längst um den Finger gewickelt; da könnte man fast neidisch werden. Und auch an der Bande finden sich an diesem Morgen etliche Fans ein, um das neue, außergewöhnliche Pferd aus nächster Nähe zu bewundern. Viele haben sich eine Tasse Kaffee geholt und beobachten gespannt, was jetzt geschieht.

Jacques tänzelt aufgeregt am Seil und blickt sich unsicher um: hier ein frei laufender Hund, dort zwei Handwerker, die hämmernd noch letzte Arbeiten an der neu gebauten Reithalle verrichten. In der Ferne klappert Geschirr und wird über Tische geschoben, an der Bande schnäuzt ein erkälteter Kollege in ein leuchtend weißes Taschentuch. Nichts entgeht Jacques' Aufmerksamkeit, und auf jede Bewegung, jedes Geräusch, jeden Außenreiz reagiert er mit einem Zucken, das durch seinen ganzen Körper fährt. Stillstehen, möglichst konzentriert und ruhig, lautet daher die erste Lektion. Ich halte also immer wieder inne und schüttle kräftig am Führseil, sobald mein Pferd unruhig wird und zu tippeln beginnt.

Nach einigen Ermahnungen reißt sich Jacques zusammen. Er steht noch unter Strom, aber immerhin, er steht. Ich lege mir das Seil über den Ellbogen und beginne, ihn vom Hals bis zur Kruppe und entlang der Beine rhythmisch zu streicheln und zu massieren. Ich spüre, dass er das nicht so richtig genießt, aber zumindest toleriert er es. Jetzt nehme ich mein Seil auf und schwinge es – wie einen Schweif, der Fliegen vertreibt – eng an allen Stellen seines Körpers vorbei. Auch kein Problem. Dann geht es ans Anheben der Hufe, natürlich ohne das Pferd dafür anzubinden, schließlich habe ich mein Handwerk gelernt. Ich nehme seinen linken Vorderhuf auf, er ist groß und schwer, und kratze den Strahl und die weiße Linie aus. Dann streichle ich über Hals und Rücken Richtung Kruppe und drücke am Hinterbein sanft mit Daumen und Zeigefinger in die Sehne oberhalb des »Knies«. Das Arbeitsseil liegt vorschriftsmäßig immer noch über meinem Ellbogen. Jacques gibt mir den Hinterhuf, zieht ihn dann aber sofort wieder weg, stampft heftig auf und macht einen Schritt nach vorne. Ich wende mich seiner vorderen Körperhälfte zu, um ihn durch kurzes Ruckeln am Seil wieder rückwärtszurichten. Das soll ihm unmissverständlich klarmachen, dass mir sein Verhalten missfällt. Seine Antwort folgt prompt: Blitzschnell tritt er mit dem Hinterhuf, den er mir eben noch entzogen hat, gegen meinen Oberschenkel. Treffer. Und das tut richtig weh!

»Kritikern, die meinten, man müsse doch freundlicher und friedlicher mit Pferden umgehen, gelang es immer wieder, mich zu verunsichern.«

Der Trick mit dem Stick

Nach dem Unfall war ich erst mal aus dem Feld geschlagen. Der Arzt verordnete mir Bettruhe, die ich sehr genoss, weil Verletzungen und Krankheiten für mich immer Anlass und Rechtfertigung sind, in die Welt der Literatur abzutauchen, wozu ich im Alltag zu selten Zeit habe. Nach drei Tagen war ich dann aber wieder auf den Beinen und bereit für die nächste Runde. Jetzt wusste ich ja, was mich erwartet: Um Jacques' Hinterhuf zu berühren, nahm ich diesmal nicht meine Hände, sondern den Stick. Um die Spitze wickelte ich einen Handschuh, diese Methode hatte ich mir von Alfonso Aguilar abgeschaut. Dem Stick war natürlich völlig egal, dass Jacques genauso nach ihm zielte wie drei Tage zuvor nach mir. Anders als ich wehrte er sich sogar und sauste nach jeder Attacke auf Jacques' Kruppe nieder. Der merkte recht schnell, dass er mit seinen Hinterbeinen diesmal nichts ausrichten konnte, und gab die Hufe schließlich frei.

Ich wäre froh gewesen, hätte ich den Spruch von Clinton Anderson schon viel früher gekannt: »Was du tun sollst, wenn dein Pferd nach dir kickt? Schlag zurück, und zwar so schnell und kräftig du kannst!« Andersons Videos hatte ich damals aber buchstäblich noch nicht auf dem Schirm, und so gelang es zahllosen Kritikern, die meinten, man müsse doch freundlicher und friedlicher mit Pferden umgehen, immer wieder, mich zu verunsichern. Bei Jungpferden ist das mit dem Hufegeben natürlich eine andere Sache; sie sind mit dem Prozedere ja noch nicht vertraut. Da drückt man ein Auge zu, wenn sie unsicher sind oder die Balance verlieren und dann nach einem treten. Aber meistens habe ich es ja mit anderen Kalibern zu tun. Ein Pferd, das gelernt hat, sich Unannehmlichkeiten durch Tritte vom Leib zu halten, muss die Konsequenzen dieses Verhaltens spüren, und das tut eben weh. Anders geht es leider nicht.

Meistens habe ich es mit anfangs eher unangenehmen Pferden zu tun, da sind »Rodeoritte« keine Seltenheit.

Vorsicht, Abstand

Vor Kurzem habe ich ein Pferd zur Ausbildung aufgenommen, das erst Hunde angegriffen und dann damit begonnen hat, auch gezielt nach Menschen zu treten. Ich habe die Stute von Anfang an mit zunehmend anstrengenden Übungen provoziert. Daraufhin hat sie einige Male versucht, auch nach mir zu treten. Meine Antwort ließ nicht lange auf sich warten und hat sie schnell dazu bewegt, ihr Verhalten zu korrigieren. Läuft alles nach Plan, verfestigt sich das Gelernte und die alten Verhaltensmuster verschwinden nach und nach. Genauso gehe ich übrigens vor, wenn ein Pferd beim Reiten in der Gruppe nach einem anderen tritt. Klar, zur Warnung könnte man dem Pferd eine knallrote Schleife in den Schweif hängen oder

Erst nach intensivem Training mit meinem »Marketendersattel« konnte ich auf Jacques reiten.

immer wieder »Vorsicht, Abstand halten!« rufen. Zum Erfolg führt aber nur das Gegenteil: Desensibilisierung mit dem Stick, und wenn das Pferd tritt, muss es unbequeme Arbeit leisten, etwa die Hinterhand verschieben oder rückwärtsrichten. Im Umgang mit Pferden gilt es, Herausforderungen anzunehmen und nicht Störungen zu vermeiden.

Endlich fest im Sattel?

Doch grau ist alle Theorie. Für Jacques war die Duldung von Außenreizen in den nachfolgenden Sessions jedenfalls immer wieder ein großes Thema. Eine knisternde Plastiktüte genügte, und er rannte los und achtete dabei weder auf seine noch auf die Gesundheit anderer. Als er beim Training mittlerweile zum zehnten Mal davonschoss, um sich vor einer Plastiktüte in Sicherheit zu bringen, die ich an meinen Stick gebunden hatte, war ich es leid: Ich sattelte ihn und befestigte die Tüte an der Steigbügelhalterung. Schon nach ein paar Schritten plusterte sich die Tüte im Wind auf, und Jacques rannte kopflos davon und tobte wie ein Derwisch durch den viereckigen Picadero, den wir inzwischen gebaut hatten. Wir wiederholten das Training mit den Plastiktüten noch einige Male, übten aber auch mit anderen Gegenständen am Sattel. Langsam wurde es besser, und als ich zum ersten Mal auf Jacques saß, war er zu meiner Überraschung ganz brav. Die Desensibilisierung hatte anscheinend gewirkt! Seine Gänge waren butterweich, und es war das pure Vergnügen, ihn zu reiten. Ich war stolz, dass ich dank der langen Vorarbeit am Boden endlich auch meine Lorbeeren im Sattel ernten durfte. Schon bald galoppierten wir wie selbstverständlich auf unseren Reitwegen quer durch die Rhön, und ich bedauerte, dass ich den bildhübschen Burschen nur ausbilden und nicht für unseren Betrieb kaufen durfte.

Zeit für den Schleudersitz!

Bald darauf kommt Horst vorbei. Gleich mit Hänger – und einem zweiten Pferd. »Für dich, für unseren gemeinsamen Ausritt«, sagt er beim Aussteigen. »Ich will auf Jacques reiten.«
»So etwas benutze ich nicht«, erwidere ich und deute auf die Kandare. »Ich reite nur mit Knotenhalfter.«
»Knotenhalfter? Hmm, das kennt der gar nicht.« Horst ist verunsichert, ich zucke nur mit den Schultern, nehme seinem Pferd die Kandare aus dem Maul, lege ein Knotenhalfter an und steige auf. Zur Sicherheit lasse ich mir einige Male den Kopf nach links und rechts geben. »Das muss als Bremstest genügen.«
Horst staunt. Und dann geht's auch schon los. Die Kandare hat jetzt Jacques im Maul. Horst davon zu überzeugen, auf sie zu verzichten, war mir nicht gelungen. Sei's drum, der Kunde ist eben König.
Eine halbe Stunde lang geht alles gut, dann flattert plötzlich ein Fasan neben uns aus dem Gebüsch. Jacques weicht erschrocken zur Seite, Horst zieht mit Wucht an der Kandare, Jacques prescht los, und Horst liegt im Dreck. Mein mir unbekanntes Pferd kann ich in der Biegung gerade noch halten, als es sieht, wie sich Jacques aus dem Staub macht, wird es jedoch immer unruhiger und dreht sich immer schneller im Kreis. »Zeit für den Schleudersitz!«, denke ich und habe die Beine noch nicht auf dem Boden, da hat sich mein neuer Freund auch schon losgerissen und galoppiert buckelnd hinter Jacques her.

Als wir zu Fuß am Hof ankommen, grasen unsere hübschen Schwarzen auf Nachbars Wiese. »Jetzt darf ich mal mit Jacques«, sage ich nur. Kandare und Knotenhalfter wechseln das Pferd, und dann geht's in die zweite Runde. Diesmal nehmen wir eine neue Route durch den Buchenberg. Die Atmosphäre ist etwas angespannt; weder Horst noch ich habe das Bedürfnis, nebeneinanderherzureiten. Zudem hat das andere, für mich immer noch namenlose Pferd einen flotteren Schritt als Jacques, sodass wir recht weit zurückfallen. Während ich gerade überlege, wie ich Horst überreden könnte, mir das Pferd zu überlassen, schießt

Als Jacques zu mir kam, fingen wir noch einmal ganz von vorn mit dem üblichen Repertoire der Bodenarbeit an.

Jacques wie aus dem Nichts los, als habe ihn eine Tarantel gestochen. Ich bin so verblüfft, dass ich im ersten Augenblick gar nicht reagiere. Was soll schon sein? Er will zu seinem Kumpel, und dort wird er anhalten. Als wir auf Höhe seines Freundes sind, Jacques aber immer noch nicht abbremst, greife ich in den rechten Zügel, um ihn zu biegen - weg vom Weg hin zum Acker. Jacques spürt den Druck, macht sich fest und fängt an zu buckeln. Ich fliege in hohem Bogen auf den steinigen Acker, Jacques rast weiter. Die Einzelteile meiner Brille liegen verstreut in der Erde.

Einige Tage später machte ich dann wieder einen Luftsprung, diesmal freiwillig. Horst rief an und fragte, ob ich noch Interesse an Jacques habe. »Willst du ihn mir abkaufen?« Und wie ich das wollte, mein schönes schwarzes Pferd! Als er wieder bei mir war, fingen wir noch einmal ganz von vorn an: freies Folgen, Arbeit an Halfter und Seil, ungewohnte Gegenstände am Sattel, das übliche Repertoire. Jacques war aufmerksam und machte konzentriert bei allem mit, aber seit meinem Sturz hatte sich etwas verändert. Ich wusste nicht, ob bei ihm oder bei mir. Aber seit jenem Tag blieb ein Rest von Unsicherheit im Umgang mit ihm. Vor allem beim Reiten empfand ich eine seltsame Anspannung. War sie real oder eingebildet? Das wusste ich nicht und wollte daher etwas Abstand gewinnen. So überließ ich Jacques nach einigen Wochen intensiven Trainings, bei dem alles gut ging, meiner Reitlehrerin Franzi zur Ausbildung. Ab jetzt sollte es ihre Aufgabe sein, ihn weiter zu betreuen, bis er sich als Schulpferd eignen würde.

Scherben und Blut

Am Tag der Übergabe führe ich Franzi vor, wie toll sich Jacques in Freiheit und an Halfter und Seil mit mir bewegt. Dann gurte ich nach, setze mich auf ihn und reite los. Alles ist eigentlich wie immer an diesem Wochenende. Nebenan ist unser emsiger Nachbar zugange und verfrachtet Leergut in sein Lager, das an unseren Reitplatz angrenzt. Er betreibt einen Getränkehandel und muss daher wie wir auch sonntags arbeiten. Das ständige Klappern der Flaschen in den Kästen ist uns mittlerweile so vertraut, dass wir es kaum noch wahrnehmen. Doch als plötzlich ein ganzer Turm aus Bierträgern vom Gabelstapler kippt, krachend auf dem Asphaltboden landet und dabei klirrend einige Dutzend Flaschen zerbersten,

schrecken sogar Franzi und ich auf. Und Jacques? Sieht rot, rennt buckelnd los und ist nicht mehr zu halten. Ich kippe zur Seite, aber auch das Gewicht meines Körpers, den er jetzt neben sich herschleift, bringt ihn nicht zum Stehen. Nach fünf Metern trifft mich sein linker Hinterhuf, mit dem schon mein Schenkel Bekanntschaft gemacht hatte, am Kopf oberhalb der Augenbraue. Jetzt loslassen wäre vielleicht ganz gut? Das tue ich, dann bleibt Jacques in einer Ecke stehen. Ich klopfe mir benommen den Sand aus den Klamotten.
Franzi meinte später, ich hätte das mit einem entrückten, fast schon irrwitzigen Lächeln getan. Na ja, wenn man von einem Huf am Kopf getroffen wird, ist man entweder entsetzt oder eben froh, dass man überhaupt noch bei Bewusstsein ist. Ich habe zwar eine Platzwunde, aus der das Blut Richtung Augen trieft, aber ansonsten tut mir nichts weh. »Glück im Unglück«, sage ich zu Franzi. »Ach ja, und das Pferd bleibt vorläufig noch Chefsache.«

Die letzte Chance

In den weiteren Wochen und Monaten schaufelte ich mir so viel Zeit wie möglich frei, um aus Jacques ein sicheres Reitpferd zu machen. »Mit Natural Horsemanship kann man jedes Pferd korrigieren«, lautet ein Spruch, an den ich mich in dieser Zeit häufig erinnerte und der mich zum Weitermachen motivierte. Diesmal wollte ich mich aber nicht mehr nur auf meine Erfahrung verlassen: Ich bat jeden Trainer, der uns besuchte, mir Tipps zu geben.
Eines Tages kam Alfonso Aguilar vorbei. Während ich auf Jacques saß, führte er ihn als Handpferd. Sein Urteil nach 15 Minuten: »Es gibt so viele tolle Pferde, warum willst du für einen solchen Spinner dein Leben und deine Gesundheit riskieren?«
»Weil ich dieses Pferd eben nicht aufgeben will.«
Ich probierte es also weiter mit ihm, nahm Jacques sogar als Handpferd mit Gepäck und Plastikfolie auf dem Rücken vier Tage mit zu einem Wanderritt; später arbeiteten sich auch noch andere Reitlehrerinnen an ihm ab. Doch das war alles Stückwerk, und Jacques blieb gefährlich. Schließlich gewöhnte ich mich an den Gedanken, dass wohl niemals ein Reitpferd aus ihm werden würde und dass er das erste Pferd war, an dem ich scheiterte – Dakini nicht eingerechnet, denn damals hatte ich noch viel zu wenig Erfahrung.

»Wenn man von einem Huf am Kopf getroffen wird, ist man entweder entsetzt oder eben froh, dass man noch bei Bewusstsein ist.«

Immerhin, aus Jacques wurde dann doch noch etwas: ein begehrtes Pferd für die Bodenarbeit. Und alle, die ihn zum ersten Mal sahen, verliebten sich auf Anhieb. Daran hatte sich nichts geändert, und da konnte man fast neidisch werden.

Die Liebe in den Zeiten der Kohl-Ära

Frauenversteher oder Streetfighter, Latzhose oder Lederjacke? Die wahre Liebe stellt sich als »Ware Liebe« heraus - und die Verklemmtheit ist hartnäckiger als Herpes.

Lust, Tabus und Selbsterfahrung

Bevor ich vom erregenden Kitzel körperlicher Lust erfasst werde, lerne ich die romantische Liebe kennen. Meine erste Freundin habe ich im Kindergarten. Bevor ich vom erregenden Sog sexueller Gier erfasst werde, steht das pädagogische Konzept meines Vaters fest: keine Tabus. Ich werde aufgeklärt.

Gelernt ist gelernt

Sein Konzept ist wirksam, und wir werden beste Freunde - ein Leben lang. Einmal, ich wohne bereits in Berlin, ruft mich mein Vater an und fragt, ob ich mit meinen Freundinnen auch Oralsex hätte, wie das jetzt immer öfter im Fernsehen gezeigt werde. Ich frage zurück, ob er es sich gelegentlich selbst mache oder auch mal fremdgehe. So - oder sogar noch offener - reden wir damals über Sex, und so tue ich es noch heute. Gelernt ist eben gelernt.

Als Teenager befriedige natürlich auch ich mich selbst. Anfangs heimlich und mit schlechtem Gewissen. Das Buch »Sexfront« von Günter Amendt ent-

Die 68er hielten nichts von bürgerlicher Treue. Doch auch offene Beziehungen sind nicht immer einfach.

Mit Helmut Kohl kam der Mauerfall, aber auch die konservative Wende – für uns war sie ein Rückschritt.

decke ich erst mit 18 Jahren. Das Christentum versaut dem Menschen die Lust, steht da geschrieben. Und: Sexuell Unterdrückte lassen sich besser gängeln, man kann sie mit Ersatzbefriedigungen abspeisen. Nicht mit mir! Als mein sexueller Notstand unerträglich wird, kommen die ersten Bordell-Besuche.

Wie Sartre und Beauvoir

Die meiste Zeit meines Lebens führe ich monogame Zweierbeziehungen, obwohl ich zu keinem Zeitpunkt meines Lebens monogam bin. Na gut, das stimmt nicht ganz: Manchmal bin ich tage- oder wochenlang so monogam fixiert auf das eine Lachen, das eine Gesicht, den einen Körper, dass ich alle anderen Frauen vergesse. Wenn das passiert, ist mein Glücksgefühl derart überwältigend, dass ich glaube, es wird ewig halten. Sobald meine Blicke dann doch wieder zu anderen Brüsten und Hintern wandern, bin ich enttäuscht von mir selbst. Also beginne ich, mit meinen Freundinnen offene Gespräche zu führen. Und siehe da: Ich erfahre, dass es ihnen ganz ähnlich geht. Die beste Lösung? Offene Beziehungen. Mit Sartre und Beauvoir haben wir große Vorbilder.

So hangele ich mich in der alternativen Szene Regensburgs und dann Berlins durch die Jahre und durch Eifersuchtsorgien und Therapiegruppen. Der sexuelle Notstand ist dabei mein ständiger Begleiter. Bürgerliche Treue kommt für mich ebenso wenig in Frage wie heimliche Seitensprünge. Die Folge der versuchten Offenheit sind Streit, Tränen und wilde Versöhnungen, die aber nie lange halten. Eine ständige Zitterpartie zwischen Anspruch und Wirklichkeit.

Dann kommen auch noch Aids und die konservative Wende mit dem CDU-Kanzler: Die Liebe in Zeiten der Kohl-Ära ist kein Zuckerschlecken. Doch jetzt stehen wir plötzlich auf der Bühne, jetzt wird alles besser, davon sind wir überzeugt. Doch die Realität sieht anders aus: Wir sind eben keine Rockstars, die den Groupies im Hotel Autogramme mit Lippenstift auf die nackte Haut krakeln, wir sind Kabarettisten! Und die Frauen, die nach der Vorstellung bleiben, wollen politische Standpunkte klären und feministische Inhalte einfordern. Okay, es gibt Ausnahmen.

Vom Suchen und Nichtfinden

Wir wollen damals alles anders machen, alles umkrempeln: Zum Teufel mit der Reinlichkeitserziehung und allen bürgerlichen Moralvorstellungen! Zum Teufel mit dem Kapitalismus und der Ausbeutung der Dritten Welt! Wir fahren nach Indien, um in Bhagwans Ashram in Trance zu verfallen, wir werfen uns bewusstseinserweiternde Drogen ein, auf der Suche nach der Verkorkstheit in den Tiefen unserer Seele, wir bilden Lesezirkel und Männergruppen.
Doch unsere Anstrengungen sind erfolglos. Wir scheiterten in allem und in jeder Hinsicht. Einige von uns sind später abgedriftet und längst nicht mehr am Leben, die meisten haben die Kurve gekriegt und sich arrangiert. Einer von ihnen bin ich.

»War der Vorfall mit Dakini meine Schuld gewesen? Tagelang brütete ich über einer folgenschweren Entscheidung, die allmählich zum festen Entschluss heranreifte.«

Dakini

Scheitern ist nie schön, gehört aber zum Geschäft. Dakini war so ein Fall, und ich hätte mir so sehr gewünscht, dass ihre Ausbildung erfolgreich verlaufen wäre.

DAS WORST-CASE-SZENARIO

Wie es Dakini geht, weiß ich nicht. Als ich 2011 nach Mecklenburg-Vorpommern zog, um dort als selbstständiger Trainer ein neues Leben zu beginnen, war jedoch völlig klar, dass ich sie mitnehme. Ich hatte mich bei dieser Entscheidung auf mein Bauchgefühl verlassen, nicht auf meinen Verstand. Denn die schwarze Warmblutstute war ein schwieriges Pferd. In Mansbach hatte Dakini meist nur auf der Weide und im Offenstall herumgestanden. Mehrere, wenn auch halbherzige Versuche, sie auszubilden, waren missglückt, und so ließen wir sie irgendwann links liegen; auf dem Reiterhof gab es einfach zu viele andere Baustellen. In Neu Drefahl, da war ich mir sicher, würde ich aber alle Zeit der Welt haben, diesem hübschen Pferd endlich gerecht zu werden. Ich freute mich sogar schon richtig auf die Arbeit mit meinem Sorgenkind. Doch bekanntlich platzt ja so mancher Traum, sobald man versucht, ihn in die raue Wirklichkeit zu holen. Aber der Reihe nach.

Zwei eingeschworene Pferdedamen

Kennengelernt hatte ich Dakini, als sie vier Jahre alt und längst kein Fohlen mehr war. Trotzdem waren sie und ihre Mutter damals immer noch nur im Doppelpack anzutreffen. Diese Bindung wurde scheinbar immer enger, und irgendwann begann das zur stattlichen Stute herangewachsene Pferd, seine Mutter, sein Revier und auch sich selbst mit Hufen und Zähnen zu verteidigen. Eines Tages war Dakini so gefährlich geworden, dass ihre Besitzerin nicht mehr auf die Weide gehen konnte, ohne vertrieben zu werden. »Ich kann mein Pferd nicht mal anfassen!« Als sie mich anrief, von ihrem Leid klagte und dann um Hilfe bat, war die Frau den Tränen nahe. Ich hingegen spitzte die Ohren und bekam am anderen Ende der Leitung leuchtende Augen. Diese Herausforderung reizte mich!

Als wir die Weide erreichen, damit ich mir selbst ein Bild machen kann, stehen beide Pferdedamen dicht an dicht am Wasserwagen und fächeln sich einmütig mit dem Schweif die Insekten aus dem Gesicht. Von Aggression keine Spur. Ich nähere mich langsam Dakini und bin überrascht, weil sie sich problemlos aufhalftern lässt. Sie folgt mir sogar einige Schritte, bleibt dann aber unvermittelt stehen und blockiert. »Ist alles gut, wir gehen noch ein Stückchen«, sage ich leise und versuche sie mit sanftem Ruck zu motivieren. Doch das ist ihr schon zu viel: Plötzlich stellt sich das junge Warmblut auf die Hinterhand, dreht pfeilschnell den Kopf beiseite und reißt sich ruckartig los. Auch ich lockere augenblicklich meinen Griff.

Was passieren kann, wenn man das nicht tut, hatte ich schon oft genug und sehr schmerzhaft am eigenen Leib erfahren. »Learn Burns« nennen amerikanische Horsemen die oft heftigen Brandwunden, die entstehen können, wenn ein Führstrick, noch dazu aus Polyester, mit voller Kraft über nackte Haut reibt. Lernen können wir nur aus Leid und Schmerz, für einen kurzen Moment muss ich an Schopenhauer und Nietzsche denken. Dakini hingegen denkt nur an ihre Mutter und trottet zurück zum Wasserwagen. »Das war erst der Anfang, meine Liebe«, sage ich und spüre, wie der Ehrgeiz in mir aufsteigt. Auch, weil mir die verzweifelte Besitzerin vorhin ein Angebot gemacht hat, dem ich einfach nicht widerstehen kann: Wenn es mir gelingen würde, das Pferd zu verladen und endlich wegzuschaffen, würde sie mir Dakini kostenlos überlassen. »Bei dir ist sie sicher besser aufgehoben«, sagt sie und winkt, als ich zwei Stunden später den Zündschlüssel umdrehe.

Hinten im Hänger rumpelt es.

»Bleiben als dritte Option noch die ein bis zwei Prozent der Pferde, die einem nachts den Schlaf rauben und tagsüber den Schweiß auf die Stirn treiben.«

Dakini passt in keine Schublade

Auf dem Heimweg nach Mansbach schnalze ich vor Freude mit der Zunge, nach einigen Kilometern wabern dann aber auch schon die ersten Sorgen und Befürchtungen durch meinen Kopf. Ein junges, gesundes und noch dazu so edles Pferd geschenkt zu bekommen ist ein zweischneidiges Vergnügen. Einerseits kann man es, den nötigen Sachverstand und etwas Glück vorausgesetzt, ausbilden und dann gewinnbringend weiterverkaufen. Andererseits stellt sich natürlich die Frage: Wird die Ausbildung gelingen? Scheitern gehört schließlich zum Geschäft, ist aber zermürbend und oft auch kostspielig. Wie es wohl mit Dakini weitergeht? »Gibt ja eigentlich nur drei Szenarien«, murmele ich in mich hinein und spiele die Möglichkeiten in Gedanken durch.

- Wenn alles glatt läuft, wird mein neues Schmuckstück nach einigen heftigen Auseinandersetzungen seinen Widerstand aufgeben und kooperieren. Im Laufe des Trainings verfestigen sich die erwünschten Verhaltensmuster zunehmend und überlagern oder löschen die alten. Dakini könnte dann problemlos als Schulpferd eingesetzt und später an einen Liebhaber mit dem nötigen Kleingeld verkauft werden. Alle Seiten sind zufrieden. Dieses Szenario ist gar nicht so unrealistisch und erfüllt sich nach meiner Erfahrung in 70 Prozent aller Fälle.

- Das zweiten Szenario? Hier läuft nicht alles ganz so rund. Das Pferd entwickelt sich zwar prima, fällt jedoch in alte, unerwünschte Verhaltensmuster zurück, sobald es auf Anfänger trifft. Jetzt wird die Sache schon kniffliger. Klar, man kann versuchen, das Pferd auf Kurs zu bringen. Letztlich sicher sein, dass alles glatt geht, wenn man es nach einigen Nachhilfestunden wieder aus der Hand gibt, kann man aber nie. Für ein Schulpferd sind das eher ungünstige Voraussetzungen. Vor allem, wenn das Tier auch die Unsicherheiten der Schüler mitbekommt und sich davon wiederum selbst verunsichern lässt. Und gleich nach der Ausbildung schnurstracks weiterverkaufen? Das könnte klappen, allerdings nur, wenn man einen Interessenten mit viel Erfahrung findet. Ich würde sagen, dieses Szenario ist das zweithäufigste und trifft auf 28 Prozent aller Problempferde wie Dakini zu, mit denen ich bisher zu tun hatte.

- Bleibt als dritte Option noch das Worst-Case-Szenario, die verfluchten ein bis zwei Prozent der Fälle, die einem nachts den Schlaf rauben und tagsüber den Schweiß auf die Stirn treiben: Das Pferd ist unbelehrbar und hält hartnäckig an seinen Marotten fest. Will man es führen, reißt es sich los, hebt man den Huf, fängt man sich einen Tritt ein. Will man sich auf seinen Rücken schwingen oder dort auch nur einen harmlosen Gegenstand befestigen, weckt das sofort Flucht- und Verteidigungsinstinkte, die das Tier auch in die Tat umsetzt. Hoffentlich fällt Dakini nicht in diese Kategorie! Aber das will ich mir gar nicht weiter ausmalen, auch weil mir meine bisherigen Trainingserfolge Mut machen.

Läuft alles gut, gibt ein Problempferd nach einigen heftigen Auseinandersetzungen nach und kooperiert.

An manchen Tagen stellte sich Dakini quer und brachte ihren Unwillen unmissverständlich zum Ausdruck.

Doch Dakini hatte nicht so rechte Lust, sich in eine meiner drei Schubladen einsortieren zu lassen. An manchen Tagen konnte man einen schmächtigen Teenager auf sie setzen, und sie machte artig, was man von ihr verlangte. An anderen riss sie sich bei der Bodenarbeit von einem Schüler mit knüppeldicken Oberarmen los und versetzte ihn in Angst und Schrecken – war aber lammfromm, wenn ich das Seil selbst in die Hand nahm. Und dann gab es Tage, an denen es völlig egal war, mit wem Dakini es gerade zu tun hatte. Sie stellte sich einfach quer und brachte ihren Unwillen mit Entschlossenheit, Schnelligkeit und 650 Kilo Lebendgewicht unmissverständlich zum Ausdruck. Doch wir trainierten immer weiter, und ich bildete mir zumindest ein, dass mein Pferd Fortschritte machte.

An einem Sonntagmorgen hole ich Veloz und Dakini von der Weide. Ich setze mich auf Veloz, dem sie immer sehnsüchtig hinterherwiehert, und lege der Stute ein Halfter an, um sie als Handpferd mitzuführen. »Ein Ausritt mit ihrem Lieblingswallach wird ihr ganz sicher Spaß machen«, denke ich, und wir reiten los. Während der ersten halben Stunde klappt alles fabelhaft; zu dritt genießen wir die Frühlingssonne und den frischen Duft nach feuchtem Laub im Wald. Dann muss Dakini äppeln. Als ihr Geschäft erledigt ist, fordere ich sie mit einem leichten Ruck zum Weitergehen auf. Plötzlich fühle ich mich an meine erste Begegnung mit meinem Warmblut erinnert: Blitzschnell reißt sich Dakini los und galoppiert davon; ich presche mit Veloz hinterher. Kurze Zeit später finde ich sie grasend am Eingang zur Pferdekoppel. Das knapp vier Meter lange Seil, das sie mitgeschleift hat, ist abgerissen, der massive Karabiner hängt noch am Halfter. Wie ihr dieser Kraftakt gelungen ist, weiß ich bis heute nicht.

Vom Traumpferd zum Sorgenkind

Die nachfolgenden Wochen waren ein Wechselbad der Gefühle. An einigen Tagen präsentierte sich Dakini als Musterschülerin von ihrer besten Seite. Man konnte sie ohne Schwierigkeiten reiten, und ich freute mich, dass sich langsam wieder Erfolge einstellten. Doch dann begann sie erneut, aufzuschrecken und zu buckeln. »Was passt dir denn nicht?«, maulte ich mein Pferd dann jedes Mal frustriert an und blickte mich suchend um, konnte aber nichts entdecken, das ihr hätte Angst einjagen können. Mit der Zeit musste ich mir eingestehen, dass es mit ihrem Verhalten nicht wie erhofft in kleinen Schritten bergauf, sondern schleichend bergab ging. Holte ich Veloz von der Weide ab, lief sie unvermittelt hinterher und riss dabei oft einfach die Zäune ein, die ihr im Weg waren, um sich uns anschließen zu können. Ich machte mir zunehmend Vorwürfe. Mein Plan, mein Sorgenkind in ein Traumpferd zu verwandeln, war nicht aufgegangen. Hatte ich Dakini wieder vernachlässigt? Brauchte sie noch mehr Zeit, Bewegung und Zuwendung? Ich war am Ende mit meinem Latein. Und Lara war jetzt meine letzte Hoffnung.

Die fast perfekte Konstellation

»Kannst du es mal mit ihr probieren?«, fragte ich sie, als sie ihren Koffer ausgepackt hatte und wir zusammen Tee tranken und dabei das Programm für die kommenden Wochen durchsprachen. Lara und ich hatten vor vielen Jahren schon in Mansbach zusammengearbeitet. In Sachen Horsemanship hatte sie sich zur echten Expertin gemausert, und ihr Entschluss, sich eine Auszeit zu gönnen und mir ein ganzes Jahr lang auf meinem neuen Reiterhof unter die Arme zu greifen, war wie ein Lottogewinn. »Klar, kann ich«, nickte sie und nippte an ihrer Tasse. »Dakini kenne ich noch, das ist doch der schwarze Wildfang, oder?«

Lara und Dakini, das war die perfekte Konstellation. »Wenn es mit euch nicht klappt, dann gar nicht«, rief ich ihr beim Training lachend zu. Die beiden übten über mehrere Wochen hinweg fast täglich, und gemeinsam mit Veloz machten wir regelmäßig die Ruhner Berge unsicher. Alles schien sich wieder einzurenken. Doch dann kam dieser Ausritt, von dem keiner wusste, dass es Dakinis letzter sein würde.
Wir sind damals mit einer Gruppe von acht Gästen unterweg, und Dakini läuft anfangs ruhig und konzentriert mit, als sei sie als Schulpferd zur Welt gekommen. Dann stehen die Unabhängigkeitsübungen auf dem Programm, die wir in unseren Trainingsritten eigentlich immer einbauen. Ziel dieser Übungen ist es, einzelnen Pferden immer wieder Aufgaben zu stellen. Anstatt nur in Reih und Glied durch die Landschaft zu zuckeln, lernen sie, sich aus der Gemeinschaft auszuklinken und sich dann frei und unabhängig zu bewegen, ganz egal, was ihre Herdengenossen gerade machen.

Lara und Dakini, das war in meinen Augen die perfekte Konstellation. Sie würde ganz sicher mit ihr klarkommen.

Eine der Übungen geht so: Die Reitgruppe bildet einen Zirkel, und auf Kommando wenden sich alle nach innen, bis die Pferde im Mittelpunkt des Kreises die Köpfe zusammenstecken. Anschließend muss jedes Pferd einzeln den Zirkel verlassen und den Rest der Gruppe im Schritt, Trab oder Galopp umrunden.
Ich kann diese Übungen allen Reiterinnen und Reitern wirklich nur wärmstens empfehlen – es sei denn, sie sitzen auf Dakini.

Was für eine Katastrophe!

Dakini macht anfangs brav mit; solange sie bei den andern Pferden parken darf, ist für sie die Welt in Ordnung. Doch dann ist sie an der Reihe und soll aus der Gruppe ausscheren. Lara signalisiert die Drehung und fordert die Stute zum Galopp auf. Dass das dem Pferd nicht ganz geheuer ist, sieht man schon nach einer Runde. »Jetzt erst recht!«, rufe ich Lara zu, nachdem Dakini unruhig wird und sich leicht aufbäumt. Meine Kollegin klammert sich tapfer an ihr Pferd, doch Dakini buckelt plötzlich so lange und heftig, dass sich Lara nicht mehr halten kann und regelrecht zu Boden katapultiert wird.
Ich fahre mir mit beiden Händen durch die Haare, denn was jetzt passiert, kann ich kaum fassen: Dakini schnaubt und dreht sich, um auf kürzestem Weg zurück zur Herde zu laufen. Vor ihr liegt Lara, noch benommen und regungslos. Hat das Pferd sie nicht gesehen, will es sie nicht sehen? Es knackst, und Lara schreit vor Schmerz, als Dakini einfach auf und über ihren Körper trampelt und ihr dabei zwei Rippen bricht. Jetzt kreischt die ganze Gruppe vor Entsetzen, und ich werde kreidebleich im Gesicht. Nach kurzer Schockstarre renne ich auf Lara zu.

»Vor ihr liegt Lara, benommen und regungslos. Hat das Pferd sie nicht gesehen? Es knackst, und Lara schreit vor Schmerz.«

Nach Laras Unfall quälte mich mein schlechtes Gewissen. War das Ganze meine Schuld gewesen? Warum hatte ich Idiot Lara auch noch angefeuert? Tagelang brütete ich über einer schweren Entscheidung, die allmählich zum festen Entschluss heranreifte: Das war's, Ende Gelände. Ich wollte Dakini nicht bestrafen, aber es war einfach sinnlos, an einem Pferd festzuhalten, das auf jahrelanges Training nicht anspricht und so unberechenbar wird, dass sein Verhalten Menschenleben gefährdet. Es war so sinnlos und unverantwortlich, dass ich mich dazu durchrang, Dakini zum Schlachter zu geben. Ein Metzger in der Region wollte den Job übernehmen, und so kamen wir ins Geschäft.

»Vielleicht findet sich ja doch noch jemand, der ein Beistellpferd sucht«, sagte eine langjährige Weggefährtin, die von meinen Plänen erfahren hatte und mir daraufhin sogar in Neu Drefahl einen Besuch abstattete. »Gib mir doch bitte zwei

Wochen Zeit, dann strecke ich meine Fühler aus«, bat sie mich eindringlich. Ich nickte ein wenig widerwillig, wer spielt schon gern den Todesengel? Dass ich mit meinem Einlenken eine Lawine lostreten würde, ahnte ich aber nicht.

»Es war einfach sinnlos, an einem Pferd festzuhalten, das so unberechenbar wird, dass sein Verhalten das Leben von Menschen gefährdet.«

Umso überraschter war ich, wie schnell mein Vorhaben die Runde machte, und noch verblüffter, als immer mehr Kritiker an meine Tür klopften und mir mahnende Vorträge hielten oder mir mit missionarischem Eifer lange, bitterböse Briefe schrieben. Warum eigentlich? Weil ich tun wollte, was in meinen Augen getan werden musste, nämlich aus einem Pferd, das für Menschen eine Gefahr darstellt, ein Produkt zu machen, das sich noch dazu als rheinischer Sauerbraten großer Beliebtheit erfreut? Für ein paar Tage verstand ich die Welt nicht mehr.

Kein Anschluss unter dieser Nummer

Dakinis Gnadenfrist war fast verstrichen, und ich wollte dieses unschöne Kapitel endlich abhaken und wieder nach vorne blicken. Es war also höchste Zeit, mit meinem Schlachter einen konkreten Termin zu vereinbaren. Doch dann geschah, womit ich nicht mehr gerechnet hatte: Aus heiterem Himmel interessierte sich ein Mann aus dem Allgäu für mein Problempferd. Er stellte sich als Besitzer eines Dressurstalls vor und machte auf mich einen soliden, seriösen Eindruck. Ich fragte ihn ein paar Dinge, bohrte aber nicht nach, was er genau mit Dakini vorhatte. Und als er sie abholte, war ich heilfroh. Endlich, endlich konnte ich mich wieder anderen Dingen zuwenden.

Knapp zwei Jahre später krame ich mein Adressbüchlein aus der Schreibtischschublade hervor. Den Telefonhörer klemme ich zwischen Ohr und Schulter und greife nach meiner Zigarettenschachtel. Ich will nur schnell im Allgäu anrufen, um mich nach Dakini zu erkundigen. Das hatte ich mir eigentlich schon vor Monaten vorgenommen. Nachdem ich meine krakelige Handschrift entziffert und die letzte Zahl eingetippt habe, höre ich erst ein Knacksen und dann eine automatische Bandansage, die sich in Endlosschleife wiederholt: »Die gewählte Rufnummer ist nicht vergeben.« Ob Dakini noch am Leben ist?

Entscheidung über Leben und Tod

Sauerbraten oder Seniorenweide: ideologische(s) Schlachten. Meine Gedanken über Verantwortung, Doppelmoral und notwendige Lügen, die das Leben leichter machen.

Pferde bis ins hohe Alter pflegen? Das ist aufwendig und teuer, und nicht jeder Halter kann sich das leisten.

Mensch und Tier

Ich kenne eine Osteopathin, die hat ihr Pferd, als es an der Zeit war, schlachten lassen. Anschließend hat sie ihren langjährigen Gefährten in mundgerechten Portionen in die heimische Gefriertruhe gepackt. Eine befreundete Schäferin wiederum hat ihren Lieblingshund eigenhändig erschossen, nachdem er es eines Tages mit dem Schutz von Herde und Frauchen übertrieben und einen vorbeigehenden Fußgänger angefallen hat. Sie ist Jägerin.

Ich selbst habe schon ein unreitbares Kaltblut im Auftrag einer verzweifelten Kundin zum Schlachter gebracht. Sie musste sich damals entscheiden: Entweder das junge, kranke Pferd mit allen damit verbundenen Kosten noch jahrelang und ohne eigenes Vergnügen durchfüttern – oder sich von ihm trennen und ein gesundes Pferd anschaffen, mit dem sie in ihrer Freizeit wieder reiten und Spaß haben kann.

Wahrheit und Lüge

Das kranke Pferd zu versorgen und gleichzeitig ein gesundes zu erwerben und zu unterhalten kann sie sich seinerzeit nicht leisten. Also schlage ich vor, die Sache doch einfach an ihrem Wohnort zu erledigen. Sie lehnt verängstigt ab: Wenn das ihre Reiterfreundinnen mitbekämen, sei sie für immer unten durch! Schließlich wird der Todeskandidat zu mir »zur Ausbildung« gebracht und ist mittlerweile – so will es jedenfalls die Legende, die sich in ihrem Freundeskreis hartnäckig hält – auf meiner Weide an einer mysteriösen Krankheit verstorben.
Auf diese Weise kann sich besagte Kundin schon bald ein neues Pferd leisten – und sich zudem die Gunst ihrer Bekannten sichern.

Es sind eben nicht alle auf Rosen gebettet - wie die geschwätzigen Proseccotrinker und -trinkerinnen am Reiterstammtisch, denen wirtschaftliche Überlegungen wurst sein können, weil sie vom Schicksal begünstigt sind oder von anderen ausgehalten werden. Vielleicht hat meine Freundin Andrea doch recht: Lieber eine Lüge, die ein Leben hält, als eine Wahrheit, die auf einen Schlag alles zerstört.
Leider kann ich mich zeitlebens nicht an ihren Ratschlag halten und habe mir und meinen Mitmenschen mit dem krankhaften Bedürfnis nach Wahrheit viel Kummer bereitet. Und so komme ich eben auch jetzt wieder mit meinen Wahrheiten um die Ecke, die keiner hören möchte: Ich bin weder stolz darauf, ein leidenschaftlicher »Fleischfresser« zu sein, noch darauf, dass ich andere Lebens-, Genuss- und Suchtmittel benötige, um über die Runden zu kommen. Ich schwinge mich nicht zum Moralapostel auf und urteile nicht über Menschen, wenn sie nach ihrer eigenen Fasson glücklich werden wollen.

Sinn und Unsinn

Natürlich muss das innerhalb der Grenzen stattfinden, die die Allgemeine Erklärung der Menschenrechte und das Grundgesetz festlegen. Dort ist unter anderem das Recht auf körperliche Unversehrtheit verankert, aber es gilt eben für Menschen.
Indes ist es modern geworden, zwischen Mensch und Tier nicht mehr zu unterscheiden. Nicht selten erlebe ich es, dass Kundinnen und Kunden protestieren, wenn ich eine Wespe mit einer Kuchengabel zerquetsche, wenn sie mir mein Sahnestückchen streitig macht. Gleichzeitig rufen sie den Kammerjäger, wenn Ratten und Mäuse einen Sack mit Pferdemüsli anknabbern. Empört wird über Pferdemärkte und Schlachthäuser vor allem in benachbarten Ländern geschimpft, aber über Massentierhaltung um die Ecke beschwert man sich nur wegen der damit verbundenen Geruchsbelästigung.

Last und Luxus

Die Ansicht, Pferde hätten wie wir das Recht, jegliche Operation in Anspruch zu nehmen und bis zum seligen Ende gepflegt oder mit Mash (künstlich, wie ich finde) ernährt zu werden, wenn ihnen die Zähne ausfallen, ist meiner Meinung nach lächerlich. Wer so viel Geld hat und das Bedürfnis verspürt, kann das gerne und auf eigene Kosten tun, soll aber bitte nicht den moralischen Zeigefinger gegen Menschen erheben, die sich anders entscheiden und sich das vielleicht nicht leisten wollen - oder können.

Wer Geld hat, hat gut reden! Nicht jeder kann seinen Pferden eine Luxusbehandlung spendieren.

»Alles, wirklich alles hatte ich schon für möglich gehalten: Insolvenz, einen schweren Unfall, Anzeigen von missliebigen Nachbarn - aber eine gottverdammte Pferdeseuche?«

Nina

Kann man in Gedanken mit Tieren kommunizieren und sie mit Telepathie sogar heilen? Was ich mit Nina erlebt habe, zählt zu den sonderbarsten Erfahrungen meiner Karriere.

HOKUSPOKUS MIT PFERDEN

»Und als krönenden Abschluss des Tages erleben Sie dann noch ... Uuuuwe Weinzieeerl!«, hallt eine überschwängliche Schaustellerstimme aus der Lautsprecheranlage, als kündige sie einen Boxkampf an. »Er wird Ihnen seine ganz besonderen Fähigkeiten zeigen«, fügt der Moderator mit geheimnisvollem Tonfall hinzu, und das klingt jetzt ein bisschen so, als wolle ich später ein Pferd zersägen oder in ein Kaninchen verwandeln. Doch ich höre nur mit einem Ohr zu, schließlich kenne ich den Programmablauf und bin in Eile.

Als ich an der Arena im thüringischen Geisa ankomme, ist das Turnier bereits in vollem Gange. Es ist Sonntagnachmittag, und Hunderte Gäste genießen die Vorführungen des diesjährigen »Kutschen-Cups« und dazu den strahlenden Sonnenschein. Aus den Zapfhähnen sprudelt das Bier, und in den Buden brutzeln die Grillwürstchen um die Wette. Nur noch eine Stunde bis zu meinem Auftritt. Ich bin aufgeregt, aber recht guter Dinge. Aufbau und Dramaturgie der Vorführung, die ich auch an diesem Wochenende wieder zum Besten gebe, habe ich von meinen Vorbildern Monty Roberts und Pat Parelli abgekupfert. Daraus mache ich keinen Hehl, das hat sich mittlerweile in der Szene etabliert und wird fast schon erwartet. Es handelt sich um eine Mischung aus Showreiten und Problempferd-Demonstration: Erst präsentiert man die Kunststücke, die man sich mit seinen Pferden erarbeitet hat, später setzt man noch einen drauf und beweist, wie man das Verhalten eines Pferdes mithilfe von Horsemanship-Methoden innerhalb kürzester Zeit umkrempeln kann.

Mein Spezialgebiet

Zu den Königsdisziplinen zählt dabei das Verladen von Pferden, die sich im Alltag gar nicht oder nur sehr widerwillig transportieren lassen. Auch dieser Part läuft nach einem bewährten Strickmuster ab: Zunächst bittet man den Halter, das

Pferd an den Hänger heranzuführen, um das Problem zu verdeutlichen. Meistens zerren die Pferde ihre Besitzer weg, rempeln sie an oder reißen sich panisch los. Schon das ist der erste Hingucker, der auch beweist, dass es sich nicht um ein abgekartetes Spiel handelt. Dann fordert man die Zuschauer heraus und erkundigt sich, ob nicht einer von ihnen sein Glück versuchen wolle. In der Regel meldet sich niemand. Hebt doch ein Tausendsassa die Hand und der Halter stimmt zu, lässt man ihn ein Weilchen machen – und schön auflaufen. Sobald das Publikum die Geduld verliert, übernimmt man lächelnd selbst das Kommando und bringt das Pferd so elegant wie möglich unter Dach und Fach. Im Idealfall dauert das nur wenige Minuten. Wer Erfolg hat, verlässt den Reitplatz unter tosendem Applaus und verdient sich so nach und nach seine Sporen als »Pferdeflüsterer«.

Ich kenne dieses Triumphgefühl, denn das Verladen von Pferden, selbst unter heiklen Bedingungen und vor größerem Publikum, entwickelte sich damals zu meinem Spezialgebiet, was mir sogar den Beinamen »Verladekönig« einbringt. Trotzdem bin ich vor Auftritten wie diesem in Geisa immer ein wenig unruhig. Lampenfieber? Oft steckt mehr dahinter. Schließlich weiß man nie, mit welchen Problemfällen man es zu tun bekommt. Manchmal dauert das Verladen nur Augenblicke, manchmal eine Stunde. Manchmal tobt das Pferd, kann aber rasch beruhigt werden, wenn man als Horsewoman oder Horseman selbst die nötige Gelassenheit ausstrahlt. Nicht selten kommt es aber auch zu unschönen Szenen, bei der mein Stick abwechselnd den Kopf, den Hals oder den Hintern des Pferdes trifft. Außenstehende empören sich darüber schnell, weil man sich die Methoden eines Pferdeflüsterers dann doch etwas subtiler vorgestellt hatte. Oft vergessen die Leute dabei, dass ich mich auf dem Reitplatz nicht gegen einen Pudel oder Goldhamster durchsetzen muss, sondern mit Tieren arbeite, die vor Kraft strotzen und ein Vielfaches meines Körpergewichts auf die Waage bringen. Zeige ich da Schwäche, kann das auch für mich sehr gefährlich werden.

> **»Oft vergessen die Leute, dass ich mit Tieren arbeite, die ein Vielfaches meines Körpergewichts auf die Waage bringen.«**

Wird schon schiefgehen

Was mich heute wohl erwartet? Sie hätten da eine Haflingerstute, die partout nicht in den Hänger wolle, hatte man mir bei meiner Einladung nach Thüringen mitgeteilt. Mit dieser manchmal sehr widerborstigen Rasse habe ich in der Vergangenheit schon so meine Erfahrungen gemacht. Na ja, wird schon schiefgehen. Ich schiebe mir den letzten Bratwurstzipfel in den Mund, beiße noch einmal von meinem Brötchen ab und blicke auf die Uhr. Gleich ist es so weit! Der Anhänger wird in die Arena gefahren, ihm folgt die Haflingerdame, die alle fünf Meter den

Haflinger sind hübsche, aber oft auch störrische Pferde. Da kann das Verladen zur Herausforderung werden.

Kopf umdreht und herzerweichend wiehert. Als ich mich umsehe, verstehe ich ihr Problem: Sie ist mit ihrem vielleicht sechs Monate alten Fohlen hier! Beide wurden gerade erst getrennt, und jetzt muss Mama ganz alleine auf die Bühne und entfernt sich immer weiter. Das Pferdebaby schreit, die Mutter erwidert lautstark sein Klagen, und ich ärgere mich über mich selbst. Schon wieder habe ich mich in ein unseliges Abenteuer gestürzt - und das auch noch in aller Öffentlichkeit. Hätte ich mal genauer nachgefragt! Von einem Fohlen war jedenfalls keine Rede gewesen. Ich rechne mit dem Schlimmsten, habe dann aber unverhofft Dusel. Die Stute ist zwar extrem aufgewühlt, akzeptiert mich dann aber recht schnell als neuen Chef im Ring und lässt sich daraufhin mühelos führen. Nach zehn Minuten steht sie mucksmäuschenstill im Anhänger - und die Zuschauer liegen mir zu Füßen.

Ein neuer Härtefall

»Telefooon!« Diesen Ausruf hörte man in den nachfolgenden Wochen sehr oft bei uns in Mansbach. Der Apparat klingelte jetzt mehrmals täglich, und die Anrufer meldeten sich fast immer mit den gleichen Worten: »Herr Weinzierl, mein Pferd hat Probleme, Sie wissen schon, mit dem Hänger.« Nach geglückten Auftritten wie in Geisa hofft man ja immer auf einen Werbeeffekt, aber mit dieser Resonanz hatte selbst ich nicht gerechnet. Überhaupt machte sich Arhöna in der Pferdewelt langsam einen Namen, und wie erfolgreich oder zumindest vielversprechend unsere Trainingsmethoden waren, sprach sich mehr und mehr herum. So stieg nicht nur die Zahl der Hilferufe und die Nachfrage nach unseren Kursen sprunghaft an, wir erhielten auch immer mehr Angebote, vermeintliche Härtefälle in unsere Obhut zu nehmen - oft für einen Spottpreis oder sogar kostenlos. Die Halter kamen mit ihren Pferden einfach nicht mehr klar, trauten uns das aber sehr wohl zu und hofften, ihre Lieblinge würden es auf unserem Reiterhof zukünftig besser haben.

So war das auch bei Nina. Die sechsjährige Vollblutstute trieb ihre Besitzerin zunehmend in die Verzweiflung. Wollte man mit ihr in eine flottere Gangart wechseln, ging sie immer häufiger durch. Wollte man sie bremsen, buckelte sie so lange, bis sie den ungeliebten Passagier auf ihrem Rücken abgeschüttelt und in den Dreck geschleudert hatte. Schon seit Monaten konnte man mit Nina also nur noch spazieren gehen, und selbst das wurde immer schwieriger. Das Pferd auszubilden und korrigieren zu lassen kam für die Halterin nicht in Frage, denn sie war knapp bei Kasse und konnte kaum noch ihre Stallmiete bezahlen. Zu allem Übel ließ sich ihr Sorgenkind auch nicht verladen.

Gefahr im Verzug

Als ich mir Nina ansehe, gefällt mir das Pferd sofort. Sie ist ein elegantes, zierliches Stütchen, fast zu zart für mich. Doch ich spüre auf den ersten Blick, dass aus ihr ein begehrtes Schul- oder Verkaufspferd werden könnte. Vorsichtig halftere ich sie auf und führe sie langsam von der Weide. Sie tänzelt angespannt neben mir her, macht dabei einen Bogen um jede Pfütze und wird mit jedem Schritt zaghafter. Nur mit viel Mühe und Geduld schaffen wir es bis zum Stall, vor dem der geparkte Hänger steht. Als ich die Klappe öffne, beginnt sie zu prusten. Ihre Ohren zucken hektisch hin und her, aber ihre Beine bewegen sich nicht vom Fleck. »Freiwillig willst du nicht?«, sage ich und denke kurz nach. Es sind immer die lethargischen, zu Bewegungsarmut neigenden Pferde, die kurz vor der Zielgeraden wie versteinert haltmachen, um mir zu signalisieren: »Moment mal, in diese

Nina war ein elegantes, zierliches Stütchen – fast ein wenig zu zart für meinen Geschmack.

dunkle Höhle folge ich dir um keinen Preis der Welt!« Nina vom Gegenteil zu überzeugen dauert zwanzig Minuten, dann steht sie im Hänger. Sie zittert ein wenig, aber ich freue mich, dass ich mein neues Pferd ohne Gewalt bewegen konnte. Das habe ich schon ganz anders erlebt. Auf dem Heimweg höre ich, wie Nina hinter mir immer wieder nervös wiehert. Die kurze Fahrt nach Mansbach verläuft aber ohne Zwischenfälle.

Nina hatte sich gut eingelebt und bereits drei Wochen Grundausbildung absolviert, als mir eines Tages unser Tierheilpraktiker Heiko entgegenläuft.
»Nina geht es nicht gut«, ruft er mir schon aus der Entfernung zu. Er ist sichtlich aus der Puste und wirkt sehr besorgt.
»Was fehlt ihr denn?«
»Könnte infektiöse Anämie sein.«
»Infektiöse Anämie?« Hat er gerade tatsächlich das böse Wort ausgesprochen? Mein Gedankenkarussell dreht sich aus dem Stand auf Hochtouren: Infektiöse Anämie, das würde bestenfalls die Schließung des Hofes bedeuten, vermutlich für drei Monate. Schlimmstenfalls müssten wir die ganze Herde keulen!
Ich muss schlucken. »Und jetzt, was sollen wir tun?«
»Hmm. Wenn wir den Befall wie vorgeschrieben melden, können wir die Sommersaison vergessen«.
Heiko kratzt sich am Kinn, unsere Blicke treffen sich für ein paar Sekunden, dann sind wir uns stillschweigend einig. Um unseren Hof zu retten, hatten wir in der Vergangenheit schon so oft Gesetze missachtet, dass es auf ein weiteres Mal auch nicht mehr ankäme.
»Wird sie es denn schaffen?«, frage ich und zünde mir eine Zigarette an.
Heiko schüttelt den Kopf. »Ich glaube nicht, dass sie die Nacht überlebt - so oder so muss sie schnell in eine separate Box.« Ich trete meine Kippe hastig wieder aus, und wir fahren sofort los.

»Um unseren Hof zu retten, hatten wir schon so oft Gesetze missachtet, dass es auf ein weiteres Mal auch nicht mehr ankäme.«

Nina in Quarantäne

Unten im Stall erwartet uns ein Bild des Jammers. Nina liegt apathisch und schwer atmend in einer Ecke, die anderen Pferde beachten sie nicht. Wir halftern sie im Liegen auf und ziehen an ihrem Kopf, doch das bringt nicht den gewünschten Effekt. »So wird das nichts«, sage ich ungeduldig und zerre jetzt ein wenig kräftiger. Erst als ich sie laut anbrülle und ihr kräftige Schläge auf den Hintern verpasse, rappelt sich Nina auf. Mehr gezogen als gehend torkelt sie hinter uns her, und wir können sie im Nebengebäude in eine leere Box manövrieren. Dort taumelt sie sofort wieder zu Boden und lässt sich ins Stroh fallen.

»Der geht's echt nicht gut«, meint Heiko, der Nina eine Handvoll Heu vor die Nase hält. Sie ist zu schwach und ignoriert das Angebot.
Eine Stunde später klingelt tatsächlich Anja von Jagow an meiner Tür. Wir hatten uns vor vielen Jahren kennengelernt, dann aber aus den Augen verloren, wie das eben oft so ist. Ich verdanke Anja viel, denn sie war eine der Ersten, die mir den natürlichen Umgang mit Pferden nähergebracht und mich auf meinem langen Weg zum Trainer in die richtige Richtung gestupst hatte. Das liegt nun schon Jahre zurück; damals kannte kaum jemand Pat Parelli, und auch der Begriff »Natural Horsemanship« hatte sich noch nicht etabliert. Als mich Anja vor ein paar Tagen aus heiterem Himmel anrief, war das für mich eine große Freude und Überraschung. Wir plauderten ein bisschen über alte Zeiten und unsere Lebenswege, dann eröffnete sie mir stolz, dass sie sich inzwischen zur »Tiertelepathin« weiterentwickelt habe. »Tatsächlich?«, antwortete ich ihr halb im Ernst, halb im Spaß. »Dann muss ich dir leider die Freundschaft aufkündigen, denn solcher Hokuspokus geht mir fürchterlich auf den Geist!«
Sie lachte das nur weg. »Kann ich trotzdem vorbeikommen?«
Ich hatte natürlich nichts gegen ein Treffen, und wir vereinbarten locker einen Termin für unser Wiedersehen.

Esoterische Experimente

Nun steht sie also vor mir, und ich bin genervt. Schließlich schwebt ein rasiermesserscharfes Damoklesschwert über unserem Reiterhof, nach Kaffeekränzchen ist mir daher einfach nicht zumute. Ich begrüße Anja mit einer flüchtigen Umarmung, berichte ihr dann aber schnell von Nina, der Infektion und vor allem auch von meiner Angst vor unserem bevorstehenden Ruin.
»Du bist doch jetzt Tiertelepathin mit magischen Kräften?«, sage ich und will sie mit meinem Galgenhumor eigentlich nur ein bisschen aufziehen. »Das wäre doch ein interessanter Fall für dich, oder?«
Anja ignoriert meinen Sarkasmus. »Zeig mir das Pferd.«
Ich zögere kurz.
»Na los!«
Wir steigen ins Auto.
Als wir am Stall ankommen und die Schiebetür zu Ninas Box aufziehen, liegt sie immer noch

Nina ging es wirklich nicht gut, das war offensichtlich. Aber was fehlte ihr? Und war auch ich daran schuld?

benommen im Stroh. Anja beugt sich über ihren Kopf und streichelt ihr langsam über die Stirn. Dann dreht sie sich zu mir um.
»Das Pferd hat Hunger«, erklärt sie und klingt dabei so überzeugt wie eine Tierärztin, die gerade einen Laborbericht vorliest. »Sie sagt mir, sie hat Hunger, und du hättest gesagt, da müsse sie eben durch.«

Ein schlechter Scherz?

Auf der Stelle meldet sich mein schlechtes Gewissen, und ich bin wie vom Blitz getroffen. Wie kann das sein? Ich erinnere mich, dass Mitarbeiter in den letzten Tagen immer wieder beklagt hatten, dass Nina beim Fressen zu kurz komme, weil die anderen Pferde sie nicht ans Heu ließen. Nina separat zu füttern habe ich ihnen daraufhin ausdrücklich verboten.

Schließlich muss ein Pferd lernen, sich sein Futter zu erkämpfen, sonst hat es im Offenstall nichts verloren. Und nun liegt dieses Pferd vor mir - und hat Anja angeblich sein Leid geklagt? Anja achtet nicht auf meine Fragen. »Knie dich auch hin«, sagt sie. Dann legt sie eine Hand auf Ninas Bauch, die andere auf ihre Kruppe. »Du musst Wange und Hals berühren.«

Therapie durch Telepathie? Anjas Methode hielt ich erst für faulen Zauber. Aber wer heilt, hat eben recht.

Kurze Zeit später soll ich Ninas Schnaufen verinnerlichen und im gleichen Rhythmus atmen. Jetzt komme ich mir wirklich bescheuert vor und verstehe die Welt nicht mehr. Was war bloß mit Anja in den Jahren, in denen wir uns nicht gesehen haben, passiert? Hatte sie den Verstand verloren, oder war sie vielleicht in die Fänge einer Sekte geraten?
Ich mache gute Miene zum bösen Spiel, atme tief ein und aus, kraule Nina ein wenig an der Wange und hoffe, dass der faule Zauber bald vorbei ist. Doch er dauert noch zwanzig Minuten, die wir kniend vor Ninas Körper verbringen. Dann steht Anja ganz langsam auf. »Ich hoffe, das hat geholfen«.
Als sie mir erklärt, dass wir das Pferd von allen »negativen Energien« befreit haben, schüttele ich nur den Kopf. Anja tut mir leid.

Am nächsten Morgen überspringen wir das Frühstück und brechen sofort Richtung Stall auf. Mich plagen immer noch die Sorgen: Muss ich mir gleich Ninas leblosen Körper ansehen? Wie werden unsere Gäste und das Team reagieren? Und welche Todesursache melden wir dann den Behörden?
Vor meinem geistigen Auge sehe ich Beamte, die mit ernsten Gesichtern meinen Hof abriegeln und Heiko und all die anderen, die den Kopf schütteln und nicht fassen können, dass ein so wunderbares Projekt wie Arhöna ausgerechnet auf diese Weise zu Fall kommen konnte. Alles, wirklich alles hatte ich schon für möglich gehalten: Insolvenz, einen schweren Unfall, Anzeigen von missliebigen Nachbarn - aber eine gottverdammte Pferdeseuche? Andererseits wären wir nicht die Ersten, die es trifft. In jüngster Vergangenheit hatte es in der Umgebung schon etliche Fälle infektiöser Anämie gegeben. Aber so lange kein Pferd im Umkreis von 50 Kilometern krank wird, hat man andere Sorgen. Bis einen der Schlamassel dann am eigenen Kragen packt.

Endlich Gewissheit

Mit diesen trüben Gedanken steige ich aus dem Auto. »Gleich ist es vorbei, gleich ist es vorbei«, beruhige ich mich selbst. Nur noch wenige Meter bis zur Stallgasse, dann werde ich Gewissheit haben, und ich rechne mit dem Schlimmsten. Als ich mich mit einem dicken Kloß im Hals Ninas Box nähere und durch die Gitterstäbe blicke, stockt mir der Atem: Nina steht! Nein, sie steht nicht nur, sie frisst in aller Seelenruhe einen Happen Heu und sieht dabei frisch und gesund aus! Wäre ich gläubig, hätte ich jetzt ein Gebet gesprochen und drei Kreuze gemacht. So staune ich nur, und als Heiko und die anderen nachfolgen, liegen wir uns alle in den Armen.

»Anja war der erste Mensch, der mein materialistisches Weltbild ins Wanken brachte. Doch langfristig wollte und konnte ich all das nicht glauben.«

Später erzählte mir Anja, dass sie schon immer ein ganz besonderes, metaphysisches Verhältnis zu Tieren hatte und schon als Kind mit ihnen gedanklich in Verbindung treten konnte. Sie war die erste in einer Reihe von Menschen, die mein materialistisches Weltbild für kurze Zeit ins Wanken brachten.
Doch langfristig konnte und wollte ich all das nicht glauben, und bis heute ist mir alles Esoterische zuwider. Trotzdem war ich meiner alten Freundin damals unglaublich dankbar. Und Ninas Heilung zählt zu den seltsamsten und rätselhaftesten Erlebnissen, die ich jemals mit Pferden hatte.

Religion, Märchen und andere Mythen

Religion ist Opium fürs Volk? Wer wagt es, das wunderbare Opium so zu beleidigen? Die Märchen, die man uns immer wieder erzählt, haben auf mich ihre Wirkung verfehlt.

Glaube, Lüge, Hoffnung

Mein Vater ist Katholik, meine Mutter Protestantin. So einer Ehe will der katholische Priester im Schwarzwald damals nicht seinen Segen geben. Also lassen sich die beiden eben nach evangelischem Ritus trauen. Meinem Vater ist das egal.

Mittelpunkt des Universums?

Jeden Abend kommt meine Mutter vor dem Einschlafen an mein Bett und betet mit mir. Jeden Abend kommt mein Vater vor dem Einschlafen an mein Bett, und wir reden. Eines Abends frage ich ihn, ob es diesen lieben Gott tatsächlich gibt. Er sieht mich verschwörerisch an und sagt: »Natürlich nicht! Aber das bleibt unter uns. Wir machen ganz normal weiter, wegen der Mutti.« Vermutlich hat meine Wut auf Volksverdummung und religiöse Heuchelei damals ihren Anfang genommen.

Den Menschen ist eine zweifelhafte Glaubensgewissheit lieber als eine realistische Ungewissheit. Verschwörungstheoretiker leben davon, Religionen leben davon. Lieber glauben die Menschen, Gott habe aus Adams Rippe ihm zu Gefallen eine Frau erschaffen und die Erde zum Mittelpunkt des Universums gemacht, als mit staunenden Augen in den Sternenhimmel zu blicken und sich unwissend, klein und unbedeutend zu fühlen.

Weihnachten mit den Eltern. Schon als Kind war ich aber skeptisch, ob Gott und Christkind wirklich existieren.

Rotkäppchen und Nikolaus

Es gibt vielerlei Arten von Märchen: Es gibt die grausamen, die Erwachsene ihren Kindern erzählen und die nicht mal von den Kleinen geglaubt werden. Alle Beteiligten wissen, dass es sich um Geschichten handelt, um Fiktion. Natürlich verschlingt der Wolf die Großmutter nicht am Stück; und natürlich ist der Jäger kein Chirurg, der ihn aufschneidet, die Großmutter unverletzt befreit und an ihrer statt Wackersteine in den Bauch des Ungetüms einnäht. Man lacht oder gruselt sich – und freut sich auf das Happy End.

Und dann gibt es die christlichen Märchen. Sie werden mit dem Brustton der Überzeugung von Erwachsenen erzählt und von Kindern bis zu einer bestimmten Altersstufe geglaubt. Etwa das Märchen vom heiligen Nikolaus, der in der Nacht vom fünften auf den sechsten Dezember den Stiefel mit Süßigkeiten füllt – vorausgesetzt, man hat sein Schuhwerk rechtzeitig vor die Haustüre gestellt. Oder das Märchen vom emsigen Christkind, das an Heiligabend durchs geöffnete Fenster ins Wohnzimmer fliegt, Geschenke unter mit Kitschzeug behangenen Nadelbäumen verteilt und dann wieder gen Himmel entschwebt. Das ist alles sehr lustig.

Auf dem absteigenden Ast

Weniger lustig sind die Märchen, die von Pfaffen erzählt und von Erwachsenen und Kindern gleichermaßen geglaubt werden: Dass der liebe Gott im Himmel alles sieht, dass Selbstbefriedigung, vorehelicher Geschlechtsverkehr und Homosexualität genauso gefährlich und verwerflich sind wie langes Ausschlafen am Sonntag, egoistische Selbstverwirklichung oder die Gleichstellung von Mann und Frau.
Jetzt kann man natürlich argumentieren, das ist doch alles Schnee von gestern, wir leben doch nicht mehr im Mittelalter! Und das stimmt auch: Die Kirche befindet sich mitsamt ihrer christlichen Mythologie auf dem absteigenden Ast. Und das nicht erst, seit ruchbar geworden ist, dass der Zölibat für weiß Gott wen gilt – aber bestimmt nicht für den Klerus und seine Schutzbefohlenen.

Die religiösen Märchen sind in meinen Augen nicht weniger dumm und gefährlich als die aus Grimms Märchenbüchern. Aber anscheinend bekommen wir unser Leben ohne Märchen nicht in den Griff.

Türkisstein stärkt die scheue Pferdeseele? Von diesem Aberglauben profitieren vor allem Esoterikshops.

Zu groß sind die Unsicherheit und das Wissen um die Endlichkeit und Sinnlosigkeit unserer Existenz. Wir klammern uns an jeden Strohhalm, der uns die Linderung unseres Leids verspricht, wir bezahlen Unsummen für Heilsversprechen und Sinnratgeber, und wir glauben nach wie vor jeden Unsinn, wenn er uns nur abgebrüht und ausgekocht genug serviert wird.

In unserer verfluchten Angst zu sterben wollen wir auf Teufel komm raus so alt wie möglich werden. Dabei ist uns egal oder einfach nicht bewusst, dass im letzten Drittel unseres Lebens meist nicht Genuss und Gelassenheit, sondern Inkontinenz, Impotenz und die täglich wachsende Furcht vor dem Kontrollverlust auf uns warten. Wir hören und sehen immer schlechter, können uns nichts mehr merken und tapsen immer unsicherer und mit gebeugtem Rücken durch die Welt. Anstatt die Zeichen der Zeit zu erkennen, strampeln wir uns ab, um das Unvermeidliche zu vermeiden, und leugnen tapfer und lächerlich zugleich, was jeder außer uns wahrnimmt, uns aber meist verschweigt, um uns nicht zu kränken.

Ach ja, die Seele!

Wenn es so weit ist, machen Quacksalber aller Art gute Geschäfte: Es wird getapet und gepflastert, geträufelt und gependelt und – geglaubt.
Faszien und Meridiane, Chakren und Akupunkturpunkte haben Hochkonjunktur. Das gilt für Mensch und Tier. In die Mähne der Pferde werden jetzt Kristalle eingeflochten, die Lecksteine kommen aus dem Himalaja, Hufschuhe sehen aus wie Hightech-Klamotten aus dem Profisport, und Zahnärzte, Osteopathen und Physiotherapeuten geben sich in den Ställen die massiven Klinken in die Hand. Mit der anderen halten sie ihren Klingelbeutel fest umschlossen.

Und die Seele, ach ja die Seele, das in Fachzeitschriften und am Pferdestammtisch meistverhandelte Organ, das noch keiner gesehen hat, niemand genau verorten kann, über das aber dennoch alle bestens Bescheid wissen.
Es gibt die Überzeugung, dass Pferde nicht nur denken oder sogar rechnen (Wilhelm von Ostens »kluger Hans«), sondern uns auch lenken (Mark Rashid und sein »kluger Buck«) können. Nicht wenige glauben, dass sich Pferde ihre Besitzer aussuchen und dass sie sich auf uns freuen und uns vermissen, wenn wir nicht bei ihnen sind.

Reines Wunschdenken

»Der Mensch sieht, was er im Herzen trägt«, so nannte Goethe diesen Empfindungsreichtum: Wir nehmen Veränderungen und Fortschritte wahr, wo keine sind, weil wir sie uns so sehr wünschen: Trägt er seinen neuen Sattel nicht voller Stolz? Hat er nicht einen ganz anderen Glanz in den Augen, seitdem wir ihm das basenfreie Müsli füttern? Wirkt er nicht glücklicher, seitdem wir ihn beim neuen, von der Telepathin empfohlenen Namen rufen?

Alternative Heilmethoden liegen im Trend – bei Mensch und Tier. Mit ihnen kann man gutes Geld verdienen.

»Allen scheint durch den Kopf zu gehen, was auch ich mir ein halbes Jahr zuvor gedacht habe: Unglaublich, dass Pferde so etwas können!«

Veloz

Fünf Minuten sind verdammt wenig Zeit, wenn man sein Publikum auf der Bühne begeistern will. Mit Veloz gelang mir dieser Wow-Effekt, der mir den Durchbruch brachte.

MEIN BESTES SHOWPFERD

So kann's gehen. Ein junger, bildschöner Lusitano mit braunem Fell und pechschwarzer Mähne wird aus seiner Heimat für viel Geld quer über den Kontinent verfrachtet. Seinem portugiesischen Namen macht er alle Ehre: Veloz, das bedeutet schnell, flink und feurig. Vermutlich schafft ihn sein Käufer, der sich auf spektakuläre Pyroshows spezialisiert hat, genau deshalb nach Deutschland. Aber Veloz will nicht durch lodernde Flammen galoppieren, auf glühenden Kohlen traben oder über Gräben springen, aus denen ihm heißer Zunder entgegensprüht. Das alles, das gleißende Licht, der Rauch, die Funken, machen ihm zunehmend Angst. Und so wird der feurige Portugiese eines Tages selbst brandgefährlich. Er verletzt immer häufiger seine Ausbilder, wird verflucht, verkauft, dann abgeschrieben – und landet schließlich bei mir. »Aber bloß nicht reiten!«, ermahnt mich die Besitzerin, als ich meine Unterschrift unter den Vertrag setze. »Ja, ja.« Die Horrorgeschichten über Veloz kenne ich inzwischen in- und auswendig; mehr will ich gar nicht hören. Was Menschen über Pferde erzählen, sagt ohnehin mehr über sie als über ihre Tiere aus.

Ein Schuss vor den Bug

Vier Wochen später setze ich mich zum ersten Mal auf Veloz. Zuvor hatten wir täglich im Sand und im Wald, in Freiheit und am Seil gespielt. Ich wollte seine seelischen Verbrennungen möglichst auslöschen – natürlich zuerst am Boden, auf Augenhöhe. Nur so entsteht Respekt und Vertrauen, das hatte ich von meinen großen Vorbildern gelernt, und mit dieser Strategie war ich bislang immer gut gefahren. Als ich aufsteige, bitte ich einen Freund, mein Pferd an die Longe zu nehmen, sicher ist sicher. Veloz ist angespannt, behält aber die Nerven, und die Leine kann schnell weg. Ich lege vorsichtig meine Schenkel an und will etwas mehr Tempo, doch jetzt kickt er blitzartig

»Veloz schwebt, und ich schwebe mit ihm auf Wolke sieben.«

mit seinem rechten Hinterbein gegen meinen Absatz. »Hoho, ein kleiner Warnschuss!«, rufe ich aus, bin aber euphorisch, denn er trabt. Und wie er trabt! Veloz schwebt, und ich schwebe mit ihm auf Wolke sieben.

Teenage Love

In den folgenden Monaten trainierten wir fleißig weiter, aufs Galoppieren verzichtete ich dennoch ein ganzes Jahr lang. Dabei fühlte ich mich wie ein Teenager, der sich mit Händchenhalten, Küssen und ein wenig Fummeln begnügt, bevor er seiner Geliebten endlich noch näher kommen darf. »Wenn du lange genug wartest, bekommst du einen Galopp geschenkt, wie du ihn dir nicht erträumt hast.« Diesen Spruch habe ich irgendwo mal gelesen, und so geschah es dann auch. Ganz allein durchstreiften Veloz und ich die Wälder, im sanften Trab und im pfeilschnellen Galopp. Ich genoss die herrlichsten Ausritte meines Lebens.
Mit was für einer Eleganz sich dieses Pferd bewegte! Jetzt war mir klar, warum sich so viele Menschen für iberische Pferde begeistern.

Schon in unserem ersten gemeinsamen Jahr wuchsen Veloz und ich eng zusammen. Gleichzeitig geriet ich beruflich und privat immer mehr ins Straucheln. Schon wieder war eine Beziehung zerbrochen, diesmal sogar meine Ehe, und im Betrieb lief es auch nicht gut. Zwar waren unsere Gäste und Kunden begeistert, über mangelnden Zuspruch für unsere Arbeit konnten wir uns also nicht beklagen. Aber der Entschluss, unseren Reiterhof zur therapeutischen Wohngemeinschaft auszubauen, zwang mich dazu, neues Geld zu beschaffen, richtig viel Geld! Mein Schuldenberg wuchs immer höher, und mit meinen Mitstreitern gab es immer häufiger Zoff. Wie geht es weiter mit Arhöna? Da hatte jeder ganz eigene Vorstellungen, und keiner wollte Kompromisse eingehen. Ich auch nicht, und irgendwann platzte mir der Kragen. »Ich bin raus«, sagte ich, als eines Abends während einer Strategiebesprechung schon wieder die Fetzen flogen. Wir gingen im Streit auseinander, und am nächsten Tag bot ich aus freien Stücken an, meinen Posten zu räumen. Vorerst nur für ein halbes Jahr, das war der Plan. Nach Hessen kehrte ich jedoch nie wieder zurück.

Neustart im Norden

Mein neues Leben begann 2010. Alles auf Anfang, das kannte ich ja schon. Ich ließ mich zunächst im Hamburger Speckgürtel nieder und hatte nur wenige Dinge mitgenommen: Mein Klavier, die alte Gitarre, meine 50 Lieblingsbücher – und natürlich Veloz. Hamburg sollte ja nur eine Übergangslösung sein. Ich genoss meine neue Freiheit, und zum ersten Mal in meinem Leben verbrachte ich mehr Zeit mit einem Pferd als mit anderen Menschen. Als ich feststellte, dass es hier oben noch später dunkel wird als in der Mitte Deutschlands, freute ich mich wie ein kleiner Junge und kostete jede Minute Restlicht aus, um sie mit Veloz an der frischen Luft zu verbringen. Wir ritten kreuz und quer über Wiesen und Wälder und tauchten auf dem ehemaligen Grenzstreifen in die Einsamkeit ein. Einmal versank ich mit meinem Pferd bis zum Bauch im Moor, ein anderes Mal verirrten wir uns und fanden erst spät in der Nacht wieder nach Hause. Meine Erinnerung an Arhöna verblasste allmählich, und das war gut so. Ich fühlte mich wohl im Norden und wollte bleiben. Dass ich kurze Zeit später auch noch mein Waldparadies in den Ruhner Bergen finden sollte, hatte fast schon etwas Schicksalhaftes.

Mecklenburg ist flach, und die Böden sind sandig, es gibt kein fettes Gras, aber schier endlose Weiten und Weiden. »Dieses Land hat Gott für mich und meine Pferde gemacht!«, dachte ich, als ich meine neue Wahlheimat zum ersten Mal auf kleinen Sträßchen mit dem Auto abfuhr und dabei immer wieder anhielt, um die weltentrückte Landschaft zu genießen. Veloz und ich lebten uns schnell ein. Den Hof verließen wir nur, wenn es sein musste, meist am Wochenende, um an Veranstaltungen und Kursen in der Umgebung teilzunehmen.

Weite, Weiden, Wälder: Die Landschaft im südlichen Mecklenburg ist ein Paradies für Pferde.

Über Nacht blieben wir bei diesen Gastauftritten nur selten, dafür war unser Zuhause einfach zu schön; außerdem saß ich gerne am Steuer. Wenn ich dann in der Dämmerung wieder Richtung Ruhner Berge rollte und nach langer Fahrt auf unsere Sandpiste im Wald einbog, bekam das auch Veloz im Hänger mit. Er begann freudig zu wiehern und hörte erst auf, als auch der letzte Kilometer geschafft war. Home, sweet home!

Die Königin der Pferdemessen

Eines Tages, wir wohnten noch nicht lange in Neu Drefahl, blieb mein Blick beim Durchblättern eines Magazins an einer Annonce hängen. »Zeig uns dein Können mit Pferd und Hänger!«, hieß es in der Anzeige für einen bevorstehenden Verladewettbewerb. Und der Hauptgewinn? Ich las neugierig weiter und stieß einen leisen Pfiff aus: Ein nagelneuer Böckmann! Dazu muss man wissen, dass sich hinter diesem spröden Markennamen der Cadillac unter den Pferdeanhängern verbirgt. Ich hatte keinen Böckmann, wollte aber unbedingt einen. »Ich habe keinen Böck, mann!«, taufte ich denn auch mein Bewerbungsvideo, das ich ein paar Tage später abdrehte und einschickte. Der Titel gefiel mir, weil er nicht nur lustig, sondern auch folgerichtig war. Mein Clip landete prompt unter den besten fünf, und ich wurde mit Veloz zur »Equitana« nach Essen eingeladen.

Als ich die Zusage in Händen hielt, war ich benommen vor Glück und kopflos vor Aufregung. Ich, auf der »Equitana«, der Königin der Pferdemessen! Und das endlich nicht mehr nur als Zaungast, sondern als Akteur in der großen Arena, als Star in der Manege! War das meine Chance für den Durchbruch? Wie besessen stürzte ich mich mit meinem Lusitano ins Training, und wir machten große Fortschritte: Schon bald ging Veloz mühelos ins Kompliment, drehte sich frei auf einer Europalette, lernte, über liegende Ölfässer zu springen und mit einem riesigen, knallroten Ball zu spielen. Das alles natürlich ohne Halfter und Seil; und auch das Reiten »oben ohne«, nur mit Halsring und Stick, klappte prima. Alles schön und gut, ich war zufrieden. Aber es gab da noch ein Problem: Für meinen Live-Auftritt hatte ich nur fünf Minuten. Und fünf Minuten sind verdammt wenig Zeit, wenn man seinem Publikum nicht nur ein paar nette Tricks zei-

Veloz war mein bestes Showpferd. Mit ihm gelang mir 2011 der Durchbruch auf der »Equitana«.

gen, sondern ihm eine Gänsehaut verpassen will. Ich musste mir also noch etwas Besonderes einfallen lassen und hatte auch schon eine Idee: Ich wollte Veloz rückwärts in den Hänger schicken, das wäre eine Attraktion!

Veloz wiederum war von diesem Plan nicht wirklich begeistert, zumindest anfangs nicht. Tagelang tänzelte er mit seiner Hinterhand unsicher hin und her, war aber nicht bereit, auch nur einen Hinterfuß auf die Rampe zu setzen. Im Vorwärtsgang hätte ich ihm mittlerweile fast schon einen Salto zugetraut, aber rückwärts ins Unbekannte zu treten, den einzigen Bereich, den er mit seinem Beinahe-Rundumblick nicht erfassen konnte, machte ihm einfach zu viel Angst. Ich war erst ratlos, dann verzweifelt, später wollte ich sogar das Handtuch werfen und meine Teilnahme am Wettbewerb zurückziehen. Dass ich einen Kunstgriff entdeckte, mit dem es - etwas Erfahrung vorausgesetzt - fast schon ein Leichtes ist, jedes Pferd rückwärts in einen Hänger zu lotsen, war dann reiner Zufall. Mittlerweile benötige ich dafür nur zehn Minuten, und in meinen Camps demonstriere ich diese Methode sogar mit Pferden, die sich zuvor nicht einmal mit dem Kopf voran in einen Hänger trauten.

Eine Rampe? Eine Bühne!

Wie das funktioniert? Ich führe das Pferd quer über die Rampe, wie ich es zur Vorbereitung beim Verladetraining immer mache. Jetzt ist gutes Timing gefragt, denn ich stoppe das Pferd genau in dem Moment, in dem alle vier Füßen auf der Rampe stehen. Dann schicke ich abwechselnd die Hinterhand weg und hole die Vorhand zu mir, bis sich das Pferd - wohlgemerkt immer noch auf der Rampe - schön gerade, parallel zur Ladefläche positioniert. Anschließend ist es recht einfach, das Tier Schritt für Schritt rückwärts in den Hänger zu schicken. Mithilfe des Jo-Jo-Spiels von Pat Parelli, diesem ständigen Vor und Zurück auf gerader Linie, gelingt es mir schließlich, das Pferd auch vom Stand aus sowie aus immer größerer Entfernung rückwärts zu verladen.

Mein Lusitano wurde immer besser! Es war erstaunlich, wie schnell Veloz ganz neue Bewegungsabläufe erlernte.

Als alles zuverlässig klappte und Veloz so problemlos rückwärts in den Hänger marschierte, als habe er das schon als kleines Fohlen gelernt, strich ich die Nummer kurzerhand aus meinem

Programm. Sie kam mir jetzt fast witzlos vor, und ich hatte eine noch viel spannendere Idee: Dafür musste ich die Verladerampe, die ja im Normalfall schräg und direkt vom Boden in den Hänger führt, in eine waagerechte Bühnenplattform verwandeln. Mit ein paar Plastikrollen, die ich hinten als Stützen links und rechts unter die Rampe schob, war das schnell erledigt. Auch für Veloz dachte ich mir eine neue, herausfordernde Choreografie aus: Vorwärts mit einem Satz in den Hänger rein, im Rückwärtsgang wieder raus auf die Plattform, jetzt eine 180-Grad-Drehung Richtung Publikum und dann gemeinsam mit mir rückwärts in den Hänger, als wären wir Artisten, die sich nach der Vorstellung in den Backstage-Bereich zurückziehen. Ich war gespannt, ob und wie schnell Veloz diese ziemlich komplizierte Bewegungsabfolge lernen würde.

Lampenfieber

Der Tag, an dem man uns in Essen erwartete, kam dann schneller als gedacht. Ich war so aufgekratzt, dass ich während der Anreise Schweißausbrüche und zittrige Hände bekam. Zum Glück saß meine gute Freundin Patty neben mir auf dem Beifahrersitz; ich hatte sie überredet, mich zu begleiten. »Das wird schon«, sagte sie immer wieder und tätschelte meinen Arm. Vermutlich auch, weil sie befürchtete, dass dieser Roadtrip nicht in Nordrhein-Westfalen, sondern in einer Autobahnleitplanke oder womöglich im Rettungshubschrauber enden könnte. Am Abend vor dem Auftritt gingen wir essen und dann früh schlafen. Ich kaute gedankenverloren an meinem Gyros und wälzte mich später im Hotelbett hin und her. Am nächsten Morgen nahm meine Nervosität fast schon neurotische Ausmaße an: Ich verschluckte mich immer wieder an meinem Frühstückskaffee, musste im Fünf-Minuten-Takt aufs Klo, Brötchen und Obst blieben mir im Halse stecken, und andauernd plagte mich die Angst, irgendetwas Wichtiges vergessen zu haben. Ich wollte einfach nur noch, dass dieser Tag möglichst schnell vorbeigeht, damit ich endlich wieder ruhig denken und atmen konnte. Wie es wohl Veloz ging, in seiner engen Gästebox?

»Ich war so aufgekratzt, dass ich während der Anreise Schweißausbrüche und zittrige Hände bekam.«

Um 9 Uhr dürfen wir alle in die große Halle, um unseren Pferden die Gelegenheit zu geben, sich an die Atmosphäre zu gewöhnen. Die Reihenfolge der Auftritte wird ausgelost, Veloz und ich gehen als Dritte ins Rennen, und ich sage Hallo zu den Reiterinnen und Reitern, gegen die ich später antrete. Es sind alles mehr oder weniger Parelli-Leute, das erkennt man gleich an den Knotenhalftern. Die Zeit vergeht wie im Flug: Noch mal kurz zu Veloz an die Box, noch mal aufs Klo, noch ein Plausch hier, noch ein Händeschütteln dort, und dann ist sie da, die große

Stunde, die mich im letzten halben Jahr beschäftigt und bewegt hat wie nichts anderes. Das glänzende Gespann aus einem bulligen Pick-up-Truck und dem nagelneuen Böckmann-Hänger fährt in den großen Ring, und wir führen unsere Pferde hinterher. Ich traue meinen Augen kaum, die Halle ist inzwischen fast voll, sicherlich an die 4.000 Zuschauer – eine beeindruckende und gleichzeitig beängstigende Kulisse. Mein Herz schlägt bis zum Hals.
Die erste Show läuft, ich warte hinten im Abreitezelt, wo ich die Darbietungen der anderen auf einem kleinen Monitor verfolgen kann: mäßiger Applaus, ich sehe, dass einiges schiefgeht, mein Glück! Der nächste Auftritt läuft besser, und jetzt taut auch das Publikum langsam auf. Dann bin ich an der Reihe. Das Schiebetor öffnet sich, und ich laufe mit Veloz in den Ring; Ölfass, Podest und Ball liegen bereit, auch der Hänger steht an seinem verabredeten Platz. Als ich Veloz das Halfter abnehme, in die Knie gehe und mein Pferd mit mir, ernten wir den ersten, lautstarken Beifall.

Dann beginnt die Halle mehr und mehr zu kochen. Nach jeder gelungenen Aktion gibt es Applaus, und sie gelingen alle. Nur einmal schert Veloz kurz aus, kommt aber sofort wieder zu mir zurück. Der Patzer wirkt wie einstudiert, und keiner im Publikum bemerkt ihn. Dann springt Veloz schwungvoll in den Hänger, ich ziehe ihn am Schweif rückwärts auf die Rampe und – kniffliger Moment – versuche, ihn auf der kleinen Plattform umzudrehen. Ich halte den Atem an. Wenn mein Pferd jetzt, wie so manches Mal zuvor beim Training, nach vorne stürmt, ist die Nummer vermasselt. Doch Veloz behält die Nerven und ... bleibt stehen! Wir gehen langsam rückwärts in den Hänger, dann noch einmal nach vorne auf unsere Plattform, wo wir uns gemeinsam und zeitgleich verneigen: Ich mache eine Verbeugung, Veloz knickt ein Vorderbein ab und geht ins Kompliment, die Zuschauer klatschen und jubeln uns begeistert zu!

Die Halle kocht

Doch unsere Show ist nicht vorbei, noch nicht! Ich springe mit Veloz von der Rampe, gebe dem Fahrer das Signal zum Losfahren und folge dem Gespann im wilden Galopp. Ein bisschen zu wild für meinen Geschmack, aber Veloz ist kaum zu halten. Um das Tempo ein wenig zu drosseln, lasse ich ihn seitwärts treten. Der Hänger nähert sich rasch, und einen Meter vor der schleifenden Rampe senkt mein Stierkämpfer den Kopf, nimmt Maß und springt in den Hänger. Ich hebe die Arme und klammere mich mit beiden Händen an die Dachkante fest, mein Pferd gleitet blitzschnell unter mir hindurch in den Hänger. Ich löse meinen Griff, lande auf beiden Füßen und springe vom Gespann. Die Halle tobt, und bei unserer letzten Verbeugung weiß ich, dass ich diesen Wettbewerb gewonnen habe.

Keinen Böck, mann!

Ich erinnere mich noch an jeden Moment, jede Sekunde dieses Auftritts in Essen - als wäre er erst gestern gewesen. Nach der Siegerehrung taumelte ich wie berauscht über die »Equitana«, wurde von wildfremden Menschen beglückwünscht und traf etliche Freunde, die mich herzlich umarmten. Patty hatte sogar Tränen in den Augen, und die ganze Messe fühlte sich plötzlich an wie eine riesige Premierenfeier zu meinen Ehren. Ich war noch mitten im Freudentaumel, da erzählte mir eine Bekannte, dass Pat Parelli vor Ort sei. Man könne sich mit ihm fotografieren lassen und ein Autogramm bekommen. Ich lief sofort los, um mein großes Idol zu sehen und ihm höchstpersönlich zu sagen: »Ich habe grade den Hauptpreis gewonnen, das habe ich nur Ihnen zu verdanken!«
Als ich am Messestand ankam, fläzte Parelli in einem leicht erhöhten Sessel, der an einen Thron erinnerte, und hielt Hof. Schon aus der Ferne sah ich sein rotes, vermutlich vom Feiern und Whiskeytrinken aufgedunsenes Gesicht und die vielen Verehrer, die sich vor ihm einreihten und auf ihre Audienz warteten. Ich hielt kurz inne, verwarf meinen Plan und drehte wieder um. Darauf hatte ich wirklich absolut keinen »Böck, mann!«.

Nach unseren Erfolgen auf der »Equitana« waren Veloz und ich auf der Überholspur unterwegs.

Auf dem Heimweg wurde mir erst richtig bewusst, dass mein Triumph auf der »Equitana« sehr viel mehr bedeuten würde als nur den Luxus, mein Pferd jetzt in einem noblen Böckmann-Anhänger zu transportieren. Und mein Bauchgefühl hatte recht: Es dauerte nicht lange, da sprach mich ein renommierter Verlag an, und ich sagte zu, ein Buch zu schreiben. Gleichzeitig begann ich, eine Tournee zu planen, die mich im Herbst durch die ganze Republik führen und bekannt machen würde. Hinzu kamen etliche Angebote für Kurse und Vorträge. Plötzlich verdiente ich gutes Geld, das ich vor allem in den Ausbau meines neuen Reiterhofs investierte, der immer komfortabler wurde. Auch Veloz wurde immer besser, denn die regelmäßigen Auftritte zwangen uns zu einem täglichen, noch intensiveren Trainingspensum. Er lernte, sich auf Kommando hinzulegen, und bald konnte ich sogar mit ihm in einen See reiten und schwimmen. Es juckte mich in den Fingern, und ich spürte, dass ich bald wieder einen großen Auftritt brauchen würde – einen, der in der Szene für Furore sorgt!

Geht da noch mehr?

Bis es so weit war, sollten zwei weitere Jahre verstreichen. »Überleg dir, was du zeigen kannst, und melde dich«, hatte der Agent aus Essen zu mir gesagt, und der Anruf fühlte sich an, als käme er aus Hollywood.
»Ich habe da auch schon eine Idee«, erwiderte ich voller Optimismus, »alles klar, bis dann!« Ich legte auf und war für einen Augenblick wie versteinert. Ich verbreite ja gerne Zuversicht und Sicherheit – und lasse mich dabei zu spontanen Versprechen hinreißen. Ob und wie ich sie einhalten kann, weiß ich in diesen Momenten oft noch gar nicht. Manche finden das unseriös, für mich ist es das Salz in der Suppe, denn diese Unsicherheit spornt mich erst richtig an. So war es auch mit der Hop-Top-Show der »Equitana« im Jahr 2013. Ich hatte mich mit einer Nummer beworben, die ich in einem US-Pferdevideo gesehen hatte: Veloz sollte auf eine mobile Plattform, eine Art Pferdeschlitten springen – aber nur mit den Vorderbeinen, seine Hinterbeine sollten locker am Boden bleiben und im Tempo des Gespanns mitlaufen. Diese Aktion kam nicht nur mir, sondern auch den Equitana-Verantwortlichen neu und eindrucksvoll vor: »Wenn du das hinbekommst und noch ein paar Pferde mehr mitbringst, bist du dabei!«

»Ob und wie ich meine spontanen Versprechen einhalten kann, weiß ich oft noch gar nicht. Manche Menschen finden das unseriös.«

Ich sagte zu, wie immer blauäugig und ohne Plan.
Ich will an dieser Stelle abkürzen und nicht noch einmal im Detail von der emotionalen Achterbahnfahrt erzählen, die wir in den Wochen, Tagen und Stunden vor der Show durchlebten. Aber so viel sei verraten: Während der Proben gab unser

Geländewagen gleich mehrmals den Geist auf, und auch ich spürte eines Tages plötzlich ein heftiges Ziehen in der Brust und musste ins Krankenhaus. Ohne meine Mitstreiterinnen Patty, Imke und Natascha – alle drei hatte ich einst unterrichtet – sowie meinen Freund Friedrich, der sich hingebungsvoll um den dauerschwächelnden Truck kümmerte, wäre unser Auftritt, der zu den erfüllendsten meiner bisherigen Karriere zählte, wohl niemals geglückt.

Umjubeltes Schlussbild

Einige Monate später, die Hop-Top-Show ist schon in vollem Gange, und wir haben das Publikum gerade eben mit einigen Verladetricks begeistert, steht endlich die Kür unseres Showprogramms bevor: Auf mein Zeichen springt Veloz mit den Vorderhufen auf die Plattform des schweren Metallschlittens, der von einem brummenden Sechs-Zylinder-Allrad in die Arena geschleppt wird. Mit den Hinterbeinen läuft er sicher und elegant einfach weiter. Es regnet Applaus!
Mein Portugiese macht alles richtig, und ich habe das Gefühl, jeden einzelnen der 5.000 Zuschauer staunen zu sehen. Allen scheint durch den Kopf zu gehen, was auch ich mir ein halbes Jahr zuvor gedacht habe: »Unglaublich, dass Pferde so etwas können!« Ich schnalze mit der Zunge, ein kleiner Satz, und Veloz steht jetzt mit allen Beinen auf dem Schlitten. Als das Gespann die Arena verlässt, springen wir zu viert mit allen Pferden auf den Pick-up, Patty und ich auf die Ladefläche, Natascha und Imke auf den Schlitten dahinter – unser umjubeltes Schlussbild.

In den nächsten Jahren sind Veloz und ich auf der Überholspur unterwegs, tingeln von Messe zu Messe, von Show zu Show, und schließlich schaffen wir es sogar ins Fernsehen. Im Frühjahr 2021 bin ich 63 geworden, einen Tag später feierte Veloz seinen 20. Geburtstag. Höchste Zeit für uns beide, den Fuß ein wenig vom Gas zu nehmen, oder?

Geld allein macht auch nicht unglücklich

Ich wollte nie ein Angestellter im System sein – und wer selbstständig ist, arbeitet bekanntlich selbst und ständig. Über Geld, Jobs und mein ewiges sich über Wasser halten.

Der schnöde Mammon

Ganz wenige schaffen es, aus ihrem Talent und ihrer Leidenschaft einen Beruf zu machen, der ihnen viel Geld einbringt, etwa Fußball- und Rockstars. Einige wenige schaffen es, ihre Leidenschaft zum Beruf zu machen, und nehmen dafür dauerhaft prekäre Einkommensverhältnisse in Kauf. Zu ihnen zählen die meisten Schauspieler und Schriftsteller. Das Gros der Menschen erträgt einen ungeliebten Job, damit sie ihren Kühlschrank füllen, ihre Wohnung finanzieren und sich die eine oder andere Ersatzbefriedigung leisten können. Ihren Leidenschaften, die sie Hobbys nennen, müssen sie in ihrer Freizeit nachgehen.

Lieber tot als Lohnarbeit

Als ich zwischen Abitur und Zivildienst für kurze Zeit Arbeitnehmer bin, noch dazu am Fließband, reichen diese drei Monate aus, um mir zu schwören: Lieber tot, als in einer Fabrik, im Büro oder an der Uni lebendig begraben zu werden! Als ich dann meinen Zivildienst hinter mich gebracht habe, folgen acht lange Jahre, in denen ich mich mit Jobs über Wasser halte: Taxifahrer, Lastwagenfahrer, Lagerarbeiter, Kellner, Türsteher, Reisebusfahrer.
Zum Glück macht mir das Autofahren damals viel Spaß, und so leide ich nicht besonders, zumal ich immer nur wochen- und monatsweise arbeiten muss. Denn als umherschweifender Desperado, der in einer

Als umherschweifender Desperado brauchte ich nicht viel Geld, und trotzdem plagten mich Existenzängste!

Ein paar Pferde, Zirkuswagen für die Gäste und jede Menge Idealismus: So begann unser Reiterhofprojekt.

Kreuzberger Hinterhofwohnung mit Außentoilette und entsprechend günstiger Miete lebt, brauche ich nicht viel Geld. Dennoch plagen mich ständig Existenzsorgen, weil ich ja eigentlich auch diese Jobs nicht machen möchte, sondern mein Geld lieber mit meiner Bühnenkunst verdienen würde. Vor allem will ich meine Zeit im Rampenlicht verbringen, anstatt sie mit sinnlosen Tätigkeiten zu vergeuden.

Arbeit auf Achse

Das Geld, das ich mir mit den Fahrerjobs verdiene, auszugeben fällt mir damals schwer. Immer rechne ich mir aus, wie viele Stunden ich für dieses Abendessen oder jenes Paar Jeans würde arbeiten müssen. Dann kommt das Spielgeld aus unserem Kabarett. Plötzlich habe ich Spaß daran, das bisschen, was wir verdienen, schneller wieder auszugeben, als ich es der Abendkasse entnehmen kann.
Denn jetzt handelt es sich ja um leicht verdientes Geld, Spielgeld eben. Es hat plötzlich seinen Ernst und seine Bedeutung verloren. Sollte die Gage nicht reichen, würde ich mich eben wieder für ein paar Schichten in den Lkw setzen. Arbeit gibt es damals immer in Berlin.

Als ich nach der Wende aufs Land ziehe, kommt der Ernst des Lebens zurück. Ich bin Theaterautor, der jetzt eigentlich all seine Zeit und Kraft für den großen Wurf benötigt, der sich aber gleichzeitig auch noch in das »Abenteuer Kleinfamilie« gestürzt hat. In dieser Lebensphase lese ich besonders gerne die Biografien von Schriftstellern, denen es in ihren Karrieren ähnlich ergeht wie mir: Sie leben von den Vorschüssen auf Werke, die sie noch nicht einmal begonnen haben, sie können ihre Rechnungen nur dank wohlhabender Verwandter oder wohlmeinender Freunde bezahlen, die sie unterstützen. Sie raufen sich ständig die Haare, wenn sie an ihre finanzielle Zukunft denken. Ich liebe meine Leidensgenossen, und ihre Geschichten spenden mir Trost.

Der Schuldenberg wächst

Mit dem Ende meines Theaterjobs und dem Beginn meines Reiterhofprojektes verändert sich nichts: Schulden, die schon immer meine treuen Begleiter gewesen sind, bereiten mir immer noch Sorgen, erreichen jedoch neue, astronomische Höhen. Die Kreditsummen, die ich benötige, haben jetzt immer zwei oder drei Nullen mehr am Ende.
Tagsüber macht mir das nichts aus, im Gegenteil. Es gefällt mir sogar irgendwie, mit meinem Schuldenberg anzugeben – der »Schuldenbaron von Mansbach«. Ich behaupte damals oft, dass es manchen Leuten selbst mit vorgehaltener Waffe nicht gelänge, so viel Geld aus den Banken herauszuholen wie ich mit meiner großen Klappe.
Nachts sieht die Sache dann aber anders aus. Die Ängste, die mich nicht schlafen lassen, werfen ihre Schatten als furchterregende Untergangsszenarien an die mondhelle Decke meines Schlafzimmers. In meinen Albträumen werde ich regelmäßig geteert und gefedert und dann mit Fußtritten aus dem Dorf

gejagt – durch ein Spalier aufgebrachter Einheimischer, die mich zischelnd beschimpfen: »Ich hab's ja gleich gesagt, das ist ein Hochstapler, ein Blender; dieses Großmaul hat uns getäuscht, fort mit ihm!«
Unterm Strich laufen die ersten Jahre meines Landlebens also nicht so gut. Immer wieder droht mir und meinem Hof die Insolvenz, und jeden Winter bange ich, wie ich die Mitarbeiter und vielen Pferde durchbringen soll. Dass ich nicht pleitegehe, habe ich oft Freunden zu verdanken, die mir nach Kräften mit Geld unter die Arme greifen.

Kommt Zeit, kommt Geld

Als ich mich später von allem befreit habe und im Norden angekommen bin, erlebe ich, dass zunehmender Erfolg nicht nur gut fürs Ego ist, sondern auch fürs Bankkonto. Zum ersten Mal kann ich ohne existenzielle Not meiner Leidenschaft und Arbeit nachgehen. Ich werde zwar nicht reich, verdiene aber immerhin genug, um am Ende der Saison sorgenfrei den Wintermonaten entgegenzublicken.

Wer will das bezahlen?

Wenn man sich wie ich entschlossen hat, mit und von Pferden zu leben, konkurriert man automatisch mit anderen Kollegen. Das bedeutet: Meine Dienstleistungen müssen in einem zeitlichen und finanziellen Rahmen stattfinden, den sich meine Kundinnen und Kunden leisten können. Natürlich kann ich eine Ausbildung über zwei bis drei Jahre ausdehnen und dem Pferd dabei alle Zeit der Welt geben – aber bezahlen will das niemand. Der amerikanische Satiriker Franklin P. Jones hat wohl recht, wenn er schreibt: »Wer glaubt, mit Pferden ist leicht Geld zu verdienen, beschäftigt sich offensichtlich nur mit Hunden.«

Rente? Spießer!

So vergehen die Jahre, und von mir selbst nahezu unbemerkt nähere ich mich langsam dem Rentenalter. Eine Rentenversicherung? Habe ich wie die meisten gering verdienenden Selbstständigen nie abgeschlossen. Unter Linken ist das Thema Zukunftsplanung ohnehin verpönt – wie spießig ist das denn!
Von der Nutzlosigkeit, erwachsen zu werden, überzeugt, bin ich im Grunde bis heute der trotzige, eigenwillige Junge geblieben, der sich selbst am wichtigsten nimmt. Beim Umgang mit Geld mache ich da keine Ausnahme. Wenn ich welches habe, gebe ich es aus, gerne auch für unvernünftige Dinge. Und wenn es zur Neige geht, ärgere ich mich über mich selbst, gelobe Besserung – und halte mich nicht daran.

Musiker werden, auch das hätte mir Spaß gemacht! Auf meiner alten Gitarre spiele ich noch heute gern.

»Meine Trainerkollegin hatte selbst schon auf Serio gesessen. Sie hatte den Höllenritt zwar unverletzt überstanden, jetzt aber keine Lust mehr, noch einmal Kopf und Kragen zu riskieren.«

Serio

An diesem ebenso schönen wie ängstlichen Spanier habe ich mir die Zähne ausgebissen. Und dabei hat die Arbeit mit Serio so vielversprechend begonnen.

DER WILDE CHARMEUR

Heute sollte ich Serio abholen. Aber der Spanier war so exotisch und elegant, dass ich dahinschmolz und mich kaum auf meine Arbeit konzentrieren konnte. Das passiert mir nicht alle Tage! Er sei extrem schreckhaft, hatte mich Lena vorgewarnt. »Ein raschelndes Blatt, und der Kerl geht durch!«

»Okay, verstehe.« Normalerweise nehme ich solche Geschichten nicht für bare Münze – was ich da schon alles gehört habe!

Aber meine Trainerkollegin hatte schließlich schon selbst auf Serio gesessen, und die Minuten, in denen sie sich panisch an ihr rasendes Pferd klammerte, zählten nicht zu ihren kostbarsten Lebenserinnerungen. Sie hatte den Höllenritt zwar unverletzt überstanden, jetzt aber keine Lust mehr, noch einmal Kopf und Kragen zu riskieren. »Das bekommen wir schon hin.« Ich hatte Lena beruhigt und war gerade dabei, mal wieder meinem Helferinstinkt zu folgen. Auf welches Abenteuer ich mich da mit Serio einließ, wurde mir erst viel später klar.

Zentnerschwere Unentschlossenheit

»Klappt doch«, sagte ich, als er nach zehn Minuten wie eine Eins im Hänger stand. Es dämmerte bereits, aber ich arbeite eben gerne effizient. So fuhr ich noch weiter nach Schwarzenbek bei Hamburg, um mir dort eine Stute anzusehen. Im Vergleich zu ihr war Serio ein Kuscheltier!

Das Pferd war eines von der Sorte, die ihren Willen mit aller Kraft und ohne Rücksicht auf Verluste durchsetzen möchte. Der Besitzerin gelang es, sie bis an den Halleneingang zu zerren, das war's dann aber auch. Jetzt stellte die Stute komplett auf stur und machte keinerlei Anstalten, sich auch nur einen Zentimeter weiter von ihrer Herde zu entfernen. Mit viel Mühe tauschte ich das Stallhalfter gegen eines meiner Knotenhalfter aus. Dann folgte ein erbitterter Machtkampf gegen zentnerschwere Unentschlossenheit: Wer führt, und wer fühlt? Wer macht Druck, und wer gibt ihm nach?

Dass ich als Sieger vom Platz ging, merkte ich erst, als es mir eine halbe Stunde später endlich geglückt war, das Pferd von der Halle durch die Stallgasse ins Freie zu führen. Wir waren beide nass geschwitzt, und jeder hatte ein paar schmerzhafte Blessuren abbekommen. Wo stand noch mal mein Gespann? Ich hatte es bei meiner Ankunft notgedrungen in einer etwas versteckten Lücke zwischen Eggen, Traktoren und anderen Landmaschinen geparkt – also denkbar ungünstig, um ein bockiges Pferd mit dem dafür notwendigen Spielraum zu verladen. Doch die Stute war erschöpft, und auch mein braver Serio wurde nicht unruhig, als sie auf der Rampe zu ihm in den Hänger trampelte. Ich machte mich auf den Weg, schlängelte mich durch einige Dörfer Richtung Autobahn und freute mich auf ein eiskaltes Feierabendbier, das schon im Kühlschrank auf mich wartete.

»Ich bin richtig wütend auf dieses kratzige Biest, und mir tut mein Spanier leid, der das alles mitmachen muss.«

Schlingerkurs nach Hause

Zu früh gefreut. Wir sind erst einige Kilometer auf der A24 unterwegs, da höre ich hinten im Hänger Geräusche. Zuerst ein unruhiges Trappeln auf dem Boden, dann ein lautes, anhaltendes Poltern. Zum Glück kündigt ein Schild den nächsten Rastplatz an; ich setze den Blinker und fahre ab. Als mein Gespann zum Stehen kommt, wird der Krach noch unheilvoller. Tatsächlich tritt die Stute in regelmäßigen Abständen mit ihren Hinterhufen gegen die verschlossene Rampe – Serio steht unbeeindruckt und ruhig daneben. Ich schreie sie an, sie hört kurz auf, schlägt dann aber wieder mit voller Wucht aus. Ich beiße mir verärgert auf die Unterlippe. War es nicht genug, *ein* problematisches Pferd zu verladen und zu transportieren, musste ich die Gefahr auch noch verdoppeln?

Mürrisch setze ich mich wieder hinters Steuer, doch von jetzt an beantworte ich jede Attacke gegen meinen Hänger mit einer ruckartigen Lenkbewegung oder einem abrupten Bremsmanöver. »Die schnurgerade Strecke ist dir wohl zu gemütlich, was?«, rufe ich über meine Schulter Richtung Heck. »Ich werde schon dafür sorgen, dass du mit deiner Balance beschäftigt bist und nicht mehr auf dumme Ideen kommst!« Ich bin richtig wütend auf dieses kratzige Biest, und mir tut mein Spanier leid, der das alles unverschuldet mitmachen muss. Verstohlen blicke ich in den Seitenspiegel. Die Autobahn ist fast leer, und ich sehe auch keine Polizeistreife, die meinen Schlingerkurs bemerken könnte. Sonst müsste ich garantiert ins Röhrchen blasen! Also weiter ... aufs Gas ... bremsen ... scharf nach links.

Die letzten Kilometer waren dann deutlich ruhiger. Jetzt hielt die holprige Landstraße die Pferde beschäftigt, und ich konnte ein wenig entspannen. Ich sehnte mich nach einem Kaffee oder einer Cola, aber ich musste ohne Koffein durchhalten. An den Stopp an einer Tankstelle war nicht zu denken.

Als ich spätabends endlich in Neu Drefahl ankam, den Motor abstellte und die Scheinwerfer des Wagens erloschen, war es so beklemmend dunkel, dass ich fast erschrak. Ausgerechnet heute hatte ich eine besonders finstere Nacht erwischt. Kein Mond am Himmel, nicht einmal eine feine Sichel war zu sehen. Und auch die Sterne versteckten sich offenbar hinter dicken Wolken. Egal, bis zu den Paddocks waren es ja nur wenige Meter.

Von der Nacht verschluckt

Doch wenige Meter können unendlich lang sein, wenn man übermüdet ist, kaum die eigenen Hände vor Augen erkennt und dann auch noch einiges aus dem Ruder läuft. Beim Ausladen reißt sich zuerst die Stute los, und als ich ihr folgen will, befreit sich auch noch Serio. Beide marschieren gelassen durchs Dorf Richtung Kuhweide. Schnell werden sie von der Dunkelheit verschluckt.
Ich sehe mich hilflos um, doch alles ist schwarz, und auch in der Ferne leuchtet kein Fenster. »Halleluja!«, fluche ich leise vor mich hin. Gleichzeitig bin ich heilfroh, dass niemand Uwe Weinzierl dabei beobachten kann, wie er sich gerade bis auf die Knochen blamiert. Ich ziehe mein Telefon aus der Hosentasche, der Akku

Serio war so elegant, dass ich mich anfangs kaum auf meine Arbeit konzentrieren konnte.

ist fast leer. Trotzdem schalte ich die Handy-Taschenlampe ein und taste mich durch unser kleines Vier-Häuser-Dorf. Von den Rössern keine Spur. Ich spitze die Ohren. Vielleicht gibt es ja Geräusche, die mir verraten, was sie vorhaben? Ich höre ein Trappeln und Wiehern, das immer lauter wird. Als ich auf Höhe der Kuhweide ankomme, besteht kein Zweifel mehr: Meine Pferde müssen ganz in der Nähe sein ... Ach du großer Gott!
Einen Augenblick später entdecke ich die Stelle, an der sie vom Weg aus in die fremde Wiese eingebrochen sind. Der Stacheldraht liegt platt getreten am Boden, die morschen Zaunpfähle haben die Tiere einfach umgerissen. Wen soll ich denn jetzt aus dem Bett klingeln? Den Besitzer der Weide, den Tierarzt, meine Mitarbeiter, die vermutlich alle schon tief und fest schlafen?

»Ich wollte, dass dieser Tag mit einer kooperativen Aktion endet – und nicht mit Flucht und Chaos.«

Was in dieser Nacht wirklich passiert war, konnte ich dann erst am nächsten Morgen rekonstruieren: Die Pferde hatten zwar den Zaun zur Kuhweide des Nachbarn an der einen Stelle eingerissen, die Wiese aber an anderer Stelle wieder verlassen. Auch dort waren zwei marode Zaunpfosten wie Streichhölzer umgeknickt. Jetzt ergab es auch Sinn, dass ich Serio und die Stute erst viel später entdeckte, nämlich nachdem ich die Suche schon aufgegeben und mich auf den Heimweg gemacht hatte, um Hilfe zu rufen. Beide Pferde standen grasend am Sandweg, der zu meinem Hof führt. Die langen Arbeitsseile hingen noch an ihren Halftern. Ich konnte sie problemlos aufnehmen, die Pferde in den Stall führen und dort noch kurz nach Verletzungen absuchen. Hier und da fand ich ein paar harmlose Kratzer, aber keine Fleischwunden oder aufgerissenen Adern. Was für ein unverschämtes Glück!

Mein Pferd hat Servolenkung

Serio lernte schnell, das war zumindest mein Eindruck. Nach wenigen Sessions im Roundpen setzte ich mich auf seinen Rücken, und er ließ es einfach geschehen. Auch auf dem Reitplatz gab es keine größeren Probleme. Vor dem ersten Ausritt musste ich dann aber an Lenas Geschichte denken. Mir war nicht nach Rodeo, und auch auf andere böse Überraschungen hatte ich keine große Lust. So bat ich meine Assistentin Nadine, Serio zunächst als Handpferd zu führen, während ich das erste Mal in freier Wildbahn auf ihm saß. Doch auch fernab vom Reitplatz und seiner Herde verhielt sich mein Spanier vorbildlich, also lösten wir das Handseil. Als dann sogar ein vorsichtiger Galopp gelang und sich Serio dabei so geschmeidig bewegte, als sei er mit Tempomat und Servolenkung auf die Welt gekommen, wähnte ich mich am Ziel meiner Wünsche: »Was für einen herrlichen Job ich doch habe«, dachte ich mit zufriedenem Lächeln.

Mit gewölbtem Schweif davon

Serio war allerdings längst noch nicht so weit, dass ein unerfahrener Schüler mit ihm klargekommen wäre. Doch manchmal verschließt man eben die Augen vor der Wahrheit und lässt sich dann zu Dummheiten verleiten - vor allem, wenn mal wieder alles schnell gehen muss und es an Alternativen mangelt. So hatten sich eines Tages so viele Menschen für einen Schnupperkurs auf unserem Hof beworben, dass uns für die bevorstehenden Trainerklassen das vierbeinige Personal ausging. »Der packt das«, sagte ich bei der Teambesprechung und freute mich über die vielen Interessenten. Und so planten wir eben auch Serio für die Kurse mit ein. An ihm wollten wir unsere Bodenarbeit vorführen. Keine so gute Idee.

Im Kurs mit Serio stand das Thema Desensibilisierung auf dem Programm, und um zu zeigen, wie das funktioniert, banden wir eine Plastiktüte an seinen Sattel. Natürlich hatten wir das vorher geübt, und Serio hatte dabei noch nie die Beherrschung verloren. Doch diesmal? Schon beim ersten Windhauch bäumt er sich auf. Die zarte Schülerin ist so überrascht, dass sie mit einem heftigen Ruck umgerissen und dann in Bauchlage einige Meter durch den Sand gezogen wird. Als sie das Seil endlich loslässt, macht sich Serio mit gewölbtem Schweif aus dem Staub und prescht davon.
Später fand ich ihn im nahe gelegenen Wäldchen. Beide Steigbügel waren abgerissen, und er wirkte verstört. Dennoch ließ er sich von mir nach Hause führen. Dort arbeitete ich im Roundpen mit ihm ein wenig am Boden und setzte mich auch auf seinen Rücken. Ich wollte, dass dieser Tag mit einer kooperativen Aktion endet - und nicht mit Flucht und Chaos. Alles ging gut, aber er blieb angespannt.
»Hattest du keine Angst, dich noch einmal auf dieses Pferd zu setzen?«, fragte mich später eine Teilnehmerin, die Serios spektakuläre Flucht am Vormittag miterlebt hatte.
»Doch!«, erwiderte ich. »Aber ich lasse es mir nicht anmerken.«

»Serio ließ mich sehr wohl spüren, dass an diesem Wochenende etwas mit ihm geschehen war. Was genau, konnte ich nicht sagen.«

Serio hingegen ließ mich sehr wohl spüren, dass an diesem Wochenende etwas mit ihm geschehen war. Was genau, konnte ich nicht sagen. Aber ich hatte den Eindruck, sein ungestümes Herz, das ich längst für tot und begraben hielt, war nach dem Vorfall zu neuem Leben erwacht, hatte dann das Kommando übernommen und alles Erlernte mit ein paar Bocksprüngen einfach abgeschüttelt.
Von jetzt an stand Serio oft wochenlang auf der Weide. Wenn die Praktikantinnen mit den Futtereimern kamen, trabte er immer als Erster zum Zaun. Versuchte man jedoch, sich ihm mit einem Halfter zu nähern, war er sofort auf und davon.

Mit Serio (links) kam ich nie so weit wie mit meinen Showpferden Mambo, Estepeño und Veloz.

Keiner kann ihm widerstehen

Ich hatte noch nie erlebt, dass sich ein Pferd so schlagartig verändert und dann unwiederbringlich in alte Verhaltensmuster zurückfällt. Am liebsten hätte ich Serio in einen Hänger gepackt und wäre mit ihm weit, weit weggefahren. An einen ruhigen Ort, wo außer mir niemand ist, den er kennt. Dann wäre ich mit meinem Pferd losgelaufen, über Wiesen und durch einsame Wälder, nur er und ich. Eines Tages würde Serio dann ganz der Alte werden, und ich könnte mich bestimmt wieder auf ihn setzen. Tagträume, Wunschdenken, ein Rentnerprojekt.

Denn obwohl ich es mir fest vornahm, fand ich nie die Zeit, so intensiv mit Serio zu arbeiten, wie das notwendig gewesen wäre. So vergingen die Monate und Jahre, in denen der schöne Spanier immer wieder Menschen fand, die seinem Charme erlagen und versuchten, seine Angst zu besiegen.
Erst himmelten sie ihn an, holten ihn von der Weide, striegelten sein Fell und flochten geduldig Zöpfe in seine Mähne. Irgendwann stiegen sie dann todesmutig in den Sattel, um früher oder später umgerannt und runtergebuckelt zu werden. Es war immer und immer wieder das gleiche Spiel.

Bluterguss und Sehnenriss

Serio blieb lange Zeit als ungelöster Fall bei mir. Ich nahm ihn später mit in meine Showtruppe auf, so hatte er zumindest eine Beschäftigung und konnte vielleicht an seinen Aufgaben wachsen. Doch sobald ich ihn am Seil, wie seine Herdengenossen, mit Plastiktüten und anderen Schreckgespenstern konfrontierte, brannten bei ihm wieder sämtliche Sicherungen durch. Alles blieb also beim Alten, nur im Losreißen wurde er immer raffinierter und schneller!

Die vielen Misserfolge und mein offensichtliches Scheitern frustrierten mich zunehmend, und bei der Arbeit mit Serio erinnerte ich mich oft an die Grundsätze unserer Horsemanship-Arbeit: »Wenn du ein unerwünschtes Verhalten verhindern kannst, verhindere es; wenn du es nicht verhindern kannst, verstärke es so sehr, bis es unattraktiv wird.« Mit dieser Strategie hatte ich schon so oft Erfolg gehabt - auch damals mit Peon: Er rannte immer zum Stall zurück, und man konnte ihn einfach nicht davon abhalten. Also ließ ich ihn machen, brummte ihm aber kurz nach seiner Flucht einiges an Arbeit auf. Und siehe da, das Weglaufen lohnte sich plötzlich nicht mehr für ihn, und er ließ es bleiben.

Mit Serio wollte diese Methode aber einfach nicht funktionieren. Irgendwann riss mir der Geduldsfaden, und ich holte ihn von der Weide: »Was soll schon passieren, ich reite ihn jetzt einfach!«, dachte ich und schwang mich auf seinen Rücken. Während dieses Buch entsteht, erhole ich mich gerade von meinen Verletzungen. Der Bluterguss quer über die Lendenwirbel war harmlos, aber die angerissene Sehne an der Schulter machte Probleme und bescherte mir einen kurzen Krankenhausaufenthalt. Zum Glück hat es mich an der linken Seite erwischt, und die Operation verlief wie geplant. Bis ich wieder voll bei Kräften bin, wird es aber noch ein Weilchen dauern. Sei's drum, ich freue mich auf die kurze Auszeit und habe mir schon einen hübschen Bücherstapel neben der Couch bereitgelegt.

Ich habe viel hin und her überlegt, was ich mit Serio machen soll - und erst vor Kurzem beschlossen, dass ich mich von ihm trennen werde. Er wird bald eine Bekannte glücklich machen, die seit Langem auf meine Entscheidung wartet. Sie hat schon ein Reitpferd, meinen hübschen Spanier will sie aber trotzdem übernehmen. Sie spüre da eine ganz besondere Verbindung, hatte sie mir immer wieder erzählt. Ob sie sein wildes Herz zähmen kann?

Che Guevara, Andreas Baader – und ich

Kann man mit Gewalt die Welt retten? In meinen wilden Jahren bin ich fest davon überzeugt. Bis zum Äußersten bin ich für meine Ideale aber nie gegangen. Warum eigentlich?

Nach den Mitgliedern der »Roten Armee Fraktion« (RAF) wurde im Herbst 1977 bundesweit gefahndet.

Klassenkampf und Feigheit

Am 9. Oktober 1967 wird der Revolutionär Ernesto »Che« Guevara im bolivianischen Dschungel ermordet. Sein Plakat hängt bald in jeder Wohngemeinschaft. Am 18. Oktober 1977 wird der RAF-Gründer Andreas Baader in Stuttgart-Stammheim tot aufgefunden. Sein Fahndungsplakat hängt in jeder Postfiliale. Am 20. Juni 1987 wird Uwe Weinzierl als Kabarettist wiedergeboren. Seine Plakate hängen bald überall in Kreuzberg.
Der Einzige, der aus diesem Trio überlebt hat, bin ich. Vermutlich, weil ich den anderen beiden nie begegnet bin! Aber wieso bin ich nicht trotzdem in ihre Fußstapfen getreten, wo sie doch zeitlebens Vorbilder, Idole, Helden für mich waren? Die wenig schmeichelhafte Antwort lautet: aus purer Feigheit.

Der Deutsche Herbst

Niemand will heute mehr wissen oder weiß, wie viele Intellektuelle damals die Gewalt als legitimes Mittel der politischen Auseinandersetzung befürwortet haben. Dabei kann man sich diese wilden Zeiten cineas-

Wir Hausbesetzer protestierten nicht nur gegen die Wohnungspolitik, sondern gegen den Kapitalismus!

tisch in Erinnerung rufen: Filme wie »Der Baader Meinhof Komplex« (2008) oder »Deutschland im Herbst« (1978) geben Auskunft darüber. Wer etwas auf sich hielt, sympathisierte mit der RAF – wenn nicht mit ihren Methoden, dann zumindest mit ihren Zielen. Ihre Anschläge lösten jedenfalls bei vielen in der linken Szene »klammheimliche Freude« aus. Ich gebe offen zu, ich war einer von ihnen.

Den Finger in die Wunde

Neben der Katastrophe des deutschen Faschismus wird seinerzeit auch der europäische Imperialismus der vergangenen 500 Jahre ins Visier genommen – die brutale militärische Unterwerfung von Menschen auf der ganzen Welt, die Ausbeutung ihrer Rohstoffe, der Raub ihrer Kulturschätze und die skrupellose Vernichtung ihrer Kultur. Während die Feuilletons der konservativen Presse nicht müde werden, die angeblich demokratische, aufklärerische Tradition Europas in den Vordergrund zu stellen, legen wir und unsere Vorbilder die Finger in die Wunde. Und weil wir uns als Nachfahren von Unterdrückern und neuerdings Weltkriegsanzettlern und Menschenvernichtern begreifen, plagt uns das schlechte Gewissen.

Unseren Großeltern und Eltern halten wir vor, nichts gegen den Faschismus, nichts für den Schutz der Juden getan zu haben. Sollen wir jetzt also tatenlos zusehen, wie in Vietnam, Nicaragua, Mozambique die Befreiungsbewegungen von grausamen Diktatoren niedergemetzelt werden – unterstützt von amerikanischem Geld und europäischen Waffen?
Wir entwickeln in dieser Zeit einen regelrechten Hass auf unser Land, auf den Kapitalismus sowieso und natürlich auf die USA, die sich selbst zur »Weltpolizei« ernannt haben. Doch weil dieser Hass nicht ausreicht, um in den Untergrund zu gehen und zur Tat zu schreiten, macht unsere Wut auf das System eine 180-Grad-Drehung – und verwandelt sich in Selbsthass. Mir geht es da wie vielen anderen.

Der Einfluss meines Vaters

Dabei hat in meiner Kindheit und Jugend alles gut angefangen: Ungerechtigkeiten wahrnehmen und gegen sie ankämpfen, das übt mein Vater schon früh mit mir. Er hält mich dazu an, mich um die Ausländerkinder zu kümmern und ihnen zu helfen, unsere Sprache zu lernen. Seine Gewerkschaft hat ihn politisiert, und seine Anschauungen gibt er an mich weiter: Ich werde Klassensprecher, Schülersprecher, Juso. Als ich später aufs Gymnasium gehe, ist mein Vater stolz auf mich. Und doch sagt er eines Tages zu mir: »Jetzt wirst du bestimmt einer von den Großkopferten und vergisst und verrätst deine eigene Klasse.« Ich verneine das damals heftig. Doch er sollte recht behalten.

Gewalt und Veränderung

Meine Sympathie für radikalere politische Ideen erwacht und wächst Mitte der 1970er-Jahre. Zunehmend wird mir klar: Um Veränderung herbeizuführen, ist Gewalt unumgänglich. Auch die Musik ist damals danach. »Macht kaputt, was euch kaputt macht!«, grölt Rio Reiser. In der Hausbesetzerszene fühl ich mich zu den Autonomen hingezogen, und plötzlich kann es mir gar nicht radikal und gewalttätig genug sein. Ich bin aber immer nur Befürworter, kein Akteur. Die Angst vor dem Knast bremst meinen Tatendrang.

Wir lecken unsere Wunden

Wenn man zu feige ist, mit allen Konsequenzen für seine Ideale zu kämpfen und dabei auch den letzten Schritt zu gehen, bleibt nur die Reue über die eigene jugendliche Verblendung und der Wechsel ins linksliberale demokratische Lager. Oder man wird ein halsstarriger »Nestbeschmutzer«. Ich entscheide mich für Letzteres und werde zu einem, der die anderen durch den Kakao oder in den Schmutz zieht, weil er sich selbst nicht leiden kann oder sogar verachtet.

Als die Hausbesetzerbewegung scheitert, wird zur Gewissheit, was ich zuvor schon geahnt habe: Das kapitalistische System, das wir alle so sehr hassen, sitzt fester im Sattel, als uns lieb ist. Wir lecken unsere Wunden. Ich tue das vor allem in Form von Verbalradikalismus auf der Bühne: »Bullenschweine – Schüsse in die Beine!«

Nachdem ich mich aus Berlin verabschiedet habe und dann Monate, ja sogar Jahre mit Lesen und Nachdenken verbringen kann, wandele ich mich vom gefühlsduseligen Linken in einen überzeugten Kommunisten. Der Fall der Mauer und das Ende des Realsozialismus kann dem nichts anhaben. Von all den Studien und Büchern, die ich jetzt verschlinge und aus denen ich Theaterstücke destilliere, beeindrucken mich Frantz Fanons »Die Verdammten dieser Erde« und insbesondere das Vorwort von Jean-Paul Sartre nachhaltig. Niemand hat den Hass und den Selbsthass, der damals in mir wohnt, besser ausgedrückt: »Ihr wisst genau, dass wir Ausbeuter sind. Ihr wisst genau, dass wir erst das Gold und die Metalle und dann das Erdöl der neuen Kontinente genommen und in unsere alten Mutterländer gebracht haben.« Ich schwadroniere gegen das Christentum, gegen den Kapitalismus im Allgemeinen und seine deutsche Ausprägung im Besonderen und empfinde meine Ansichten zunehmend als dämlich – aber nicht so dämlich, dass ich mich der Haltung, dieses Denken als Jugendsünden abzutun, anschließen will.

War alles umsonst?

So sitze ich heute auf dem Land, abgeschieden von der Welt im Wald, und bin ein kinderloser Zaungast der Verhältnisse und Zustände, die der Club of Rome in seinem Buch »Die Grenzen des Wachstums« be-

Der §218 und andere verstaubte Gesetze waren uns damals verhasst. Es musste sich etwas ändern!

reits in den 1970er-Jahren vorhergesagt hat: Es ist wohl nicht mehr die Frage, ob die Menschheit zugrunde geht, sondern nur noch, woran.

Legal, illegal, scheißegal

Zu Beginn meiner Lebenszeit steht in den Gesetzbüchern der Bundesrepublik Deutschland unter anderem noch Folgendes:

- Frauen, die ihre Männer verlassen, werden schuldig geschieden.
- Männer dürfen ihre Frauen zur Erfüllung der ehelichen Pflicht zwingen – was einem Freifahrtschein für Vergewaltigung gleichkommt.
- Homosexualität oder homosexuelle Handlungen stehen unter schwerer Strafe.
- Der §218 stellt Abtreibung unter Strafe.
- Wer sich offen zu einer kommunistischen Partei bekennt, muss mit gravierenden beruflichen Nachteilen rechnen – bis hin zum Berufsverbot.
- Wer andere Drogen als die vom Staat erlaubten Suchtmittel Alkohol, Nikotin oder Koffein konsumiert, setzt sich der Strafverfolgung aus.
- Prostitution gilt nicht als Dienstleistung, sondern als sittenwidrig – mit allen juristischen Konsequenzen, die das nach sich ziehen kann.

Mach doch, was du willst!

Dass die oben beschriebenen Gesetze nicht mehr gelten, liegt nicht zuletzt daran, dass immer mehr – und zunehmend auch berühmte Persönlichkeiten – diese Gesetze übertraten und in den Knast wanderten oder für ihre Abschaffung auf die Barrikaden gingen. Dass heute jeder, ganz unabhängig von seiner sexuellen Orientierung und Identität, Bürgermeister oder Bürgermeisterin, Außenministerin oder Außenminister werden kann, verdanken wir allen, die für ihre Leidenschaften, Überzeugungen und ihren Wunsch nach Veränderung eingesperrt und angeprangert wurden.

Wer Fortschritt will, muss dafür also manchmal Gesetze brechen – zumindest so lange, wie dieser Fortschritt noch nicht gesellschaftlicher Konsens ist und als Normalität anerkannt wird. Es war nie mein Anspruch, gesetzestreu zu sein, und so lautete meine Maxime immer: Mach, worauf du Lust hast. Und falls dein Tun irgendwelchen Spießern missfällt oder gegen Gesetze verstößt, lass dich nicht erwischen! Wenn ich schon nicht zum militanten Klassenkämpfer taugte, wollte ich zumindest im kleinen Rahmen aktiv werden: Ich fuhr schwarz und stahl Lebensmittel in Supermärkten, so viel in meine Manteltaschen passten. Konnte ich damit die Welt verändern? Leider nicht. Aber es fühlte sich trotzdem gut an.

Einfach das machen, worauf man Lust hat? Ich bin das beste Beispiel dafür, dass das gelingen kann!

»Nach Gerdas Anruf legte ich schnell auf, machte mein Gespann startklar und fuhr sofort nach Berlin. Ich konnte nicht glauben, was ich da eben gehört hatte.«

Indigo

Was Gerda mitmachen musste, ist so schrecklich, dass man es kaum in Worte fassen kann. Und Indigo? Nach dem Vorfall hatte das Pferd selbst ein traumatisches Erlebnis.

EINE ENTSETZLICHE TRAGÖDIE

Seit ich mein erstes Handy besitze, habe ich die selbe Telefonnummer. Ich habe sie nie gewechselt und auch immer bereitwillig weitergegeben oder veröffentlicht. Sie steht auf Flyern, im Internet und in unserem Jahreskalender. Bislang ist das kein Problem, denn obwohl ich mittlerweile einigermaßen bekannt bin, klingelt es gar nicht so häufig, wie man vielleicht vermuten könnte. Und wenn ich dann mit einem kurzen »Weinzierl?« rangehe, sind die Anrufer oft überrascht, dass ich persönlich am Apparat bin - und manchmal ganz aufgeregt, dass der Mann aus dem Fernsehen auch im echten Leben existiert.

Mit Vollgas nach Berlin

Es gibt Anruferinnen und Anrufer, die einfach nur quatschen wollen. Und es gibt solche, die Beratungsbedarf vortäuschen, aber eigentlich trotzdem nur quatschen wollen. Und dann gibt es noch Zeitgenossen, die sich gleich zu Beginn des Gesprächs entschuldigen, dass sie kein E-Mail haben und sich deshalb telefonisch melden. Auch hier habe ich oft den Verdacht, dass sie eigentlich nur quatschen wollen. Manche haben aber auch ganz konkrete Fragen zu unseren Camps und den Ausbildungsmöglichkeiten, andere bitten um einen Besuch oder wollen mir ihr Pferd überlassen. Meistens muss ich diese Leute vertrösten oder verweise sie an Kollegen, die etwas mehr in ihrer Nähe wohnen.

Bei Gerda war das anders. Nach ihrem Anruf legte ich schnell auf, machte mein Gespann startklar und fuhr sofort nach Berlin. Ich konnte nicht glauben, was ich da eben gehört hatte. Gerda war mir nicht unbekannt, sie hatte mich vor drei Monaten zum ersten Mal kontaktiert. Da ging es um Mambo, der inzwischen bei mir steht. Er sei gemeingefährlich, ihren Mann habe er schon mehrmals runtergebuckelt. »Noch dazu bin ich schwanger und soll mich von den Pferden fernhalten. Mambo braucht jetzt dich, einen echten Profi!« Diese Mischung aus Schmeichelei und emotionaler Erpressung höre ich oft. Doch wenn sie ausnahmsweise zu meinen Gunsten ausfällt, gebe ich gerne nach. Ich ließ mich also überreden, kaufte Gerda den schönen Spanier für einen Schleuderpreis ab und nahm ihn bei mir auf. Er entpuppte sich als echtes Schätzchen, ein Glücksfall, wie er nicht oft im Leben vorkommt. Nachdem ich ihn verladen hatte, hatte mir Gerda noch kurz Indigo, ihr zweites »Herzenspferd«, vorgestellt. Auch er ein Prachtkerl. Doch ihn wollte sie trotz Risikoschwangerschaft unbedingt behalten und niemals aufgeben. Niemals? Ich war gerade auf dem Weg, genau dieses Pferd abzuholen. Und ich drückte ordentlich aufs Gaspedal.

Kopfkino in Zeitlupe

Auf den ersten Kilometern rauschen mir Gerdas Sätze und ihre Verzweiflung noch einmal durch den Kopf: »Du musst Indigo holen … schnell! Ich habe mein Baby verloren … ich rufe aus dem Krankenhaus an … Komm bitte sofort … du kannst ihn umsonst haben … Er muss da weg … mein Mann bringt ihn um!« Unter Tränen hatte sie mir erzählt, sie habe Indigo nur führen und ein bisschen Bodenarbeit mit ihm machen wollen. »Er hat mich voll am Bauch erwischt!« Unfreiwillig spult

Mambo war ein echter Glücksfall. Ob Indigo auch so toll wie er sein würde?

sich die unfassbare Tragödie vor meinem geistigen Auge in Zeitlupe ab: ein kräftiges Pferdebein, das weit ausholt und auf Gerda zielt, dann der spitze Huf, der mit Wucht in ihren von der Schwangerschaft gewölbten Leib trifft. Bei der Vorstellung läuft mir ein kalter Schauer über den Rücken.

Wenig später kreisen meine Gedanken vor allem um Indigo und mich selbst. »Vielleicht ist er ja genauso toll wie Mambo, und ich mache ein Schnäppchen?« Ich habe ein schlechtes Gewissen, die arme Frau hat schließlich gerade ihr Kind verloren. Aber wer kann schon von sich sagen, dass er weiß, was ihn antreibt: Helferinstinkt, Abenteuerlust, Begehrlichkeiten - oder die Sucht nach Anerkennung? Fest steht, ich bin ein Mädchenwunscherfüller. Weibliche Hilflosigkeit motiviert mich immer zu Heldentaten. Dieses Schema ist scheinbar in den archaischen Tiefen meines Gehirns verankert, so simpel und klischeehaft es auch sein mag. Andere Männer lernen ihre Liebschaften im Internet kennen, ich auf dem Reitplatz; ich brauche kein Parship, solange ich Horsemanship habe. Und wenn nebenbei noch ein gutes Geschäft herausspringt, umso besser.

»Ich brauche kein Parship, solange ich Horsemanship habe.«

Auf der Autobahn wird meine Grübelei von bittersüßer Nostalgie begleitet: Die A24, meine Heimstrecke! Auch nach 30 Jahren fühlt sich die Fahrt auf ihr irgendwie nach Rückkehr an. Früher hätte ich jetzt »Berlin« von »Fischer Z« eingelegt und lauthals mitgesungen: »Berlin, Berlin ... so outrangeous, like tropical birds in a cage!« Der Song war zu Kreuzberger Zeiten unsere Hymne gewesen. Doch heute ist mir nicht nach Musik. Ich wechsle auf die Stadtautobahn Richtung Süden; hier war ich vor einer halben Ewigkeit auch schon mit riesigen Lkws unterwegs, habe Kaffee aus der Thermoskanne getrunken und auf den nächsten Funkspruch gewartet. Unglaublich, mit welchen Jobs ich mich schon über Wasser halten musste! Als ich in Teltow ankomme, stehe ich wie erwartet vor verschlossenen Toren und wähle die Nummer, die mir Gerda gegeben hat. Eine junge Frau öffnet mir den Zugang zur gepflegten Anlage und führt mich zu Indigo. Ich käme dann ja wohl allein zurecht, sie habe noch zu tun.

Hin und her mit Hufschlag

Indigo lässt sich problemlos aufhalftern, doch beim Versuch, ihn zu führen, geht der Ärger schon los. Als ich mit ihm an den verschiedenen kleinen Offenställen entlanggehe, vorbei an all den anderen Pferden, die neugierig ihre Hälse über den Zaun recken, empfindet das der kleine Hengst mit dem Aalstrich scheinbar als Spießrutenlauf. Er wird schnell aggressiv, keilt aus, steigt, weicht immer wieder

zurück, und ich habe alle Mühe, ihn die paar Hundert Meter zum Auto zu bugsieren. Als der Hänger ins Blickfeld rückt, gerät er erst richtig in Rage: Ich muss alle Kraft aufbringen, um seine Füße in die Nähe der Rampe zu bewegen, und nach kurzer Zeit brennen meine Muskeln. Das Verladen zieht und zieht sich, und bei all dem wilden Hin und Her fliegen mir immer wieder Indigos Füße entgegen – dieselben Hufe, die vor zwei Tagen ein Baby getötet haben. Während ich kämpfe, erinnere ich mich an Gerdas Warnung. Ob wohl gleich ihr Mann um die Ecke biegt, halb wahnsinnig vor Wut auf diesen Gaul und mit einer gewetzten Axt in der Hand, so wie Jack Nicholson in »Shining«?
Doch kein Pferdekiller taucht auf, und als ich endlich die Rampe zuklappe und dann im Auto sitze, atme ich tief durch: »Geschafft!«

Hilfe, mein Pferd ist tot?

Denkste. Ich habe noch nicht einmal in den zweiten Gang geschaltet, da geht hinter mir schon wieder die Post ab! Ich kenne ja diese Protestaktionen kurz nach dem Verladen, dieses Getrappel auf den ersten Metern und auch das heftigere Schlagen gegen die Hängerrückwand. Doch das ist alles nichts gegen den Lärm, der so apokalyptisch laut ist, dass er mich rasch zum Anhalten zwingt und panisch aus dem Auto treibt. Als ich um den Hänger herumgehe, ist es plötzlich merkwürdig still. Hat sich der Hengst etwa wieder beruhigt? Ich wage einen Blick über die hintere Wand ins Innere des Anhängers: Indigo hängt mit den Vorderhufen über der Bruststange – wie ein angezählter Boxer in den Seilen. Die Zwischenwand hat sich diagonal verdreht, und der Kopf des Pferdes klebt leblos an seinem Körper. Er wirkt wie eingeschläfert. Wie um Himmels willen soll ich ihn denn jetzt aus dieser Misere befreien? »Verdammt!« Ich ärgere mich, dass ich ausgerechnet heute mit dem alten Hänger unterwegs bin, bei dem sich die Bruststangen nicht wie bei neueren Modellen mit ein paar einfachen Handgriffen lösen lassen.

»Soll ich lieber gleich die Feuerwehr rufen, damit man mein Pferd mit der Rettungsschere wie ein Unfallopfer aus seinem Käfig schneidet?«

Als ich vorsichtig die hintere Rampe aufklappe, offenbart sich das ganze Desaster: Nicht nur Indigos Vorderbeine hängen schlaff über der Frontstange, auch mit den Hinterbeinen ist er eingeknickt und dann mit der Kruppe unter die Heckstange gerutscht. Ich gehe nach vorne, krieche durch die kleine Seitentür und löse erst mal den Anbindestrick. Dabei lasse ich mein Pferd nicht aus den Augen.
Wenn er jetzt tobt, hat er nicht nur Gerdas Baby, sondern womöglich gleich auch noch mich auf dem Gewissen! Doch Indigo rührt sich nicht vom Fleck, kein bisschen. Atmet er überhaupt noch? Irgendwie muss ich ihm Leben einhauchen und

Beim Verladen muss man immer mit Überraschungen rechnen. Der Transport von Indigo war ein Albtraum!

ihn motivieren rückwärtszutreten, damit die Vorderbeine wieder auf den Boden kommen. Oder soll ich lieber gleich die Feuerwehr rufen, damit man mein Pferd mit der Rettungsschere aus seinem Käfig schneidet?

Ich öffne die Seitentür und stochere mit meinem Verladestock etwas hilflos vor Indigos Nase herum, immer noch keine Reaktion. Ich denke kurz nach und habe eine spontane Eingebung: »Hey, hey, hey!«, schreie ich den Hengst an und klopfe dabei mehrfach kräftig auf seinen Kopf. Erst passiert gar nichts, doch dann geschieht ein kleines Wunder. Ich weiß nicht, wie, aber Indigo rappelt sich langsam auf, versucht, meinen Schlägen auszuweichen. Zwar hängt er immer noch in Seitenlage, aber zumindest haben jetzt wieder alle Beine Bodenkontakt. Der Rest ist dann ein Kinderspiel: Die hinteren Stangen raus, Pferd raus. Die Seitenteile sind nur verrutscht und noch intakt. Im Nu hab ich alles wieder zusammengebaut. Mein Pferd ist noch wie in Trance und sieht mir dabei mit gespenstischer Gelassenheit zu. Und jetzt, wie soll ich ihn wieder verladen – welches Pferd würde nach so einem Erlebnis nicht das Weite suchen? Aber Indigo bleibt ruhig. Geradezu apathisch folgt er mir in den Hänger und lässt sich ohne Gegenwehr anbinden. Als ich ins Auto steige, zittern meine Hände. Während der Fahrt ist es dann aber hinter mir mucksmäuschenstill. Ich bin beruhigt. Noch 160 Kilometer, viel Zeit zum Nachdenken.

Der Gegenschock

Dass ein Pferd sich in einer für das Tier ausweglosen Situation aufgibt und dann leblos und schlaff wird, hatte ich schon mehrmals erlebt. Beim ersten Mal war ich richtig aufgewühlt – und stöberte daraufhin im Netz nach Tipps und Ratschlägen. Ich fand viele Einträge, doch in allen Artikeln und Foren wurde fast ausschließlich diskutiert, was *nach* so einem Vorfall zu tun sei: »Stellt sich ein Pferd tot, führt das später unweigerlich zu einem Trauma«, lautete die einhellige Meinung der User und Möchtegernexperten. Diesen seelischen Schaden könne man zwar durch Üben und körpertherapeutische Maßnahmen wieder kitten, dabei müsse man allerdings extrem behutsam vorgehen und mehrere Monate Zeit einplanen. Das Thema beschäftigte mich damals so sehr, dass ich mich auch mit einer Tierärztin darüber austauschte. Sie bezeichnete dieses Verhalten als »Totstellreflex«

oder »Schockstarre«. Man könne es vor allem bei kleineren Beutetieren beobachten, weil deren Fressfeinde vor allem auf Bewegungen reagieren würden.
»Legt sich ein Hamster auf den Rücken und stellt sich tot, erhöht das seine Überlebenschancen, denn ein Habicht sieht und bemerkt ihn dann nicht.«
»Hmmm. Sind Pferde für so einen Greifvogel nicht eine Nummer zu groß?«
»Daher versuchen sie es auch erst mit Flucht, dann mit Kampf, und wenn das alles nichts bringt, fallen auch sie in eine Art Schockstarre.«
»Aha.« Ich fragte sie abschließend noch, was man in solchen Situationen tun könne, und sie meinte, sie habe gute Erfahrungen mit dem »Gegenschock« gemacht.
»Probieren Sie es mal mit Geschrei und einem kräftigen Schlag auf den Po.«

Widerstand zwecklos

Ein Gegenschock als Therapie? Das leuchtete irgendwie ein. Und vermutlich verdanke ich es ein Stück weit auch jener Tierärztin, dass ich vorhin bei Indigo instinktiv richtig gehandelt hatte.
Ich erinnere mich übrigens noch gut an einen ganz ähnlichen Fall, ein Pferd, das sich einfach nicht anbinden ließ und nach mehreren Versuchen bereits das dritte

Bei der Ausbildung von Indigo machte meine Trainerin Moirin einen hervorragenden Job.

Stallhalfter zerrissen hatte. Ich habe es dann mit einem Knotenhalfter an den Balken unserer Reithalle festgemacht. Daraufhin begann der Wallach rückwärtszugehen, sich aufzubäumen und wie wild zu toben. Sein Kampf war vergeblich: Weder das Halfter noch der Strick und schon gar nicht der dicke Holzbalken gab nach. Als das wütende Pferd schließlich ausrutschte und den Boden unter den Füßen verlor, zappelte es wie ein Gehängter am Galgenstrick noch ein paarmal mit den Beinen und gab dann auf. Zum Glück hielt ich mein Opinel griffbereit; ich sprang rasch auf die Bande und durchtrennte das Seil mit meinem Taschenmesser. Daraufhin knallten auch Kopf und Hals des Pferdes auf den Boden. Das Tier rappelte sich aber schnell wieder auf. Nach einigen Wiederholungen hatte es dann kein Interesse mehr, sich mit mir, dem Knotenhalfter oder einem Holzbalken anzulegen. Der Wallach fügte sich in sein Schicksal und stand danach immer ruhig am Anbinder.

»Nach einigen Wiederholungen hatte der Wallach kein Interesse mehr, sich mit mir, dem Knotenhalfter oder einem Holzbalken anzulegen.«

Wie schnell sich wohl Indigo von seiner unfreiwilligen Schocktherapie erholt? Und ob sie ihm eine Lehre sein wird? Ich biege von der Autobahn ab und erreiche die Sandpiste nach Neu Drefahl. Zu Hause angekommen lade ich mein neues Pferd aus, und Indigo kommt gleich in den Roundpen. Der junge Hengst ist fromm wie ein Lämmchen, er wiehert nicht, bäumt sich nicht auf. Alle staunen, und ich erzähle von meiner Odyssee, doch niemand will mir so recht glauben, was ich in den vergangenen Stunden erlebt habe.

Ende gut, alles gut?

Als wir bald darauf mit dem Training begannen, reagierte Indigo konzentriert und gelassen, zwei Wochen später wurde er kastriert. Noch ein »Trauma«! Auf eine »tierpsychologische Betreuung« haben wir dennoch verzichtet und uns stattdessen auf unsere bewährte Horsemanship-Grundausbildung verlassen. Moirin, meine langjährige Praktikantin und seit Kurzem ausgebildete Trainerin, machte ihren Job so gut, dass Indigo schon bald verkauft werden konnte. Sie hatte gespart und kaufte ihr Prachtstück einfach selbst.

Also Ende gut, alles gut? Wie immer ist alles ein wenig komplizierter: Kurz vor Abgabe des Manuskriptes für dieses Buch erreichte mich die Nachricht, dass Moirin beim Dreh eines Werbevideos von Indigo abgeworfen wurde; dabei hat sich die Ärmste scheinbar drei Wirbel angeknackst. Leider stimmt die alte Weisheit: Wenn man täglich mit Pferden arbeitet, ist es nicht die Frage, ob man sich dabei verletzt, sondern nur wann.

Melancholie und Marihuana

Depressionen sind eine gesunde Reaktion auf kranke Verhältnisse. Sie sind die Enttäuschung über das Leben, wie es ist. Mein Rat: Lieber Rausschreien als Runterschlucken.

Nebel im Kopf: Trübe Gedanken plagen mich schon seit meiner Kindheit und Jugend.

Über den Tellerrand der Seele

Ich bin ein Melancholiker, der allerdings durch ein Übermaß an Anerkennung und Erfolg an der Ausübung seiner Leidenschaft zur Verzweiflung gehindert wird. Nach außen wirke ich deshalb oft wie ein fröhlicher, lebensbejahender Mensch. »Werch ein Illtum!«, wie der österreichische Dichter und Schriftsteller Ernst Jandl sagen würde.
Gegen die Verzweiflung gibt es unterschiedliche Therapiemöglichkeiten; viele Menschen suchen Trost in Medikamenten. Medikamente, die nicht auf der Arzneimittelliste stehen, nennt man Drogen. Der Hamburger »Drogen-Guru« Christian Rätsch ist sich im Spiegel-Interview sicher: »Nichts anderes fügt dem Körper so viel Schaden zu wie Alkohol.« Alkohol ist hierzulande jedoch ein legal zugängliches – wie nennen wir es am besten: Medikament, Genuss- oder Suchtmittel? Die besseren Medikamente wie Cannabis und LSD wiederum sind verboten.

Das rettende Ufer

Was aber tun, wenn das Land, in dem ich zufällig lebe, die Medikamente auf den Index setzt, die mir helfen können? Entweder ich mache es wie andere früher bei Abtreibung und Sterbehilfe: Ich fahre in Nachbarländer, die einen weiteren Horizont haben, und warte darauf, dass auch mein eigenes Land irgendwann zur Vernunft kommt. Oder ich mache von meinem Recht auf Selbstbestimmung Gebrauch, breche also geltende Gesetze und entwickle dazu ein einigermaßen entspanntes Verhältnis.
Ob man das tun sollte, darüber kann man natürlich vortrefflich streiten, und jeder kann ja hier seine eigene Entscheidung treffen.

Ob mir meine depressiven Verstimmungen in die Wiege gelegt wurden oder ob ich sie erst etwas später erworben habe, kann ich nicht sagen. Die Zustände existenzieller Traurigkeit beginnen jedenfalls schon als Kind und setzen sich in meiner Jugend fort. Als junger Erwachsener verstärken sich diese Tendenzen, bis der Erfolg als Kabarettist die Wende bringt. Den Hang zur Traurigkeit werde ich zwar nicht los, Melancholie und Depression sind jetzt aber kein Grundgefühl mehr, das mich täglich begleitet, sondern bemächtigen sich meiner, wenn ich Angst habe, mein süßes Leben als freier Künstler oder selbstbestimmter Pferdemann könnte bedroht sein.
Es ist der Glücksfall meines Lebens, dass ich den Sprung auf die Bühne und später auf den Pferderücken geschafft habe, wobei das Kabarett meinen Untergang verhindert hat und mich die Pferde ans rettende Ufer getragen haben.

Die Tiefen des Unterbewussten

Die Vorstellung, dass wir alle vom System gedrillt werden, um zu funktionieren, ist damals in der alternativen linken Szene weit verbreitet und führt zu allen möglichen Heilungsversuchen: Selbsterfahrungsgruppen, körpertherapeutische Seminare und bei mir schließlich zu einer dreijährigen Psychoanalyse.
In diese Zeit platzt Günther Wieland, ein mit Haut überspanntes, wandelndes Skelett, wie ein Wesen aus einer anderen Welt in mein Leben. Der hochbetagte Stuttgarter Psychoanalytiker ist seit seinem 19. Lebensjahr blind. Eine Granate der Alliierten hat ihm in Italien die Augen zerfetzt. Er habe sein Augenlicht »für den Führer gegeben«, sagt er. Wir werden trotzdem Freunde.
Wieland hat in den USA beim bekannten Psychiater und Psychotherapeuten Stanislav Grof die LSD-Therapie kennengelernt. Gemeinsam reisen wir 2006 nach Basel zum LSD-Kongress und treffen uns gelegentlich zu heimlichen Trance-Sitzungen, um weiter und tiefer in unser Unterbewusstsein einzudringen, als es mit den bisherigen Methoden möglich ist.

Die Bekanntschaft mit »Magic Mushrooms« erlebe ich wie Aldous Huxley, Cary Grant, Steve Jobs und viele andere als die wichtigsten Stunden meines Lebens! Auch meine Erfahrungen mit LSD möchte ich nicht missen. Die beste Form, sich auf LSD vorzubereiten, ist übrigens die Lektüre von Hermann Hesses »Steppenwolf«. Viele kluge Köpfe erforschen dieses kriminalisierte Medikament gerade intensiv – und wer weiß, ob es nicht eines Tages legalisiert wird.

Alles eine Frage der Dosierung: Meine Erfahrungen mit »Magic Mushrooms« möchte ich nicht missen.

»Als ich endlich in den Roundpen stieg, konnte ich immer noch nicht fassen, dass es uns tatsächlich gelungen war, meine kleine Manege hierher an den Schaalsee zu verfrachten! «

Charly

Ein »schwarzes Monster«? Das war Charly nicht. Doch er hatte seinen eigenen Kopf. Gut so, denn unser zweitägiges Abenteuer machte uns beide zu kleinen TV-Stars.

MEIN AUSRITT INS FERNSEHEN

Ich kann Stefans Gesicht nicht sehen, und er sagt auch nicht viel. Aber ich kann spüren, dass er nicht so recht glauben will, was ich vorhabe. »Hat beim Dreh leider nicht so funktioniert wie geplant«, erkläre ich ihm am Telefon. »Ich muss jetzt meinen Roundpen irgendwie zum Schaalsee transportieren.«
Stille in der Leitung.
»Dafür brauche ich deinen starken Allrad und den Anhänger - kannst du mir beides morgen leihen?«
Stefan räuspert sich kurz. »Okay, ich kläre das ab.«
Sein Rückruf folgt nach fünf Minuten: »Geht klar.«
Ein Hoffnungsschimmer!

Der erste Dreh

Wie lautet noch einmal der alte Spruch? Wenn der Prophet nicht zum Berg kommt, muss der Berg eben zum Propheten - oder so ähnlich. Der Berg, das war in diesem Fall mein Roundpen. Und dass ich ihn jemals komplett zerlegen, dann quer durch Mecklenburg verfrachten und dort wie ein Zirkuszelt wieder aufbauen würde, hätte ich mir in meinen wirrsten Träumen nicht ausgemalt. Ich hoffe auch, dass die verrückte Aktion mit Charly ein Ausnahmefall bleibt. Was macht man nicht alles, um ins Fernsehen zu kommen! Aber ich erzähle die ganze Geschichte am besten von vorne.

Sie begann, als mich eine Kundin fragte, ob sie meine Nummer an eine Freundin weitergeben dürfe. Das ist nicht ungewöhnlich, zumindest wenn alles gut lief und ich eine Ausbildung erfolgreich beendet hatte. In diesem Fall war besagte Freundin aber gar nicht auf Trainersuche, zumindest nicht für sich selbst.
»Sie ist Redakteurin für den NDR und sucht immer nach Leuten, die mit Pferden spannende Sachen machen.« Ich wurde sofort hellhörig, willigte ein und drückte

der Dame sicherheitshalber noch meine Visitenkarte in die Hand. »Mit bestem Gruß, Uwe Weinzierl«, schrieb ich in Schönschrift auf die Rückseite. Der Rückruf kam gleich am nächsten Tag – und eine Woche später rollte ein Fernsehteam im Kleinbus auf meinen Hof.

Die Rampensau wacht auf

Der Dreh klappte wie am Schnürchen. Es ging um einen kurzen, vierminütigen Beitrag für die Sendung »Nordtour«, der Mitte August 2014 ausgestrahlt wurde. Darin zeigte ich ein paar harmlose Kunststücke mit Veloz. Als alles im Kasten war, lud ich das Team noch auf Kaffee mit Keksen in unsere Küche ein, und wir plauderten ein bisschen. Ich war überrascht über die vielen Nachfragen. Die Fernsehleute schienen jedenfalls recht angetan von dem Mann, der allen Zwängen und Konventionen den Rücken gekehrt und sich in ein romantisches Waldstück zurückgezogen hatte, der frei von der Leber weg sein zynisches Weltbild zum Besten gab – und sogar beruflich erfolgreich war. Der Fernsehbeitrag war noch nicht einmal geschnitten, geschweige denn gesendet, da folgte schon das nächste Angebot: Ob ich nicht Lust auf mehr hätte?

Mein erster Dreh mit dem Fernsehteam des NDR klappte wie am Schnürchen.

Na, klar hatte ich das, was für eine Frage! Die alte Rampensau in mir döste vielleicht ein bisschen, aber sie war noch längst nicht tot!
»Wir würden dich gerne bei der Arbeit mit einem besonders schwierigen Pferd begleiten«, brachte die Redakteurin ihr Anliegen auf den Punkt. »Hast du da vielleicht gerade einen Kandidaten?«
»Noch nicht, aber bald, ich werde mich umhören.«
Ich legte auf und klatschte vor Freude kurz in die Hände. Mal wieder hatten Glück und Zufall meiner Karriere auf die Sprünge geholfen!

Ein vielversprechender Kandidat

Die Suche nach einem fernsehtauglichen Fall mit dramatischem Potenzial war dann gar nicht so einfach. Irgendwie hatte ich das schon befürchtet. Und als ich zuletzt sogar bei wildfremden Leute anklopfte und mich nach »einem besonders schwierigen Pferd« erkundigte, kam ich mir fast wie ein verdeckter Ermittler vom Tierschutzbund vor. Fehlte nur noch, dass ich den Leuten ein verschwommenes Fahndungsfoto vor die Nase hielt.
Ich wollte schon resigniert das Handtuch werfen, als ich eines Abends mein Auto von der Reparatur abholte und endlich einen verwertbaren Tipp bekam: »Mein Schwiegervater, der hat so ein schwarzes Monster«, erzählte mir mein Freund Stefan, der Werkstattbesitzer. »Der Gaul steht schon seit Jahren nur auf der Koppel und lässt sich von niemandem mehr anfassen.«
»Wow, das klingt vielversprechend«, sagte ich mit breitem Grinsen und notierte mir die Telefonnummer.
»Und wo wohnt der Mann?«
»Schaalsee, leider nicht um die Ecke.«
Ich nickte nur, und wir verabschiedeten uns mit kräftigem Händedruck.

Als ich den Schwiegervater kurz darauf anrief, war er interessiert, machte nicht viele Worte.
»Komm einfach vorbei.«
»Kann ich ein Fernsehteam mitbringen?«
»Hmm, Presse?«
»Ja, der NDR.«
»Na gut, warum nicht. Bis dann.«
Ich klingelte sofort bei meiner Redakteurin durch, um ihr von meinem gelungenen Coup zu berichtet: »Ich habe jetzt einen Top-Kandidaten gefunden ... exakt das, was wir suchen ... Genau, ich sitze auf meinem Pferd und fange das andere Pferd ein ... Ja, das wird super, das gibt fantastische Bilder ... richtig, Westernromantik im wilden Mecklenburg!«

Dumm nur, dass ich vor unserem Dreh nicht einfach mal auf ein Stündchen an den Schaalsee gefahren war, um vorsichtshalber einen Blick auf diese Westernromantik und vor allem auch auf die Beschaffenheit der Weide zu werfen. Hätte ich es getan, wäre ich wohl kaum so blauäugig in dieses Abenteuer gestolpert. Aber ich wollte ja unbedingt authentisch sein – und war mir sicher, dass es mir gelingen würde, das »schwarze Monster vom Schaalsee« zu bändigen.

Schaalie vom Schaalsee

Ich hatte ein kleine Horsemanship-Truppe zusammengetrommelt, und als wir zur beschriebenen Adresse ganz im Westen Mecklenburgs fuhren, strahlte die Sonne vom Himmel. Es war einer dieser traumhaft ruhigen Septembertage, die sich noch nach Sommer anfühlten, an denen das klare, weiche Licht aber schon den bevorstehenden Herbst ankündigte. Wir hielten auf einem Hof mit alten LPG-Gebäuden: mausgraue Fassaden, rundherum sattes Grün, wie bei uns zu Hause. »Sie haben Ihr Ziel erreicht«, verkündete das Navigationsgerät mit schnarrender Computerstimme. Ziel erreicht? Schön wär's. Der digitale Schlaumeier hatte natürlich keine Ahnung, was mir noch bevorstand. Ich zum Glück auch nicht.

»Ich war felsenfest davon überzeugt, dass wir es mit meiner Zentaur-Methode schaffen würden, seinen störrischen Wallach aufzuhalftern.«

»Hallooo«, den Schwiegervater bekam ich jetzt zum ersten Mal zu Gesicht, wir hatten zuvor ja nur am Telefon gesprochen. Als ich dem Mann meine Strategie erklärte, verbarg er seine Skepsis hinter einem höflich-verlegenen Lächeln. Ich wiederum hatte heute meine beiden besten Pferde mitgebracht und war daher felsenfest davon überzeugt, dass wir es mit meiner Zentaur-Methode schaffen würden, seinen störrischen Wallach aufzuhalftern.

Wo blieben denn bloß die Fernsehleute? Ich blickte kurz auf die Uhr, lehnte mich dann an die sonnenbeschienene Seitenwand meines Hängers und versank in Tagträumen. Vielleicht würde aus mir ja bald der »Monty Roberts des NDR« werden? Schließlich hatte einst auch mein großes Vorbild, begleitet von Reportern der BBC, einen wilden Mustang eingefangen. Eine Nacht und zwei Tage lang musste er das Tier vor sich hertreiben und dabei mehrmals seine eigenen, erschöpften Reitpferde gegen neue, unverbrauchte eintauschen. Es dauerte also ein Weilchen, bis Roberts seinen »Shy Boy«, so hatte er den Mustang damals getauft, von der Herde isolieren, dann aufhalftern und später nach Hause führen konnte. So wie er wollte ich es auch gleich machen, nur eben schneller. Aber auch nicht zu schnell, das wäre ja langweilig. Und auch mein »Shy Boy« sollte einen Namen bekommen und nicht länger »das schwarze Monster« oder nur »der Wallach« sein.

Ich überlegte einen Augenblick. Vielleicht fiel mir ja sogar ein Wortspiel ein…? Charly! Das passte doch perfekt. Sprach man den Namen auf Mecklenburgisch oder mit Berliner Schnauze aus, kam dabei »Schaalie« heraus, »Schaalie vom Schaalsee«, alter Adel. Den Gag verstand man doch, oder? An der Hängerwand murmelte ich den Namen noch ein paarmal mit geschlossenen Augen vor mich hin. Dann horchte ich auf. Das Fernsehteam war endlich da.

In einer Stunde erledigt?

Anne hatte ihren Kameramann und einen Tontechniker dabei, das war's auch schon. Ich hätte mindestens noch einen Praktikanten oder eine Volontärin erwartet, schließlich drehten wir fürs öffentlich-rechtliche Fernsehen. Doch Anne arbeitete als freie Redakteurin für eine private Produktionsfirma, die lediglich im Auftrag des NDR unterwegs war. Auch ihr kleines Team bestand nur aus Freelancern - mehr oder weniger Tagelöhner, die sich von Job zu Job hangeln und immer auf den nächsten Anruf warten. Wir unterhielten uns kurz über die Medienbranche und ihre berufliche Situation. Die Zeiten, in denen man sich beim NDR teure Mitarbeiter in Festanstellung geleistet habe, seien längst vorbei, erzählte sie mir.

Bis Charly Menschen so nah an sich heranließ, sollte es noch eine ganze Weile dauern.

Heutzutage wälze man das Produktionsrisiko lieber auf die Dienstleister ab. Und so stand Anne heute genauso unter Druck wie ich, schließlich hatte sie mich ausgesucht und dem NDR meine Geschichte schmackhaft gemacht. Würde die Story also scheitern, würde sich der Sender vermutlich später an den Flop erinnern und zukünftige Aufträge an andere vergeben - »live and let die.«
Man sah Anne die Anspannung an.
»In einer Stunde ist die Sache erledigt«, sagte ich mit vollmundigem Optimismus, »und dann suchen wir uns einen gemütlichen Biergarten.«

Auf schwierigem Terrain

»Kamera? Läuft. Ton? Läuft.« Endlich ging es los! Wir sattelten die Pferde, und der Schwiegervater zeigte uns den Weg Richtung Weide. Das Fernsehteam folgte uns jetzt auf Schritt und Tritt, das machte schon was her! Ob das Spektakel wohl auch viele Schaulustige aus der Nachbarschaft anlocken würde? Doch ich sah mich nicht um, sondern blickte nur nach vorne. Schon von Weitem erkannte ich, dass der pechschwarze Warmblut-Wallach kein Monster, sondern eine anmutige Schönheit war. »Wir schaffen das, Schaalie!«, motivierte ich mich leise selbst. Auch der stolze Herdenchef hatte uns längst gesehen und sich mit gerecktem Hals schützend vor seine Stuten gestellt. Als wir das morsche Holzgatter öffneten, löste sich mein Blick langsam von ihm und schweifte über die weite Koppel um mich herum. Ich zuckte innerlich zusammen: Was war das denn!? Bei mir zu Hause waren die Weiden topfeben, übersichtlich und kahl gefressen. Vor mir erstreckte sich jetzt jedoch eine wilde Buckelwiese - mit umgestürzten Bäumen, Brennnesselfeldern und noch dazu einem Bachlauf, der sich als kleiner Canyon mitten durchs Gelände schlängelte. Als ich mit der Arbeit begann, spielte Charly sofort Katz und Maus mit mir. Er hatte ein Heimspiel.

Würde Charly mein »Shy Boy« werden? Manchmal sah es danach aus, doch der Wallach war sehr eigenwillig.

Nach einer Stunde war mein Pferd klatschnass, und auch ich wischte mir den Schweiß von der Stirn. Die Fernsehleute schlugen sich indes die Mücken aus dem Gesicht und blickten nervös auf ihre Armbanduhren. Der geplante Join-up mit Charly war jedoch längst noch nicht in Sicht. Zwar war es mir mehrfach gelungen, den Wallach von seinen Stuten zu trennen; noch öfter war es jedoch Charly gelungen, sich meiner

Vorsichtige Annäherung, dann aber immer wieder Rückzug: Charly war nicht in gerade in Gönnerlaune.

Kontrolle wieder zu entziehen und zu ihnen zurückzukehren. Die Verzweiflung stieg in mir auf, aber dieses Gefühl durfte sich der neue Stern am norddeutschen Fernsehhimmel natürlich nicht anmerken lassen. Und so versuchte ich, meine Unsicherheit einfach wegzulächeln. Schließlich hatte ich es schon oft erlebt, dass Pferde urplötzlich auf Kooperation umschalten, und ich sehnte mir diesen Moment herbei. Doch Charly war nicht in Gönnerlaune. Eine weitere Stunde verstrich - ohne Erfolg.
»Vielleicht ist es klüger, ihn im Stall aufzuhalftern?«, bemerkte der Schwiegervater, der jetzt auch schon die Stirn runzelte.
»Klar, aber wie sollen wir ihn denn von der Weide dahin bringen?«
»Er kennt den Weg und läuft allein, wenn wir das Gatter aufmachen.«
Ich stöhnte frustriert. Na, das hätte er auch früher sagen können! Aber früher hätte ich wohl nicht auf ihn gehört.

Plötzlich über alle Berge

Anfangs lief alles wie geplant: Wir treiben alle vier Pferde Richtung Ausgang. Einer der Stuten kann ich am Gatter sogar schnell ein Halfter anlegen, aber um sie geht es ja leider nicht. Als sich das morsche Holztor öffnet, preschen die anderen an uns vorbei und wirbeln dabei ordentlich Staub auf. Ich habe Mühe, die junge Stute bei mir zu halten; sich von mir loszureißen und ihrer Herde zu folgen gelingt ihr jedoch nicht. Trotzdem scheint die Situation jetzt außer Kontrolle zu geraten: Zwar galoppieren Charly und die restlichen Stuten auf dem schmalen Feldweg Richtung Stall, biegen dann aber auf halber Strecke unerwartet scharf rechts ab und verschwinden kurze Zeit später hinter einer Hügelkuppe.
»Das habe ich so ja noch nie erlebt!« Dem Schwiegervater klappt die Kinnlade nach unten.

»Jetzt wird's spannend, sieht nach Überstunden aus«, sage ich zur allgemeinen Aufheiterung, ernte von meinem Fernsehteam aber nur ein müdes Lächeln. Ich muss an Pat Parelli denken. »Es hat noch nie länger als zwölf Stunden gedauert«, lautet sein Wahlspruch, wenn etwas schiefläuft. Aber ich verkneife mir diese Bemerkung. Auch, weil es um mich herum auf einmal hektisch wird. In alle Himmelsrichtungen schwärmen jetzt Menschen, die plötzlich da sind und die ich gar nicht kenne, aus, um die Pferde zu suchen. Dabei werden sie jedoch vom Auf und Ab der Landschaft ausgebremst. Ich glaube, nirgendwo ist Mecklenburg so bergig, wie rund um den Schaalsee: steil abfallende Wiesen, wohin man blickt, und irgendwo zwischen diesen Hängen und Hügeln drei durchgebrannte Pferde. Einige Helfer schlagen sich zu Fuß querfeldein, andere schwingen sich aufs Fahrrad und folgen den Wegen, die sich durch durchs Weideland schlängeln. Wieder andere, die behaupten, sie hätten Charly & Co. auf der Straße laufen sehen, rollen mit bulligen Allradfahrzeugen an, um sich einem der Suchtrupps anzuschließen. Das alles fühlt sich wie eine Mischung aus Tatort und Rummelplatz an. Ab und an hört man in der Ferne ein aufgeregtes Wiehern, doch sehen kann man die Ausreißer nicht. Dann endlich die Erlösung, ein Anruf des bauernschlauen Schwiegervaters, der zur Sicherheit in Stallnähe geblieben ist: »Sie sind da!«

Duell im Kuhstall

Als wir am Stall ankamen, sahen wir, dass die Pferde nach ihrer kleinen Spritztour tatsächlich zurück nach Hause getrabt waren. Sie standen in einem ehemaligen Kuhstall der LPG, der so niedrig war, dass ich mit ausgestrecktem Arm die Decke berühren konnte. Charly und seine drei Frauen schwitzen, und ihr Atem pumpt regelrecht. Ich entdecke eine bauzaunartiges Gitterelement, mit dem man den Stall halbieren kann, und mit gemeinsamer Kraftanstrengung gelingt es uns, die schwere Trennwand so zu positionieren, dass sich die Stuten in der einen und der Wallach in der anderen Stallhälfte wiederfinden. Jetzt werde ich bestimmt leichtes Spiel haben! Der glitschige Untergrund macht mir allerdings zu schaffen – Stroh und Kuhscheiße. Und dann ist da noch Charly, der hartnäckig versucht, zu seinen Stuten zu gelangen. Ich stehe vor ihm, hinter mir das Gitter, durch das weit geöffnete Pferdeaugen ihren Anführer beobachten. Ob er sich wohl gleich mit voller Kraft gegen die Trennwand wirft?

»Wir stehen uns Auge in Auge gegenüber, fast wie Matador und Toro bei einem Stierkampf.«

Ich fuchtele mit meinem Seil und schlage dem Wallach immer wieder gegen die Nase, um genau das zu verhindern. Ich weiß, dass es mir unbedingt gelingen muss, ihn auf seiner Seite in die Ecke zu drängen. Nur so wird er einlenken, und nur dann kann ich ihn aufhalftern. Wir stehen uns Auge in Auge gegenüber, fast wie Matador und Toro beim Stierkampf. Immer wieder versucht Charly, sich links oder rechts an mir vorbeizudrängen, doch immer wieder kann ich ihn mit meinen Drohgebärden einschüchtern. Plötzlich nimmt er Anlauf und rennt direkt auf mich zu. Ich schwinge mein Seil und treffe ihn am Kopf, er stoppt, dreht sich blitzschnell um und feuert mit seiner Hinterhand nach mir.

Luxus in der Villa, Elend in der Gosse

Ist jeder seines Glückes Schmied? Bekommt jeder das, was er wirklich verdient, was er sich hart erarbeitet hat? Ich habe dazu einen ganz klaren Standpunkt.

Glück und Zufall

Was meinst du: Wenn einer vom Tellerwäscher zum Millionär wird, ist das sein Verdienst? Na, logisch! Wenn einer seinen Job und seine Wohnung verliert und obdachlos in der Gosse landet, hat er sich das selbst zuzuschreiben? Vermutlich, oder? Wenn eine Frau willensstark und zielstrebig immer weiter die Karriereleiter hinaufklettert, beweist das nicht, dass es theoretisch jede und jeder von uns zu etwas bringen kann? Ganz klar! Na ja, eigentlich schon.

Mythos freier Wille

Es geht mir hier um nicht weniger als um die Frage, ob wir unseres Glückes Schmied sind oder ein Blatt, das vom Wind, nicht selten von einem Sturm, herumgewirbelt wird und nichts, aber auch gar nichts dafür kann, wo es letztlich landet. Es geht also um die Frage von Schuld und Verantwortung.
Natürlich reden wir uns gern ein, dass wir einen freien Willen haben, dass wir Herr oder Frau unserer Entscheidungen sind. Bei näherer Betrachtung erweist sich diese Hoffnung jedoch als Illusion.

Es ist doch so, dass unser Erfolg im Leben nicht davon abhängt, ob wir uns anstrengen, sondern allein von Zufällen und Umständen, die wir nicht in der Hand haben. Diese Tatsache weckt in uns ein Gefühl der Hoffnungslosigkeit und des Ausgeliefertseins, das schwer zu ertragen ist. Wahr bleibt sie dennoch!

Mein Reiterhof in Neu Drefahl ist meine Oase – habe ich so viel unverschämtes Glück verdient?

Reflexartig springe ich zur Seite, um seiner Attacke auszuweichen. Zum Glück spüre ich nur den kurzen, scharfen Windhauch des Hufes, der wenige Zentimeter an meinem Gesicht vorbeischießt. Meine Bewegung ist so ruckartig, dass meine Brille in hohem Bogen von der Nase fliegt, sich kurz in den Gitterstäben verfängt und dann hinter mir bei den Stuten landet. Mir stockt der Atem.
»Ok, das war's, Abbruch.«

Schweigen und Flüstern

Lange Gesichter. Als ich dem NDR-Team nach kurzer Verschnaufpause erklärte, ich wolle ganz gerne noch ein paar Jahre länger mein Leben auf dieser Welt genießen und deshalb für heute die Segel streichen, waren alle enttäuscht. Am meisten ich selbst. Ich war kein guter Verlierer, und ich hatte ja versprochen, dass die Angelegenheit in drei Stunden erledigt sein würde.
Schulterzucken, Schweigen, Flüstern.
»Wenn das so einfach wäre, könnte das ja jeder«, kommentierte der Schwiegervater den Vorfall leise, und ich wusste nicht so recht, ob diese Bemerkung nur so dahingesagt oder als Seitenhieb gemeint war. Ich entschied mich für Letzteres und wurde dann fast ein bisschen pampig: »Ich komme morgen wieder und werde nicht ohne das Pferd abreisen – und wenn es drei Tage dauert!«

Es dauerte eine halbe Ewigkeit, bis ich Charly im Roundpen zum ersten Mal am Hals berühren konnte.

Müde und mit hängenden Köpfen machten wir uns auf den Heimweg. Anne und ihre Leute waren bei mir in Neu Drefahl einquartiert; auf der Rückfahrt redeten wir kaum, und jeder hing seinen Gedanken nach. Ich erinnerte mich, wie ich in Berlin als junger Mann nach der Probezeit von der Schauspielschule geflogen war. Was für eine Chance! Und ich konnte sie einfach nicht nutzen. War ich ein Versager, einer, der immer zu viel wollte, aber nicht konnte? Ich fühlte mich jetzt ähnlich deprimiert wie nach meiner Niederlage damals. Dann fiel mir der Songtext zu Jimmy Cliffs »You can get it if

you really want« ein. Ich summte das Lied im Kopf vor mich hin, und das munterte mich auf. Nein, ich war kein Versager – aber eben einer, der immer einen zweiten Anlauf braucht. War es mit meiner Karriere als Kabarettist in Kreuzberg nicht genauso gewesen? »You must try, try, try!« Ich wollte und sollte mich also nicht so schnell geschlagen geben.
Noch am selben Abend rief ich meinen Freund Stefan von der Werkstatt an: »Ich muss meinen Roundpen irgendwie zum Schaalsee transportieren. Dafür brauche ich deinen starken Allrad und den Anhänger – kannst du mir beides leihen?« Am nächsten Morgen zerlegten wir in einer Hauruckaktion den Roundpen, hievten über ein Dutzend schwerer Gitterelemente auf Stefans Anhänger, sicherten unsere Fracht mit breiten Spanngurten ab und fuhren los.
Schaalsee, die Zweite.

In der Manege

Ursprünglich war geplant, den Roundpen direkt vor dem alten Kuhstall aufzubauen, in dem Charly und die Stuten die Nacht verbracht hatten. So hätte ich den Wallach auf schnellstem Weg in den Übungsring bugsieren können. Vor Ort merkten wir dann aber sofort, dass das so nicht funktionieren würde: Der Boden vor dem Stallgebäude war komplett mit Beton versiegelt und zum Üben viel zu hart. Was tun? Wenn der Prophet nicht zum Berg kommt … Wir bauten die Gitterwände zunächst trotzdem vor der Stalltür auf und lotsten Charly direkt in den Roundpen. Jetzt packten alle mit an und gemeinsam rüttelten wir den Ring Meter für Meter vom Kuhstall Richtung Wiese. Charly gefiel das natürlich gar nicht. Er rannte aufgeregt hin und her, wieherte nach seinen Stuten und versuchte immer wieder auszubrechen. Gegen den Metallzaun und unsere vereinte Muskelkraft hatte er aber keine Chance; ihm blieb keine andere Wahl, als sich ebenfalls mitsamt seinem Käfig Schritt für Schritt vom Stall zu entfernen.
Nach einer halben Stunde hatten wir alle Gitterteile dann so weit auf den Wiesenboden geschoben, dass das Training beginnen konnte. Wir waren alle ganz schön verschwitzt, ich aber war vor allem glücklich, denn die Arbeit im Roundpen war mein tägliches Brot – und Charly saß jetzt in der Falle.
Heute würde ich ein Heimspiel haben!

»Ich liebe ja die Arbeit im Roundpen, weil keine andere Umgebung mir so sehr das Gefühl vermittelt, ein Pferd unter Pferden zu sein.«

Als ich endlich in den Ring stieg, konnte ich immer noch nicht fassen, dass es uns tatsächlich gelungen war, meine kleine Manege hierher zu verfrachten! Aber es würde sich ganz sicher lohnen. Ich liebe ja die Arbeit im Roundpen, weil keine andere Umgebung mir so sehr das Gefühl vermittelt, ein Pferd unter Pferden zu sein.

Der Roundpen ist mein Übungsring, ist meine Mini-Prärie, mein Privatrevier. Ähnlich einem Hebel, den man ansetzt, um möglichst kräftesparend ein schweres Gewicht zu stemmen, verkleinert dieser Übungsplatz den Aktionsradius des Pferdes so sehr, dass ich als Mensch und Zweibeiner nicht nur mithalten, sondern meinen Führungsanspruch durchsetzen kann.

»Jetzt bin ich plötzlich wieder hellwach. Habe ich da gerade ein Hintertürchen zum Erfolg aufgestoßen?«

Natürlich hatte ich mich auch an diesem Tag wieder grandios überschätzt. Schnelle Erfolge ließen jedenfalls erneut auf sich warten: Eine Stunde lang probierte ich mit Charly alles aus, was ich über die Arbeit im Roundpen wusste. Und ich machte weiter und weiter. Kapitulation? Kam nicht infrage, nach all dem Aufwand sowieso nicht! Mir war jetzt egal, wie lange dieses Drama dauern würde. Mir war auch egal, ob die Fernsehleute blieben oder mit ausgestreckten Mittelfingern das Weite suchten. Notfalls würde ich hier übernachten, Hauptsache Sieg: »You can get it if you really want it!«

Den Fisch am Haken

Eine weitere Stunde später, es war inzwischen Nachmittag, war es mir dann aber immer noch nicht geglückt, so nah an Charly heranzukommen, dass er sich von mir berühren ließ. Ich wurde zunehmend nervös. Hinterm Zaun waren jetzt mindestens zehn Augenpaare auf mich gerichtet, und wie am Vortag spürte ich, dass sich beim Publikum langsam Unmut und Skepsis breitmachten. Ich wiederum war mit meinem Latein am Ende und sehnte mich nach einer Verschnaufpause. Um meine Erschöpfung zu kaschieren, begann ich etwas willkürlich mit meinem Equipment zu spielen. Dabei kam ich Charly mit meinem Stick immer näher und merkte, dass der ihn weitaus weniger irritierte als alle Annäherungsversuche mit meinen Händen. Aha! Jetzt bin ich plötzlich wieder hellwach. Habe ich da gerade ein Hintertürchen zum Erfolg aufgestoßen?

Ich nähere mich noch einmal mit dem Stick und streiche vorsichtig mit der Spitze über Charlys Hals. Kein Problem. Dann probiere ich es mit meinem langen Ringrope. Als ich es über seinen Körper werfe, läuft er davon. Doch im selben Moment treibe ich ihn nach alter Horsemanship-Regel noch weiter von mir weg – Komfort und Diskomfort. Funktioniert! Nach ein paar Wiederholungen duldet Charly es tatsächlich, dass da gerade ein Seil auf seinem Rücken liegt. Ich werfe den Zuschauern am Gitter ein Lächeln zu. Jetzt bloß kein Rückschlag, bitte! Ich wiederhole die Übung, und als mein Ringrope wieder ruhig auf Charly liegt, schwenke ich es in meiner Hand hin und her. Wie erhofft, läuft er langsam rückwärts, und das Seil rutscht mir entgegen. Rasch ziehe ich das Lederende durch den Ring und ... Bingo! Ich habe meinen Fisch endlich am Haken!

Die Schlinge zieht sich um Charly, und der wehrt sich mit aller Kraft. Doch der Roundpen und mein Seil, das ich jetzt mit beiden Händen fest umklammere, halten ihn im Zaum.
Nach kurzem Kampf gelang es mir dann zum ersten Mal, Charly am Hals zu berühren. Behutsam rieb ich ihn mit einem Halfter ab. Bis ich es ihm tatsächlich überstreifen konnte, verging aber noch einmal eine gefühlte Ewigkeit. Als es geschafft war, stieß ich einen lauten Triumphschrei aus, und meine Crew jubelte mir zu wie nach einem Boxkampf, bei dem der gefürchtete Endgegner endlich k.o. zu Boden fällt. Jetzt konnte das Verladen beginnen. Charly bäumte sich noch einige Male auf, aber als es mir gelang, ihn mit den Vorderfüßen auf die Rampe zu locken, war es ein Leichtes, ihn komplett in den Hänger zu führen. Die Fahrt brachte er völlig ruhig hinter sich. Man spürte ihn kaum.

Drei Kreuze und ein kühles Bier

Bevor sich Charly in seinem neuen Zuhause in Neu Drefahl umsehen durfte, musste er sich noch etwas gedulden: Denn erst mussten wir ja wieder den Roundpen aufbauen. Doch jetzt halfen alle mit noch größerer Begeisterung als

Nach harter, geduldiger Arbeit wurde Charly endlich ein zuverlässiges Reitpferd.

am Schaalsee mit. Glückliche Gesichter auch beim NDR-Team: »Das gibt tolle Bilder!«, sagte der Kameramann und klopfte mir auf die Schulter.
»Super, das hast du ja ganz schön spannend gemacht«, meinte Anne.
Als Charly schließlich im heimischen Roundpen untergebracht war, machte ich erst drei Kreuze, ging duschen und holte mir dann ein kaltes Bier aus dem Kühlschrank. Es sollte nicht das einzige an diesem Abend bleiben.

Geräusch und Gewicht

Die nächsten Wochen verbrachte Charly nur im Roundpen, und jedes Mal, wenn ich zu ihm kam, rannte er davon. Na, das konnte ja heiter werden! Ich schickte ihn dann immer an die Arbeit und ließ ihn ein paar Runden drehen. Denn ich war sicher, er würde eines Tages nachgeben und den für ihn entspannteren Weg wählen. Und so geschah es auch. Es dauerte einige Wochen, dann blieb er ruhig vor mir stehen, und noch ein paar Tage später ließ er sich zuverlässig aufhalftern.
Sein tägliches Übungsprogramm absolvierte er jetzt mit Bravour, und bald konnte ich mit ihm auf die Weide, um endlich das zu tun, was ich von Anfang an am Schaalsee mit ihm vorhatte: Ich auf meinem Reitpferd voraus, Charly folgte mir.

Charly absolvierte das volle Trainingsprogramm, bevor wir uns auf seinen Rücken wagten.

Es gab jetzt keine Rückschritte mehr. Wir konnten Charly satteln und dann auch Aussacken. Darunter versteht man das Befestigen verschiedener Gegenstände am Sattel: raschelnde Plastiktüten, alte Autoreifen, kleine Sandsäcke. Das muten wir unseren Pferden immer zu, bevor sich ein Mensch auf sie setzt. Denn schließlich ist es das, was jedes Reitpferd früher oder später erwartet: Geräusch und Gewicht. Charly bestand auch diesen Härtetest, konnte wenig später problemlos geritten und dann als Leihpferd in unseren Camps eingesetzt werden. Eines Tages kam es dann, wie es kommen musste: Eine 14-jährige Teilnehmerin verliebte sich in den stolzen Burschen, und wir verkauften ihn nach Berlin.

»Armer Charly. Wäre er nicht so unzugänglich gewesen, hätte er das Zeug zum Sportpferd gehabt.«

Das Leben ist nicht fair

Ich würde das Kapitel gerne mit einem Happy End abschließen, aber das Leben ist leider kein Hollywood-Film und meint es nicht immer gut mit Mensch und Tier. Im Sommer 2020 erreichte mich die Nachricht, dass Charly an chronischer Lahmheit erkrankt war und nicht mehr geritten werden konnte. Die Familie musste ihn abgeben. Glücklicherweise fand das kranke Tier neue Verehrer, die es bei sich aufnahmen und ihm die notwendige Therapie und Bewegung ermöglichten. Armer Charly. Wäre er nicht so unzugänglich und schwierig gewesen, hätte er das Zeug zum Sportpferd gehabt. Aufgrund seiner Lahmheit in jungen Tagen hätte dann aber vermutlich jeder – auch ich – gesagt: »Typisch, ein junges Pferd mit sportlichen Ambitionen so zu überfordern und kaputt zu reiten!« In Charlys Fall kann ich mit Sicherheit sagen, dass er nicht durch Überforderung oder falsche Behandlung erkrankt ist. Das Leben ist nicht fair.

Charly vom Schaalsee habe ich es übrigens zu verdanken, dass ich mir nach unserem zweitägigen Abenteuer tatsächlich als »NDR-Pferdeversteher« einen Namen machte. Aus der Reportage, die ursprünglich nur eine halbe Stunde füllen sollte, wurde eine einstündige »Nordstory«, und aus unserem einmaligen Dreh sogar eine mehrteilige Reihe. Wer sich das ansehen will, findet die Sendungen auf YouTube – und vielleicht verstecken sie sich sogar noch irgendwo in der Mediathek des Norddeutschen Rundfunks.

Von Selbstliebe, Zweifeln und Selbstbestimmung

Bin nur ich ein Egoist, oder sind wir das nicht alle?
Muss man eine Familie gründen, um glücklich zu werden?
Und wann ist die Zeit für ein würdiges Ende gekommen?

Für meine Mutter war ich der Prinz, und schon als Kind stand ich bei Feierlichkeiten gern im Mittelpunkt.

Am wichtigsten? Bin ich!

Ich komme als Erstgeborener zur Welt, bin 13 Jahre ein Einzelkind und für meine Mutter der Prinz. Schon als Vierjähriger stehe ich bei Feierlichkeiten auf dem Couchtisch und gebe »Rote Lippen soll man küssen« zum Besten. Zeitlebens habe ich das Bedürfnis, im Mittelpunkt zu stehen. In jeder Bande bin ich der Anführer, unter einem Vorgesetzten zu arbeiten ist mir praktisch unmöglich, und in meinem Leben gibt es immer nur einen: mich selbst.

Also setze ich alle Energien daran, meine Tage, mein Leben selbst in die Hand zu nehmen. Die Bestimmtheit, die Radikalität, manche sagen die Rücksichtslosigkeit, mit der ich meine Ziele verfolge, stoßen viele Leute ab. Viele sind davon aber auch fasziniert. Mit Letzteren lässt sich gut arbeiten – solange sie nicht an meinem Stuhl sägen.

Mein erster Shitstorm

Sich im Rampenlicht sonnen und sein Ego streicheln zu lassen ist die eine Seite der Erfolgsmedaille. Die andere ist, dass jeder öffentliche Auftritt natürlich Kritiker und Neider auf den Plan ruft, die einem die Aufmerksamkeit nicht gönnen.
Für einen Narzissten wie mich ist die schlimmste Form der Ablehnung der Shitstorm. Als er das erste Mal über mich fegt, tut's noch so richtig weh. Ich genieße gerade meinen Urlaub in Italien mit meiner Freundin Conny, wir verbringen glückliche Tage in der Toskana. Bald werde ich Fernsehstar sein! Die ersten drei Folgen meiner Doku sind abgedreht, da klingelt das Telefon. Ein Anruf des Chefredakteurs der Zeitschrift »Horseman«. Er sagt, wir hätten ein Problem.

Mein letzter Artikel habe einen regelrechten Shitstorm ausgelöst. In der Redaktion gelte ich damals ohnehin schon als Enfant terrible, das immer alles anders machen will. Vielen Redakteuren gefällt das, aber nun hagelt es Beschwerden über meinen Ratschlag, einem Pferd eine Elektrolitze um den Bauch zu wickeln, damit es den Stromzaun als Grenze respektiert – wenn alle anderen Methoden und Versuche gescheitert sind, wohlgemerkt! Ich lache es tagsüber weg, kann aber nachts nicht schlafen.

Werde ich noch vor meinem ersten Höhenflug abstürzen? Soll ich den NDR informieren oder hoffen, dass der Sender das mit dem Artikel nicht mitbekommt? Schon bald sollen die ersten Folgen laufen. Und ich? Gefährde alles mit einem blöden Magazinartikel, mit dem ich doch nur dem Experteneinerlei etwas »Peppiges« entgegensetzen wollte – etwas, was sonst keiner macht. Nach einer schlaflosen Nacht rufe ich von Italien aus meine Redakteurin an, die sich direkt an den NDR wendet. Das Feedback aus Deutschland ist beruhigend: Die Reaktionen auf meinen Artikel in den Sozialen Medien seien dem Sender egal, heißt es. Ich bin erleichtert.

Besuch vom Veterinäramt

Wieder zurück in Deutschland, sehe ich mich mit Anzeigen konfrontiert. Ich bekomme Besuch vom Veterinäramt; die freundliche Dame will sich persönlich von unserer vorbildlichen Pferdehaltung überzeugen. Damit ist die Sache für sie erledigt. Sie entschuldigt sich fast, aber wenn eine Anzeige vorliege, müsse sie der Angelegenheit eben nachgehen.
Auch die Fernsehdoku stößt nicht nur auf positive Resononanz. Manche Zuschauerinnen und Zuschauer reagieren sogar mit Drohungen. Der NDR nimmt's gelassen: »Was meinst du, was bei Tamme Hanken nach jeder Sendung los war?«, sagt man mir.
Dennoch wird meine Sendung nach der zweiten Staffel ohne Begründung eingestellt. Ob man nur Sparen möchte – oder der Gegenwind dem Sender doch zu viel geworden ist? Ich weiß es bis heute nicht. »Du polarisierst und sorgst für Diskussionen, das ist genau das, was wir von einer Doku erwarten.«

Aufmerksamkeit um jeden Preis?

Es dauert nicht allzu lange, bis ich begreife, dass alle Menschen, die in der Öffentlichkeit agieren, früher oder später mit Kritik klarkommen müssen. Nur die ganz Angepassten, die Positionen vertreten, die jeder sofort unterschreiben will, kommen um diese Form

Don Quijote oder doch eher Superman?
Egal, Hauptsache Theater!

der Aufmerksamkeit herum. Manche machen sich sogar Sorgen, wenn sie eine Zeit lang keinen Shitstorm ausgelöst haben. Sie lancieren dann sogar ganz bewusst Nachrichten, die polarisieren und möglichst viel Staub aufwirbeln. Im Gespräch bleiben, egal wie, ist schließlich gut fürs Geschäft.

Fass ohne Boden

Im »Drama des begabten Kindes« – ich behaupte oft scherzhaft, das Buch habe die jüdische Psychotherapeutin Alice Miller über mich geschrieben – finde ich mich treffend beschrieben: Die narzisstische Persönlichkeitsstörung ist vor allem bei Schauspielern zu beobachten. Sie baden im Applaus des begeisterten Publikums, und schon am nächsten Morgen, Fass ohne Boden, das sie sind, fühlen sie sich leer und ausgebrannt. Dann hangeln sie sich durch den Tag, bis am Abend erneut Applaus ihre Verzweiflung über sich selbst für einige Stunden überdeckt.

Leben ohne eigene Kinder

Schon als Kind und Jugendlicher führe ich regelmäßig lange und gute Gespräche mit meinem Vater. Und nach unseren Diskussionen komme ich immer wieder zu diesen Schlussfolgerungen:

- Unter den gegebenen Verhältnissen und im Hinblick auf meinen Lebensstil ist es klug, sich am Fortpflanzungsgeschehen nicht zu beteiligen. Das heißt natürlich nicht, auf ein lustvolles Sexualleben zu verzichten. Im Gegenteil: Durch Sterilisation wird die Freude am Sex durch keinerlei Ängste vor ungewollter Schwangerschaft getrübt.
- Auf sein biologisches Ende zu warten, anstatt sein Leben zu einem selbst gewählten Zeitpunkt zu beenden, birgt das Risiko, die Kontrolle über das eigene Leben zu verlieren und sich die letzten Jahre durch Schmerzen und Hilflosigkeit zu versauen.
- Es gibt keinen göttlichen Plan, es gibt keine von außen gestellte Aufgabe. Das Leben ist sinnlos! Das bedeutet jedoch nicht, dass man kein erfülltes und glückliches Leben führen könnte, wenn Zufälle und glückliche Umstände es erlauben.

Meine damalige Entscheidung, mich sterilisieren zu lassen, hat sich sehr stark auf meinen weiteren Lebensweg ausgewirkt: Seit dem Eingriff muss ich mir

Früher war ich in Gruppen immer der Jüngste, jetzt bin ich fast immer der Älteste.

keine Sorgen mehr machen, ungewollt Vater zu werden. Manche Frauen, die ich jetzt kennenlerne, sind über die Endgültigkeit meiner Entscheidung entsetzt, die meisten genießen es aber. Schließlich sind auch sie, und das ohne eigenes Zutun, vor ungewollter Schwangerschaft geschützt.
Habe ich mich entschieden, oder ist die Entscheidung aufgrund der Predigten meines Vaters und der Einflüsse der Frauenbewegung zustande gekommen? Fest steht, dass mir dank Sterilisation das Schicksal derer erspart geblieben ist, die eigentlich nur Sex wollen und dann Kinder bekommen – und sich schließlich mehr oder weniger erfolgreich mit dem ewigen Generationenspiel arrangieren. Keine Kinder bedeutet für mich aber auch: keine Verantwortung und somit die Möglichkeit, meine unsicheren und ständig wechselnden Ideen zu verwirklichen.

Wenn das Ende naht

Plötzlich wird man von der Tatsache überrascht, dass man zu den alten Menschen gehört. Das Herz wird sicherheitshalber untersucht, jeden Tag muss man mehrere Pillen zur Senkung von Blutdruck, zur Potenzsteigerung, gegen zu viel Harndrang oder zur Blutverdünnung schlucken. Und wenn dann auch noch ein Virus die Herrschaft über die Nachrichtenlage übernimmt, gehört man zur Risikogruppe.

Irgendwann ist bald zu spät

Ich erinnere mich gut, dass ich in meiner Jugend Niederlagen immer mit einem »Noch nicht – aber irgendwann wird das schon klappen« abgemildert habe. Und dann hat man ruckzuck den Zenit überschritten, und aus dem Noch-nicht wird ganz schnell ein Nichtmehr: Das hast du mal gekonnt, das kannst du jetzt nicht mehr – fünfmal Sex pro Tag, auf jedes ungesattelte Pferd springen, die ganze Nacht durchtanzen und dann am nächsten Morgen trotzdem in die Arbeit gehen und acht Stunden malochen. Früher war ich in Gruppen immer der Jüngste, jetzt bin ich fast immer der Älteste. Mein Trost ist, dass ich mich mit dem Alter nicht abfinden mag.
Was Selbstmord ist und bedeutet, erfahre ich schon als Kind – zunächst in Sensationsgeschichten, die hinter vorgehaltener Hand erzählt werden: der Nachbar, der sich erschossen hat; der Familienvater, der seine Tochter umbringt und dann sich selbst; der Arbeitslose, der sich am Badheizkörper erhängt.

Abgang mit Würde?

Als Akt der Selbstbestimmung und als würdiges Endes erkenne ich den Freitod erst als erwachsener Mann: Sich nicht einem körperlichen und geistigen Verfall mit ungeahntem Verlauf und unerträglichem Ende zu überlassen, sondern das Schicksal in die eigene Hand zu nehmen, das war immer das Credo meines Vaters – und ist auch meines geworden.

Er selbst hat den Absprung verpasst und lebt jetzt einem Ende entgegen, dessen Scheußlichkeit durch starke Psychopharmaka gemildert wird. Ich bin jetzt in einem Alter, in dem einst mein Großvater und mein Onkel an Herzversagen starben. Doch meine schwache, mit einem angeborenen Klappenfehler belastete Pumpe schlägt munter weiter. Regelmäßig schaue ich nach den Medikamenten in meinem Safe und verspreche mir, auf der Hut zu sein, damit ich den richtigen Zeitpunkt nicht verstreichen lasse.

Als Jean Améry an seinem Buch »Hand an sich legen: Diskurs über den Freitod« arbeitet, wird er von einem Studenten während einer Vorlesung gefragt, wieso er denn so etwas schreibe und sich nicht selbst umbringe. »Seien Sie doch nicht so ungeduldig«, erwidert Améry und nimmt sich zwei Jahre später das Leben. Freitod. Diese Möglichkeit war mir immer ein Trost und eine Überlebenshilfe. Wenn ich nicht jeden Tag über Selbstmord nachdenken würde, müsste ich mich glatt umbringen.

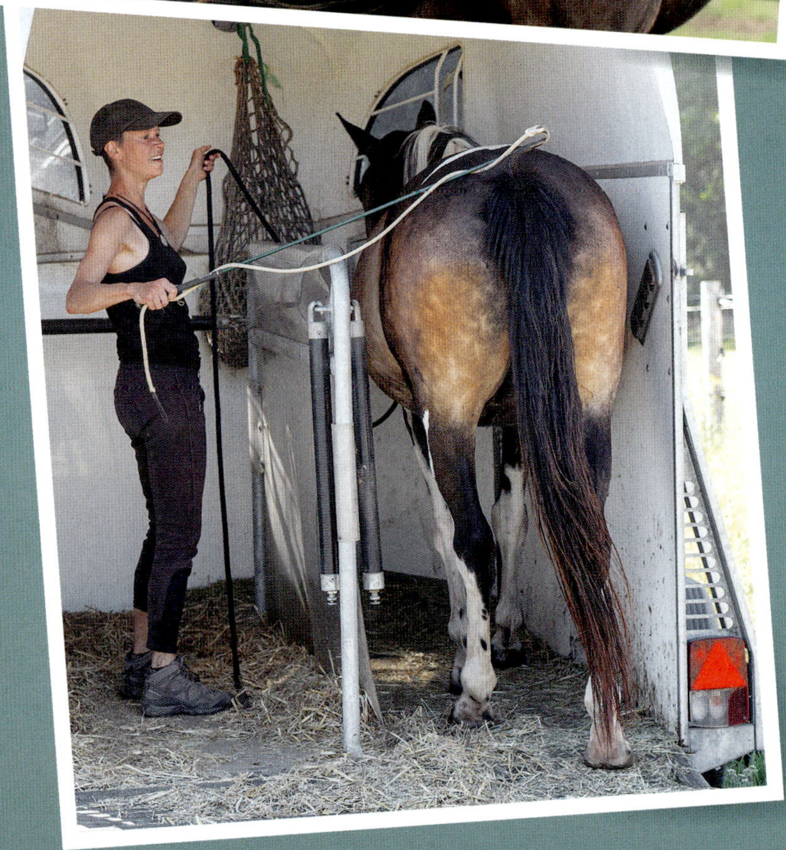

11 Praxis-Pferdetipps

»Alle Methoden des Horsemanship im Detail zu erklären würde den Rahmen dieses Buches sprengen. Aber die Prinzipien und ein paar Techniken möchte ich natürlich beleuchten – und Appetit machen auf den natürlichen Umgang mit Pferden!«

Alles eine Frage der Haltung!

Horsemanship bedeutet, das eigene Pferd auf artgerechte Weise so auszubilden, dass es zum loyalen Partner wird – ein Partner, mit dem man durch dick und dünn gehen kann.

Das Fundament guter Pferdearbeit

Das Pferd begleitet den Menschen seit vielen Jahrtausenden. Es war für ihn Transportmittel und wichtiges Kriegsinstrument, und noch im 19. Jahrhundert gab es in europäischen Großstädten unzählige Pferdeställe, die sogar mehrstöckig gebaut wurden, um möglichst vielen Tieren auf engstem Raum Platz zu bieten. Auch in der Landwirtschaft waren Pferde ab dem frühen Mittelalter unverzichtbar und wurden

Pferde sind Flucht- und Herdentiere – das darf man bei ihrer Ausbildung nie vergessen.

erst Jahrhunderte später allmählich von stärkeren Dampfmaschinen und Traktoren abgelöst.
Nicht zuletzt, auch das muss erwähnt werden, zählt Pferdefleisch zu den ältesten Nahrungsmitteln der Welt: Wildpferde wurden schon in der Steinzeit von unseren Vorfahren gejagt und verzehrt; und ihr Fleisch ist in vielen Ländern wie etwa in Österreich immer noch sehr beliebt. Unterm Strich kann man also sagen, dass die beispiellose Erfolgsgeschichte der Menschheit ohne Pferde und ihre Domestizierung so nicht möglich gewesen wäre.

Heute dienen Pferde, zumindest bei uns in Europa, fast nur noch Unterhaltungszwecken - als Freizeitvergnügen, auf dem man gelegentlich oder regelmäßig ein paar Runden dreht, als »Sportgeräte« für Profis beim Dressurreiten und Springen oder auch als Showpferde bei Westernreiten und im Zirkuszelt. Es ist aber letztlich egal, aus welchen Gründen man sich für Pferde begeistert: Die nachfolgenden Tipps bilden das Fundament, auf dem jegliche Pferdearbeit, die sich an den natürlichen Voraussetzungen und Ansprüchen des Pferdes messen lassen will, fußt.

Die halbe Miete

Horsemanship ist eine Haltungsfrage, und das gleich in mehrfacher Hinsicht:

- Es ist die Haltung, die ich meinem Pferd gegenüber einnehme, also meine innere Einstellung.
- Es ist die Haltung, in der ich mich in der Arbeit mit dem Pferd präsentiere, also meine Körpersprache.
- Und es ist die Haltung, die ich meinem Pferd biete, nämlich ein möglichst artgerechtes, natürliches Pferdeleben in meinem Umfeld.

Die richtige Haltung ist also die halbe Miete. Und was ich zu sagen habe, richtet sich im Hinblick auf die Bodenarbeit an alle, die mit Pferden Umgang haben und mit ihnen trainieren möchten.
Was das Reiten betrifft, richten sich meine Tipps in erster Linie an Menschen, die vor allem eines wollen:

Horsemanship ist eine Haltungsfrage, und das gleich in mehrfacher Hinsicht.

sich mit ihrem Pferd sicher und mit Freude im Gelände bewegen. Dabei soll und darf es keine Rolle spielen, ob sie allein oder in der Gruppe unterwegs sind und ob sie sich auf eigenem Grund und Boden bewegen oder fremdes Terrain erkunden wollen.

Ansatz und Ziel meiner im Folgenden beschriebenen Arbeit, die auf meinen Erfahrungen und Erkenntnissen der letzten 30 Jahre beruht, sind: Die Menschen sollen so mit ihren Pferden arbeiten, dass das Tier auch in bedrohlichen Situationen nicht in den Fluchtmodus umschaltet, sondern bei seinem Besitzer bleibt, den es als Herdenführer anerkennt und der für das Pferd ein sicherer Pol in allen Lebenslagen ist. Nicht mehr - aber vor allem auch nicht weniger!

Die anschließenden Kapitel bieten allerdings nur einen Ausschnitt und Überblick über meine Arbeitsmethoden. Wer tiefer in die Materie eintauchen möchte, tut dies am besten mit den DVDs meiner Serie »Grundlagen des Horsemanship« oder mit meinem Buch »In kleinen Schritten zur großen Freiheit«, das sich ebenfalls im Schwerpunkt auf die praktische Arbeit und das Training mit Pferden konzentriert.

Wer hätte das gedacht, ich bin ein Prinzipienreiter!

Bei Horsemanship geht es nicht nur um Technik. Es gleicht eher einer Philosophie, auf die man sich ganzheitlich einlassen muss. Hier meine wichtigsten Grundsätze und Methoden.

Freiheit und Notwendigkeit

Meinen Kurs »Spielregeln für Alphatiere« biete ich im Wochenendformat seit Beginn meiner Karriere, also seit mehreren Jahrzehnten an. Ich habe ihn so genannt, weil grenzen- und regellose Freiheit eben keine Befreiung ist, sondern Chaos – und zwar für Pferde wie für Menschen! Hier halten wir es mit Hegel und natürlich mit dem Genossen Friedrich Engels: »Freiheit ist die Einsicht in die Notwendigkeit«.

Wer führt, wer fühlt? Die Rangordnung wird auch zwischen Pferd und Mensch immer neu verhandelt.

Und was bedeutet das konkret für die Arbeit mit Pferden? Hier einige Prinzipien und Erkenntnisse, denen ich mich ganz besonders verbunden fühle:

- **Menschen sind Raubtiere:** Sie sind natürliche Feinde der Pferde. Somit lieben Pferde keine Menschen, denn das Fluchttier liebt seinen Killer nicht. Du darfst dein Pferd mit Liebe überschütten, aber erwarte nicht, dass es dir diese Liebe in gleicher Form zurückgibt. Ziel ist es vielmehr, mit deinem Pferd einen motivierten sowie vertrauens- und respektvollen Mitarbeiter an deiner Seite zu haben.
- **Pferde und Menschen sind Säugetiere:** Alle Säugetiere haben eine gemeinsame Körpersprache, dies gibt uns die Möglichkeit zur Verständigung!
- **Pferde sind Herdentiere:** Boxenhaltung entspricht nicht ihrem Naturell. Sie brauchen Bewegung und soziale Kontakte. Zur Herdenhaltung gibt es also keine natürliche Alternative. Je artgerechter du dein Pferd hältst, desto weniger braucht es dich.
- **Pferde leben in einer Rangordnung:** Diese Rangordnung wird in der Herde immer wieder neu verhandelt. Wer den anderen bewegt, ist der Chef. Dieses natürliche Verhalten machen wir uns in der Horsemanship-Arbeit zunutze. Sei dir deiner damit verbundenen Verantwortung bewusst und werde ihr gerecht, denn in der freien Natur legt das rangniedrigere Pferd sein Leben vertrauensvoll in die

Hände (oder Hufe) der dominanten Tiere, also in die der Leitstute bzw. des Leithengstes.

Mehr als nur Handwerkszeug

Hast du das Bewusstsein und die Prinzipien des Horsemanship verinnerlicht, werden sie sich automatisch auch auf dein alltägliches Leben in der Menschenwelt auswirken. Somit gilt:

- **Horsemanship ist eine Lebenseinstellung:** Sie wirkt sich auf deinen Umgang mit Pferden, aber auch auf dein Berufs- und Privatleben aus. Wenn du in deiner Arbeit mit Pferden den »Horseman-Weg« einschlägst, solltest du dir bewusst sein, dass du Verantwortung übernimmst – und zwar für dich selbst! Sei klar, ehrlich, fair, freundlich und konsequent. Nur so kannst du dir das Vertrauen und den Respekt deines Pferdes verdienen und es dabei begleiten, ebenfalls Verantwortung in eurer gemeinsamen Arbeit zu übernehmen und ein zuverlässiger Partner zu werden.
- **Horsemanship ist wie Tangotanzen:** Es muss klar sein, wer führt und wer fühlt. Es gibt keine festen Muster oder einstudierten Bewegungsabläufe; die Verständigung erfolgt ausschließlich über Körpersprache. Der Führende erzeugt Druck, dem der fühlend Geführte weicht.
- **Horsemanship soll Spaß machen:** Entertainment und Erkenntnis müssen sich also nicht widersprechen, denn ohne Freude kein Lernerfolg.
- **Sei Pferd unter Pferden:** Verhalte dich nicht wie ein Raub-, sondern wie ein Fluchttier und nutze das Prinzip von Annäherung und Rückzug. Mache also erwünschtes Verhalten bequem und unerwünschtes unbequem. Im Horsemanship-Jargon sprechen wir von »Komfort und Diskomfort«. Mit dieser Methode kannst du deinem Pferd schnell beibringen, welche Reaktion du von ihm erwartest, denn Komfort zu erlangen ist die größte Motivation des »Fluchttieres Pferd«. Das richtige Timing ist dabei das A und O.
- Pferde lernen durch Nachlassen von Druck im richtigen Moment. Viele Pferdebegeisterte würden am liebsten auf jeglichen Druck verzichten. Sie wünschen sich, das »Pferdeflüstern« möge wirklich nur Flüstern sein. Doch diese Einstellung liegt fernab der Realität, die das Pferd im Herdenverband lebt und erlebt. Druck aufzubauen, ob durch das Anlegen der Ohren oder einen Huftritt vor die Brust (also mentaler und physischer Druck), ist eine Form der Kommunikation, die Pferde fortlaufend untereinander anwenden. Willst du einem Pferd also beibringen, welches Verhalten du von ihm erwartest, geht das nicht ohne Druck. Dabei gilt: So wenig wie möglich – aber so viel wie nötig!
- Arbeite mit den »Vier Phasen der freundlichen Bestimmtheit«: Wenn du dein Pferd nach einem bestimmten Verhalten, einer bestimmten Reaktion

Die vier Phasen: Timing, Rhythmus und Dosierung

Beim langsamen Druckaufbau anhand der »Vier Phasen der freundlichen Bestimmtheit« solltest du Folgendes beachten:

- Gib deinem Pferd in den einzelnen Phasen drei Sekunden Zeit, damit es darüber nachdenken kann, welche Reaktion du erwartest.
- Keine Emotionen! Das bedeutet, du bleibst in jeder Phase freundlich, aber bestimmt.
- Der kleinste Versuch wird belohnt, indem du den Druck sofort wegnimmst oder ihn an einer bestimmten Stelle, an der du ihn aufgebaut hast, einfach wieder »wegstreichelst«.
- Baue den Druck rhythmisch auf. So kann dein Pferd lernen, dich einzuschätzen und zu respektieren, anstatt sich vor dir zu fürchten.

Eine Herde, genügend Platz, Wasser, Gras oder Heu: Mehr brauchen Pferde eigentlich nicht.

fragst, beginne stets sanft mit der ersten Phase. Reagiert dein Pferd nicht oder widersetzt es sich, fragst du deutlicher in Phase 2. Reagiert dein Pferd immer noch nicht mit dem gewünschten Verhalten, wirst du nun in Phase 3 schon sehr deutlich. Kommst du auch damit nicht weiter, musst du Phase 4 anwenden: Wie die Zähne oder der Huf des Pferdes, kommt hier vehement der Stick zum Einsatz! Das ist wichtig für dein Pferd, denn nur so kann es lernen abzuschätzen, welche Folgen es hat, wenn es auf die ersten Phasen nicht entsprechend reagiert. So bringst du dem Tier bei, dass es selbst dafür verantwortlich ist, rasch wieder Komfort zu erlangen, und es wird mit der Zeit immer feiner auf deine Fragen und Signale reagieren.

- Die Natur ist kein Zuckerschlecken. Du musst also kein schlechtes Gewissen haben, wenn du mit warmer Kuscheldecke auf dem Sofa sitzt, während dein Pferd im Regen auf der Weide steht!

Haltung

Ein Pferd ist ein Pferd ist ein Pferd: Eine Herde, genügend Platz, Wasser, Gras oder Heu und im Winter einen dicken Pelz - mehr braucht ein Pferd eigentlich nicht. Es braucht keine Decke und kein Dach überm Kopf, es genügen ein paar Bäume oder ein Unterstand, die Schutz vor Wind und Wetter bieten.

Die Herdenhaltung

Zur Haltung eines Pferdes im Herdenverband gibt es keine natürliche Alternative. Herdenhaltung bedeutet, die Natur des Pferdes zu respektieren. Gewiss, es besteht die Gefahr, dass sich ein Tier hier und da bei einem Kampf um die Rangordnung innerhalb der Herde verletzt. Aber wenn du einen ausgeglichenen Freizeitpartner an deiner Seite haben willst, gib deinem Pferd die Möglichkeit, so artgerecht wie möglich zu leben, damit hast du schon die halbe Miete.

Dir selbst spart das viel Zeit und Geld, du vermeidest Krankheitsbilder wie Koppen und Weben, die durch die »Einzelhaft« in der Box ausgelöst werden können, und dein Pferd kann sich den ganzen Tag bewegen.

Wenn ich daran denke, mit wie viel Aufwand ich 20 Jahre lang in der Rhön 30 Pferde in Offenställen durchs Jahr gebracht habe … dreimal täglich füttern, zweimal täglich misten, separate Kraftfuttergabe und, weil es in diesem »Pferde-Gefängnishof« zu eng war, immer wieder Verletzungen, die einen Tierarztbesuch erforderlich machten.
Heute ist mein Motto: Ich gebe lieber das Geld für die Pacht großer Weideflächen aus und ermögliche den Pferden damit ein viel natürlicheres Miteinander. Davon profitiere übrigens auch ich, denn so habe ich jeden Tag viel weniger Arbeit und Ärger.
Je größer eine Koppel ist, desto leichter können sich die Pferde aus dem Weg gehen. Denn bei ihnen ist es wie bei den Menschen: Nicht jeder kann jeden leiden, und je mehr Platz zur Verfügung steht, desto weniger Rangeleien und Verletzungen gibt es.

Noch mehr Informationen?

Möchtest du dich ausführlicher und detaillierter über das Thema Herdenhaltung und meine Erfahrungen und Erkenntnisse dazu informieren? Dann lohnt sich ein Blick in mein E-Book »Artgerechte Pferdehaltung – praktische Tipps zur Herdenhaltung«, das als Download-Version für alle, die unseren Newsletter abonnieren, gratis erhältlich ist. Weitere Informationen dazu und auch das Anmeldeformular findest du auf meiner Webseite www.uweweinzierl.de im Menüpunkt »Kontakt« und dort unter »Newsletter« .

Futter und Pflege

Ich nutze mobile Heuraufen, die ich auf den Weiden in weitem Abstand zueinander verteile und regelmäßig umstelle. So bewegen sich die Pferde mehr, und sie stehen auch nicht über Wochen in ihrem eigenen Mist – denn auch sie sind faul und äppeln liebend gerne dort, wo sie fressen. Durch geschicktes Verteilen der Futterstellen wird die Wiese zudem gleichmäßig abgetreten, und es genügt, sie ein- bis zweimal pro Jahr mit dem Traktor abzuschleppen.
Zum Füttern von Kraftfutter gewöhne ich die Pferde daran, dass sie aus Eimern fressen, die mit einem Band hinter den Ohren am Kopf der Tiere befestigt werden. So vermeidet man Streit oder Futterneid, und alle Pferde werden satt.
So bequem und pferdefreundlich wie in den letzten zehn Jahren habe ich die Pferdehaltung noch nie betrieben. Ist es nicht wunderbar, wenn man diese natürliche, artgerechte Herangehensweise auch noch mit der eigenen Faulheit in Einklang bringen kann?

Ganz ähnlich verhält es sich mit dem Putzen des Pferdes. Ich respektiere es, wenn Menschen ihrem Brutpflegetrieb nachkommen wollen und ihr Pferd täglich sorgfältig an allen Körperstellen putzen, dann noch die Mähne einflechten und den Schweif zu Zöpfchen binden. Tut, was immer euch glücklich macht! Aber Freude bereiten diese Rituale wohl eher den Haltern als den Pferden, und die Argumente der Natur habe ich auf meiner Seite.
Bevor ich einen Sattel auflege, putze ich die Sattellage – vorausgesetzt, sie ist verdreckt. Doch das ständige Striegeln und Bürsten eines Pferdes, das Tag und Nacht auf der Koppel steht, schadet dem Tier mehr, als es ihm nutzt. Das Pferd produziert eine natürliche Talgschicht, die es vor Regen, Kälte und Hitze schützt. Wird es zu oft und gründlich gesäubert, wird diese Schutzschicht langsam abgetragen. Feuchtigkeit aber auch intensive Sonneneinstrahlung

Theater und Pferde, Kultur und Natur – das sind meine Rückzugsorte, hier finde ich inneren Frieden.

können dann bis zur Haut vordringen. Wenn du dein Pferd also mit Köpfchen putzen willst, ohne ihm dabei zu schaden, ist weniger meist mehr!

Und noch ein Denkanstoß: In der Herdenhaltung herrschen die Gesetze der Natur, und irgendwann kommen auch Pferde in die Jahre. Ihre Organe werden schwächer, die Sehkraft lässt nach, die Zähne fallen aus, und ihr Körper wird immer unbeweglicher. In meinen Augen muss man jetzt nicht auf Teufel komm raus über künstliche Lebensverlängerung nachdenken, sondern über einen möglichst leichten Gang über die »Regenbogenbrücke«.

Die Liebe zum Pferd

Wenn der Tag oder das Leben, ein Kunde oder eine Behörde, meine Freundin, meine Mitarbeiter oder einfach alles mir so auf die Nerven gehen, dass ich um mich schlagen oder heulen möchte, gibt es nur wenige Mittel, die mir Erleichterung verschaffen. Eines davon ist der Besuch bei den Pferden, das Entspannen auf der Weide, ein Spaziergang, ein Ausritt, sprich: eine Konsultation meiner vierbeinigen Therapeuten. Dabei finde ich Wahrhaftigkeit, Ehrlichkeit, Natürlichkeit und inneren Frieden. Ich bin dann derart im Reinen mit mir und der Welt, dass ich in keinem Augenblick lieber sterben würde als in diesem.

Leidenschaft und Rückzugsort

Meine Leidenschaft für Pferde zeigt durchaus Parallelen zu meiner langjährigen Leidenschaft für das Kabarett. Letztere hat mir eine Art »Nestbeschmutzer-Existenz« ermöglicht: Im System verbleibend, konnte ich meine Verachtung für dieses kultivieren und mich in dieser Nische einrichten. In meiner zweiten Existenz ist es im Grunde genauso: Ich lebe in einem der reichsten und bestorganisierten Industrieländer der Welt und kann mich dennoch weitgehend aus dem Turbokapitalismus ausklinken. Denn es ist mir gelungen, nicht nur mit, sondern auch von meinen Pferden zu leben. Ein Luxus, um den ich zu Recht oft beneidet werde. Ein weiterer Punkt, den ich nicht verschweigen möchte: Wie einst auch das Kabarett ermöglicht mir die Arbeit mit Pferden, im Mittelpunkt zu stehen. Mein Bedürfnis danach ist nicht unerheblich und will daher immer befriedigt werden. Manch einer bezeichnet das gar als Narzissmus. Meinetwegen. Meine Vorführungen nenne ich ja auch ganz ungeniert »eine Bühne für Pferdeflüsterer«.

In gewisser Weise sind für mich Theater und Pferde, Kultur und Natur jeweils Fluchtpunkte vor dem eigentlichen und Aussichtspunkte auf ein mögliches Leben. Ein Leben, wie es sein könnte, wenn die Menschheit nicht alles vermasselt hätte. Adorno sagt: »Es gibt kein richtiges Leben im falschen.« Damit meint er, dass die Spielregeln der menschlichen Gesellschaft so falsch sind, dass man als Einzelner innerhalb dieses Systems nur begrenzt ein richtiges Leben führen kann. Ein System, das für Liebe wenig Raum bietet. Und natürlich klammert man sich an jeden Strohhalm, der Erleichterung verspricht. Was das betrifft, sind meine Pferde ein prächtiger Strohhalm!

Lieb ich dich, liebst du mich?

Eine Seite der Medaille habe ich nun also beleuchtet, doch wie sieht die andere Seite aus? Verbringen Pferde leidenschaftlich gerne Zeit mit Menschen? Lieben Pferde ihre Besitzer? Ich will kein Spielverderber sein, aber ich fürchte, da machen sich einige Pferdeenthusiasten ganz schön was vor.

Ich habe jedenfalls die Erfahrung gemacht, dass man besser beraten ist, sein Pferd als seinen besten Mitarbeiter zu betrachten, anstatt es zu vermenschlichen und als Kinder- oder Partnerersatz zu missbrauchen. Ich erlebe es nicht selten: Da werden Pferde behuddelt und betuddelt, mit Geschenken wie Halfter, Satteldecken und was weiß ich überschüttet – am besten eine Garnitur für jeden Wochentag. Und sie werden vollgestopft mit zehn verschiedenen Futterzusätzen und Leckerlis, bis sie ihnen zu den Ohren herausquellen. Diese immense Aufmerksamkeit, die dem Pferd entgegengebracht wird, schürt nicht selten Erwartungen. Und die werden dann meist enttäuscht, spätestens, wenn das Pferd nicht mit der Liebe und Dankbarkeit reagiert, die sich ihre Besitzer doch so sehr gewünscht und vermeintlich hart erarbeitet haben. Und schon ist die Frustration da.

Fury und andere Illusionen

Das passiert auch schnell, wenn sich deine Vorstellungen von einer guten Pferd-Mensch-Beziehung an irgendwelchen Pferdeschnulzen orientieren, die immer noch en masse im TV oder Kino gezeigt werden. Da sieht man dann, wie Filmpferd »Fury« spürt, dass seine Besitzerin in Not ist. Es reißt Zäune ein, galoppiert kilometerweit und zerrt sie aus einer Felsspalte, in der sie sich eingeklemmt hat. Dann schwingt sich die Gerettete barfuß und im wehenden Kleid auf Furys Rücken, und das Pferd trägt sie – natürlich ohne Sattel und Zaumzeug – sicher zurück nach Hause.

Am nächsten Morgen besuchst du dann dein eigenes Pferd. Es tritt dir bei der Begrüßung auf den Fuß und stellt sich quer, wenn du es von der Koppel in den Stall holen möchtest. Und auf dem Weg dorthin denkt es nur an eines, nämlich ans Grasfressen. Ist das Liebe – oder eine Frechheit?

Was in diesen unglaublich romantischen Pferdefilmen und -serien dargestellt wird, ist gefährlich. Es vermittelt ein derart verschrobenes Bild von der Realität, dass das fast schon zu Kränkungen führen muss – insbesondere dann, wenn das eigene Pferd mit dem antrainierten Verhalten der vierbeinigen Helden im Film so gar nicht mithalten kann.

Einmal habe ich einen Wochenendkurs in einem Stall gegeben, in dem die Pferde aufgereiht in langen Boxengassen standen, in die nur selten Tageslicht drang. Noch dazu wurde es diesen Pferden nur selten ermöglicht, außerhalb der Box mit ihren Artgenossen Zeit zu verbringen.

In der Pause des Kurses kam dann wie so oft die leidige Diskussion auf, die um die Frage kreiste, ob Pferde Menschen mögen, ob sie ihre Besitzer lieben.

Dein Pferd braucht dich nicht!

Die Vorstellung von der Liebe des Pferdes zum Menschen hält sich hartnäckig, auch wenn es dafür keinerlei realistische Anzeichen gibt. Natürlich darfst du dein Pferd mit Liebe überschütten, es streicheln, massieren und hübsch machen, aber es bringt eben keine Pluspunkte. Und wer sein Pferd zu oft putzt, schadet ihm sogar, das hatte ich ja bereits erwähnt. Ich warne jedenfalls immer davor, unser menschliches Wertesystem auf Pferde zu projizieren: Sie wollen nicht immer bei uns sein, sie vermissen uns nicht, wenn sie mit ihrer Herde auf der Weide stehen – und sie langweilen sich auch nicht ohne uns.

Pferdehaltung ist Freiheitsberaubung

Du willst dir den Luxus gönnen, ein Pferd zu besitzen? Dann hör auf, Äpfel mit Birnen zu vergleichen! Nur weil dir im Winter kalt ist, bedeutet das nicht, dass deinem Pferd kalt ist. Die Natur sorgt schon dafür, dass ihm ein molliger Winterpelz wächst - es sei denn, du deckst dein Pferd schon beim ersten Kälteeinbruch ein und verhinderst so den natürlichen Prozess des Fellwechsels. Nicht wirklich sinnvoll ist auch, dass du deinem Pferd verständnisvoll den Hals tätschelst, wenn du es mal wieder auf der saftigeren Nachbarwiese einfangen und zurück auf die Koppel bringen musst - nur weil du denkst, dass du selbst in Sachen Disziplin auch nicht gerade ein Vorbild bist, wenn es darum geht, Schokolade oder einem zweiten Bier zu widerstehen.
Andererseits, und damit zurück zum Hauptthema dieses Abschnitts, eines muss dir völlig klar sein: Anders als Hunde bleiben Pferde nicht freiwillig bei uns. In der freien Natur wandern sie bis zu 30 Kilometer am Tag, um Nahrung und Wasser zu suchen. Wir müssen sie in Boxen sperren, sie in Offenställen oder gesichert auf Weiden halten und sie mit einem Holz-, Eisen- oder Elektrozaun am Weiter- oder Weglaufen hindern.
Also machen wir uns nichts vor: Egal, wie pferdefreundlich die Variante auch ist, mit der wir unsere Pferde im Zaum, oh Pardon, im Zaun halten, in gewisser Weise handelt es sich dabei immer um Freiheitsberaubung. Auch wenn dies dem Schutz von Tier und Mensch dient.
Aber wenn wir unsere Pferde schon einsperren müssen, spricht nichts dagegen, dies so sinnvoll und artgerecht wie möglich zu tun.

Ich verneine das immer mit heftigem Kopfschütteln, auch wenn ich weiß, dass ich mir damit keine Freunde mache. Da ich es mittlerweile leid bin, in Endlosschleifen zu argumentieren, versuche ich die Teilnehmer lieber mit einem Gedankenspiel zu überzeugen: Ich würde heute Nacht mit einem großen Lkw ankommen, alle ihre Pferde einladen und sie dann nach Mecklenburg-Vorpommern entführen. Dort würden sie einige Zeit mit anderen Pferden gemeinsam in einer großen Herde auf einer riesigen Weide leben. Drei Monate lang würde ich den Besitzern nicht verraten, wo ich sie versteckt halte: »Dann dürft ihr sie besuchen. Ich garantiere euch, keines eurer Pferde wird wiehernd angelaufen kommen. Und freiwillig mit euch mitkommen, werden sie schon gar nicht. Ihr könnt froh sein, wenn sie nicht vor euch weglaufen!« Schade, dass sich bisher noch niemand auf dieses spannende Experiment eingelassen hat. Das wäre ein großer Spaß. Denn, wir erinnern uns: Je besser du dein Pferd hältst, umso weniger braucht es dich.

Gewalt, geht es auch ohne?

Es gibt zwei Arten von Gewalt: Eine, die vom Pferd verstanden und akzeptiert wird. Sie war und ist Antriebsmotor seiner Evolution und für die individuelle Entwicklung des Pferdes sogar notwendig.
Und dann gibt es Gewalt, die der Mensch dem Pferd gegenüber ausübt, weil es nicht hoch genug gesprungen oder ihm auf die Füße getreten ist - oder weil es ihn auf irgendeine andere Weise enttäuscht hat. Hierbei handelt sich jedoch eher um gewalttätige Rache. Sie ist motiviert von Wut, Kränkung, Frustration oder ähnlichen Gemütsregungen menschlichen Ursprungs, die man auf das Pferd überträgt.

Die Frage, ob ich für oder gegen Gewalt bin, ist so einfältig wie die, ob ich für oder gegen den Tod, für oder gegen die Schwerkraft bin. Die Anwendung von Gewalt ist ein Teil des Seins: Wer lebt, der stirbt, und wenn ich einen Apfel in die Hand nehme und ihn fallen lasse, fällt er auf den Boden. Das ist ein Naturgesetz, da gibt es keine Ausnahmen – bis auf Uri Geller vielleicht, der den Apfel nicht nur verbiegen, sondern wahrscheinlich sogar schweben lassen würde.

Die Natur macht's vor

Es gibt keine Spezies auf unserem Planeten, die innerhalb ihrer eigenen Art oder artenübergreifend ohne Gewalt auskäme. Gewalt wird gebraucht und bzw. oder genutzt, um die Gemeinschaftsregeln zu klären und zu erhalten, um sich im Falle knapper Ressourcen oder bei der Fortpflanzung Vorteile zu verschaffen, um sich gegen Übergriffe anderer Arten zu wehren, um also das eigene Leben und die eigene Art zu erhalten und ihren Fortbestand zu sichern.

Auf den Hinweis, dass auch Pferde untereinander Gewalt ausüben, kontern manche Pferdepazifisten jedoch geschickt: Es sei zwar Gewalt zu beobachten, diese finde jedoch nur statt, weil unsere domestizierten Pferde unter beengten Bedingungen gehalten würden. In der freien Natur gebe es keine gewalttätigen Auseinandersetzungen. Schmonzes! Man braucht nur einmal von den beschönigenden Schnulzen der »Ostwind«-Reihe auf eine ungeschminkte Naturdokumentation wie etwa »Cloud – ein wilder Hengst in den Rocky Mountains« umzuschalten, um sich ein realistischeres Bild zu machen.

Meine Erfahrung hat mich gelehrt, dass die natürliche Gewaltausübung in Bewegungsspielen sogar zu einer engeren Bindung zu meinem Pferd führt. Nach einem gemeinsam überstandenen Rangkampf, in dem geklärt wurde, dass ich führe, habe ich einen entspannten Partner an meiner Seite, der mir vertrauensvoll folgt, weil er meine Führungsqualitäten getestet hat und weiß, dass er bei mir sicher ist.

Wer ist der Chef im Roundpen? Ohne Rangkämpfe und Dominanzausübung geht es in der Pferdeausbildung nicht.

Ist das schon Gewalt?

Ich will kurz anhand einiger Beispiele zeigen, wie Gewalt im täglichen Umgang mit Pferden eingesetzt wird - eingesetzt werden muss! Dass es sich dabei um Formen direkter oder indirekter Gewaltanwendung handelt, ist uns oft gar nicht mehr bewusst:

- Ich hole ein Pferd von der Weide, sein bester Freund läuft hinterher. Am Gatter angekommen, möchte dieser beste Freund natürlich auch mit nach draußen. Ich drehe mich um und vertreibe den aufdringlichen Begleiter. Das ist Gewalt.

Ich hole mein Pferd von der Weide, muss seine Freunde, die mitwollen, aber abwimmeln. Ist das schon Gewalt?

- Der zurückgebliebene Freund des Pferdes, das ich gerade von der Weide geholt habe, läuft aufgeregt auf und ab und wiehert meinem Pferd hinterher. Von seinem besten Freund trennt ihn jedoch der von Menschenhand errichtete Zaun, der ihn einsperrt, den er aber respektiert. Er überschreitet diese Grenze nicht. Das ist Gewalt.
- Auf dem Weg zur Sattelkammer laufen wir an saftigen Grasbüscheln vorbei. Mein Pferd will fressen; es zerrt den Kopf zu Boden. Ich schüttele das Seil, um mein Pferd daran zu erinnern, dass ich das Leittier bin. Das ist Gewalt.
- Ich fahre einen Ballen Heu auf die grüne Weide. Während ich noch das Netz entferne, bedrängen mich die gierigen Kolosse und verjagen sich gegenseitig mit Zähnen und Hufen. Ich schwinge meinen Stick, um mir Raum zu verschaffen. Wer nicht weicht, wird getroffen. Das ist Gewalt.

Und das waren jetzt nur vier Beispiele, vier von Hunderten typischer Situationen, die sich nicht mit positiver Verstärkung, sondern nur durch Androhung und Ausführung von direkter oder indirekter Gewalt regeln lassen. Natürlich merke ich immer wieder, dass sich diese einfache Einsicht nicht mit den romantischen Vorstellungen meiner zahlenden Kundschaft deckt. Und der Kunde ist König!

Nur Zuckerbrot ist keine Lösung

Google doch mal nach, ob es gewaltfreie Erziehung bei Pferden gibt. Dann wirst du schnell feststellen, dass 80 Prozent der Trainer, Experten oder Blog- und Forenbetreiber diese Frage mit einem eindeutigen Ja beantworten.

Anscheinend gehöre ich zu einer langsam aussterbenden Minderheit der Ewiggestrigen, die der eigenen Erfahrung mehr vertraut als selbst ernannten Experten und Pseudowissenschaftlern. Daher sind mir die Ergebnisse japanischer und chinesischer Wissenschaftler, russischer Statistiker, amerikanischer Zoologen oder auch die neuesten Dissertationen aus Schweden gleichgültig. Sie werden landein, landaus in Fachzeitschriften breitgetreten, um Publikum und Anzeigenkunden bei der Stange zu halten. Und so kommen sie unisono zu Ergebnissen, die sich tief empfindende Leserinnen und Leser wünschen: Pferde haben eine Seele, sie lesen unsere Emotionen wie ein offenes Buch, sie gehen tiefe Bindungen zu uns Menschen ein, und sie verabscheuen Hierarchien. Für dominante Alphatiere empfinden sie angeblich dasselbe wie Veganer für knusprige Brathähnchen, nämlich Verachtung. In solchen Artikeln steht auch immer wieder geschrieben, dass Pferde Gewalt nicht mögen und daher brutale Rüpel in ihrer Herde, die sich als Leittiere aufspielen, meiden und ihnen jegliche Zuneigung verweigern würden.

Der Großteil aller Verhaltensprobleme kann mithilfe von Vertrauens- und Respektübungen behoben werden.

Das Pendel schlägt zurück

Google weiter, und du wirst Folgendes erfahren: Bevor du auch nur daran denken darfst, unerwünschtes Verhalten bei deinem Pferd zu korrigieren, musst du angeblich zunächst die Frage beantworten, warum sich dein Pferd widersetzt. Glaubt man dem Internet, liegt das wahlweise an der schwierigen Kindheit, an einem Trauma, das beim Transport oder beim Pferdehändler ausgelöst wurde, einer Verspannung im Kreuzdarmbeingelenk, an verklebten Faszien oder an blockierten Meridianen. Nicht selten sind angeblich auch mehrere Faktoren verantwortlich.

Die Erkenntnis hingegen, dass 95 Prozent aller Verhaltensprobleme ihren Ursprung zwischen den Ohren haben, die mit Vertrauens- und Respektübungen zu beheben sind, ist so unmodern geworden wie das Schnurtelefon oder die Audiokassette.
Die Antwort auf die Frage, wie man ein Pferd heutzutage artgerecht erzieht, was also erlaubt ist und was nicht, hat sich genauso verändert wie die Antwort auf die Frage nach einer guten Kindererziehung. Zunächst hatten große Teile der Gesellschaft ein kollektiv schlechtes Gewissen, den eigenen Nachwuchs mit »schwarzer Pädagogik« verdorben und zu autoritätssüchtigen Fieslingen erzogen zu haben. Daraufhin entstand eine antiautoritäre Gegenbewegung, die zur Überraschung ihrer Vertreter jedoch keine glücklichen, freien Menschen hervorbrachte, sondern oftmals egoistische, verwöhnte kleine Monster, die im Erwachsenenalter nicht selten in Depression und Lebensunfähigkeit versanken.

Wie so oft ist der Mittelweg die beste Wahl. Und das eben beschriebene Dilemma lässt sich auch auf Pferde übertragen: Sie wurden jahrhundertelang misshandelt, getriezt und abgerichtet, und jetzt schlägt das Pendel in die andere Richtung aus. Es werden überfettete, nervöse und gestresste Kreaturen herangezogen, die unter Bewegungsmangel und Überfütterung leiden. Wenn das keine Gewalt ist?

Wir alle wünschen uns, dass die Äpfel nicht zu Boden fallen, sondern uns – am liebsten duftend, gebraten und mit Sahnehäubchen – in den Mund schweben. Wir sehnen uns nach einem Leben, in dem es nur Harmonie und Liebe gibt und in dem wir von allem Leid verschont werden. Diese von Erfahrungs- und

Pferde brauchen auch im Winter keine Decke und kein Dach überm Kopf - ein schützender Unterstand genügt.

Geistesarmut geprägte Hoffnung nennt man Religion, Wunschdenken oder Esoterik. Lasst uns der Realität ins Auge blicken und das Schicksal in unsere eigenen Hände nehmen! Braten wir unsere Äpfel doch einfach selbst, und sorgen wir selbst dafür, dass wir ein Leben vor dem Tode haben. Und lasst uns daran denken, dass ein ordentlicher Streit in den meisten Fällen für klare Verhältnisse und reine Luft sorgt und die Basis für ein harmonisches Miteinander schafft.

Mein Pferd läuft weg!

So, wie Gefängnisinsassen nur so lange mit ihren Wärtern anbandeln, bis die Tore sich öffnen, werden Pferdebesitzer oft freundlich begrüßt, wenn sie ihr Pferd in »Einzelhaft« in einer Box halten. Wobei die freudige Zuneigung der Tiere jedoch meist dem Kraftfuttereimer und der Möhrentüte gilt, nicht aber dem Menschen. Die Stunde der Wahrheit kommt dann für die »Schlüsselbesitzer«, wenn sie ihre Pferde auf der großen Weide in die Freiheit entlassen.

Wenn ein Pferd auf der Koppel vor dir wegläuft, dann renne ihm nicht hinterher! Damit zeigst du deinem Pferd lediglich, wie schwach und langsam du bist - und wie viel schneller und stärker es im Gegensatz zu dir ist. Es gibt deutlich sinnvollere Strategien, dein Pferd einzufangen. Ob du die Sache eher pragmatisch oder grundsätzlich angehen willst, musst du selbst entscheiden. Ich persönlich bevorzuge die grundsätzlichen Lösungsansätze - beide Strategien möchte ich hier jedoch beleuchten.

Der pragmatische Ansatz

Im Vordergrund steht hier, dass du dein Ziel schnell und ohne allzu großen Aufwand erreichst.

- **Futter**: Du gehst mit Futter auf die Weide und wirfst deinem Pferd, während es frisst, schnell das Halfter über. Viele Pferde sind für diesen Trick allerdings zu schlau. Nach kurzer Zeit entscheiden sie selbst, ob sie das Futter annehmen und arbeiten oder lieber in Freiheit weitergrasen wollen.
- **Raum verkleinern:** Wenn die erste Lösung nicht funktioniert, kannst du am Koppelausgang ein kleines Stück Weide abstecken und dein Pferd mit Futter in diesen Bereich locken, um es dort leichter aufzuhalftern. Diese Methode setzt voraus, dass dein Pferd den Zaun respektiert.
- **Isolation:** Eine weitere Lösung wäre, dass du erst einmal alle anderen Pferd von der Weide führst oder treibst. Pferde sind Herdentiere, und so wird das isolierte Pferd höchstwahrscheinlich versuchen, den anderen zu folgen.

Auch Wasserentzug kann helfen. Wer das Wasser bringt, ist hoch angesehen, weil er der Stute ähnelt, die die Herde zum Wasser führt. Schließlich gibt es noch die Möglichkeit, dass du mehrere Helfer zusammentrommelst und sie zu einem »mobilen Zaun« formierst und das Pferd so in eine Ecke drängst.

Die grundsätzlichere Klärung

Die hier angebotenen Lösungen sind aufwendiger, aber mit der richtigen Einstellung und mit etwas Zeit sind sie für dich und dein Pferd viel lehrreicher.

- **Annäherung und Rückzug:** Gehe nicht zielgerichtet auf dein Pferd zu, sondern in Kreisen. Du umkreist dein Pferd und holst dir so seine Aufmerksamkeit: Wenn du den Hintern siehst, mache Druck, also gehe näher ran. Wenn du die Augen siehst, nimm den Druck weg, also entferne dich wieder ein Stück oder bleibe stehen.

- **Good Guy – Bad Guy:** Die Situation, die wir in diesem Spiel imitieren, ähnelt der von Fohlen, die sich auf der Weide von ihren Mutterstuten entfernen. Nähern sich die Kleinen dabei anderen Mutterstuten, werden sie von ihnen vertrieben, da diese schon genug mit der eigenen Brut zu tun haben. Plötzlich ist die Welt voller Feinde, und es gibt nur noch einen sicheren Hafen: Mama! Für diese Methode brauchst du also ein paar Leute, die jeden Ort, außer den in deiner Nähe, sehr ungemütlich machen: Führe dein Pferd ohne Halfter und Seil auf einen Platz, auf dem die anderen Reiter warten. Wenn dich dein Pferd verlässt, ruf ein zuvor verabredetes Kommando, woraufhin die anderen dein Pferd von sich weg- und zu dir hintreiben.

- **Das Zentaur-Spiel:** Es ist unsere Paradedisziplin und macht mir besonders viel Spaß. Für dieses Spiel reiten wir auf unseren besten Pferden und »borgen« uns ihre schnellen, ausdauernden Beine. Die große Weide teilen wir in mehrere Sektoren auf. Ihre Zahl entspricht der Anzahl der Reiterinnen und Reiter, die da sind und mithelfen können. Jedem Mitspieler wird einer der Sektoren zugewiesen, für den sie oder er dann zuständig ist.
  Solange das Pferd uns den Hintern zudreht, folgen wir ihm mit mehr oder weniger Druck. Sobald es uns Aufmerksamkeit schenkt, wenden wir uns ab. Wir umkreisen das Pferd und beobachten, ob es uns mit den Augen verfolgt. Wann immer es sich von uns wegbewegt, muss es wieder laufen – mehr, als ihm lieb ist. Der (Lauf-)Druck lässt erst nach, wenn es sich uns wieder zuwendet. Die Halbkreise werden immer enger, bis wir immer mehr auf die Hinterhand zugehen, die sich bedrängt fühlt. Weicht das Pferd mit der Hinterhand von uns, wendet es uns automatisch seinen Kopf zu; jetzt reduzieren wir den Druck. Sobald sich die Vorhand des Pferdes in unsere Richtung bewegt, wenden wir uns ab und beobachten über die Schulter, ob uns das Pferd noch folgt. Falls nein, wird der Kreis wieder enger, und wir beginnen von vorn.
  Nach kurzer (manchmal auch etwas längerer) Zeit hat das Pferd erkannt, dass es das kleinere Übel ist, uns zu folgen. Diese Methode macht uns, wie alles andere auch, die Natur vor: Ein Junghengst bricht in eine bestehende Herde ein, um Stuten zu erobern. Ist er dabei schnell und entschlossen genug und schafft es, die erwählten Stuten zu separieren und vor sich herzutreiben, geben die Stuten ihre Ursprungsherde früher oder später auf und folgen dem jungen Hengst, der unter Beweis gestellt hat, dass er über Führungskraft verfügt.

Die letzten Wildpferde der USA

Wer sich die ebenso spannende wie aufschlussreiche Reportage »Cloud – ein wilder Hengst in den Rocky Mountains« der Dokumentarfilmerin und Emmy-Preisträgerin Ginger Kathrens ansehen möchte, findet den Film bei YouTube – dazu einfach den Filmtitel in die Suchleiste eingeben. In der Doku haben Kathrens und ihr Team wilde Mustangs in den Pryor Mountains im US-Bundesstaat Montana begleitet. Gezeigt wird dabei auch aus nächster Nähe, wie ruppig es manchmal in der Herde zugeht – vor allem, wenn die Mustanghengste um eine Stute kämpfen.

Entspanntes Führen bedeutet, dass sich mein Pferd freiwillig und locker mit meinem Körper synchronisiert.

Erste Schritte im Roundpen

Welche Methode du auch immer anwendest, um dein Pferd erst einmal wieder zu dir zu holen: Wenn sich dein Pferd auf der Weide nur widerwillig oder gar nicht einfangen lässt, beginnt die Problemlösung immer erst im Roundpen. Arbeite hier an den beiden Säulen der Verbindung zwischen dir und deinem Pferd: Vertrauen und Respekt.

Du solltest es gegebenenfalls gar nicht mehr auf die Weide bringen, bis ihr eine stabile Bindung aufgebaut habt. Bringe dein Pferd im Roundpen dazu, dir natürlich zu folgen, seine Hinterhand für dich weichen zu lassen, rückwärtszutreten und wieder zu dir zu kommen. Schaffe deinem Pferd eine Komfortzone bei dir, sodass es gerne bei dir ist und gerne zu dir kommt. Es gibt nichts Schöneres, als dir den mentalen Wunsch deines Pferdes zu erarbeiten, bei dir zu sein - ob im Roundpen oder in der Freiheit der Weide.

Führen - wer spaziert mit wem?

Uns Raubtieren fällt es meist sehr schwer loszulassen. Zupacken und Festhalten, das steckt uns einfach seit Jahrmillionen in den Genen. Ist es da verwunderlich, dass wir unsere Pferde in genau diesem Muster führen? In einem Abstand von maximal 30 Zentimetern und mit gespanntem Strick wollen wir jeden Schritt kontrollieren. Damit engen wir das Fluchttier Pferd ein, lösen Stress in ihm aus, setzen es unter Druck. Wir erzeugen also genau das, was wir eigentlich nicht wollen: Das Pferd tänzelt um uns herum und tritt uns auch noch auf die Füße.

Aber auch das Gegenteil kann man oft beobachten. Etwa wenn der Mensch mit seinem Pferd einen entspannten Spaziergang machen möchte, so wie mit einem anderen Menschen, und das Pferd vollkommen gleichberechtigt mitentscheiden soll, wo es

langgeht. Es dauert nicht lange, und wir beginnen uns zu ärgern, dass uns unser Pferd zum nächsten Grasbüschel, zum Blatt am Baum oder in Richtung anderer Pferde zerrt. Als Tier, das in einer Rangordnung lebt, übernimmt das Pferd die Führung, wenn du es nicht tust (auch bei Hunden, die mit ihren Besitzern spazieren gehen, kann man das gut beobachten). Das kann sehr gefährlich werden, wenn das Pferd beispielsweise entscheidet, dass der Ausflug nun vorüber ist, sich losreißt und zur Herde zurückrennt – oder dich auf seinem Weg zu lecker anmutenden Grashalmen einfach überrennt.
Schon bei einer so leichten Aufgabe wie dem Führen kann also vieles schiefgehen. Deshalb ist es an der Zeit für ein paar praktische Tipps:

Tango mit sechs Beinen

Aus der Sicht des Natural Horsemanship bedeutet entspanntes Führen, dass ich dem Pferd beibringe, sich mit meinem Körper zu synchronisieren. Wie beim Tango entscheiden dann zwei Wesen mehr oder weniger gemeinsam, wer führt und wer fühlt.
In der normalen Führposition geht dein Pferd neben dir, sodass du es, ohne deinen Kopf zu drehen, aus dem Augenwinkel sehen kannst. Es geht nicht so schnell, dass es dich hinter seine Vorhand bringt, aber auch nicht so langsam, dass es aus deinem Blickfeld verschwindet. Das Führseil hängt locker durch, du benutzt es, als hättest du keines. Das ist das Ziel. Dazu solltest du allerdings wissen, wie du dein Equipment zur Kommunikation mit deinem Pferd nutzt, etwa den Stick als Armverlängerung und künstlichen Schweif. Hierzu ein paar Beispiele:

- **Das geführte Pferd neben mir wird zu schnell:** Du hebst die Hand mit dem Führseil vor dem Pferd. Wirkt das wenig oder gar nicht, hebst du deinen Stick vor seine Nase, wo du ihn auf und ab bewegst, bis das Pferd sich in gewünschter Position befindet. Genügt diese »Schranke« nicht und bewegt sich das Pferd weiterhin zu schnell, berührt dein Stick den Unterkiefer zunächst leicht, wenn es nötig ist, aber auch sehr deutlich.
- **Das Pferd schlurft und lässt sich hinter mir herziehen:** Du benutzt einen Stick mit dünnem String. Du schleifst diesen in neutraler Stellung hinter dir her. Wird dein Pferd mit dir gemeinsam nicht schneller oder geht es einfach immer langsamer, hebst du den Stick, lässt den String los, holst von vorne aus und berührst die Hinterhand mit dem String als wäre es der Schweif eines Pferdes. Du treibst also von hinten – und ziehst keinesfalls vorne!
- **Das Pferd lässt sich nicht stoppen:** Zum Anhalten hebst du die dem Pferd zugewandte Hand mit dem Führseil. Marschiert es munter weiter, schwingst du den Stick vor seiner Nase und stoppst es so.
- **Das Pferd geht nicht rückwärts:** Wenn du seitlich vom Pferd läufst und mit ihm rückwärtsgehen möchtest, es deinem körperlichen Impuls dazu – leichtes Zurücklehnen mit angehobener Seilhand und Schritte rückwärts – aber nicht folgt, dann bewege deine Führhand vor seinem Auge rhythmisch auf und ab. Genügt das nicht, kommt wieder der Stick vor seiner Nase zum Einsatz.

Die normale Führposition: Dein Pferd geht nicht zu schnell und nicht zu langsam neben dir her.

- **Das Pferd reißt sich beim Führen los:** Wenn dein Pferd dazu neigt, sich unvermittelt loszureißen, solltest du nicht neben, sondern vor ihm laufen – am Anfang vielleicht sogar rückwärts, damit du den Kopf deines Pferdes sehen kannst und seine Aufmerksamkeit beim kleinsten Versuch, sich zu entziehen, mit einem deutlichen Ruck am Seil wieder auf dich lenken kannst.
  Lass dich niemals von deinem Pferd überholen oder dich gar auf die Höhe seiner Hinterhand bringen! Aus dieser Position kann sich dein Pferd leicht entziehen, und schlimmstenfalls wirst du auch noch getreten. Wenn dein Pferd immer wieder Fluchtmöglichkeiten sucht, beschäftige es mit vielen kleinen Aufgaben, die seine volle Konzentration erfordern, damit es aus dem Fluchtmodus wieder in den Denkmodus umschaltet und sich auf deine Anweisungen fokussiert.

Probleme beim Führen? Beginne im Roundpen bzw. arbeite mit Halfter und Seil, um Vertrauen aufzubauen.

Den nötigen Grundstock legen

Probleme beim Führen sind ein Zeichen für einen Mangel an Vertrauen und Respekt. Deshalb solltest du in solchen Fällen zunächst im Roundpen mit der Freiarbeit sowie der Arbeit an Halfter und Seil beginnen. Wenn ihr euch dort eine stabile Basis von Vertrauen und Respekt geschaffen habt, kannst du den Aktionsradius Schritt für Schritt ausweiten – zunächst auf einem gesicherten Reitplatz, dann auf einem größeren eingezäunten Platz. Überprüfe jetzt, ob eure Kommunikation auch dort funktioniert, und hole andere Pferde dazu, um zu testen, ob dein Pferd trotz Konkurrenz bei dir bleibt und dir zuhört. So erreichst du nach und nach, dass sich dein Pferd auch in herausfordernden Situationen mit vielen Ablenkungen nicht mehr losreißt oder dich überrennt.
Diese Herangehensweisen und Führtechniken verbessern nicht nur das Miteinander von Pferd und Mensch, sie sind auch der Beginn des Führens ganz ohne Seil. Bestenfalls wird bald aus einem nervösen Tänzeln ein gemeinsamer, harmonischer Tanz, ohne sich gegenseitig auf die Füße zu treten.
E viva el tango!

Anbinden – mit Strick und Geist

Dass Pferde angebunden werden, ist das Normalste der Welt, oder etwa nicht? Ob zum Putzen, zum Satteln, für den Hufschmied oder aus einem Dutzend anderer Gründe: Das Pferd wird angebunden. Ob am einbetonierten Eisenring, an der Metallstangen oder am Holzbalken. Aber manchmal ist Normalität nichts anderes als täglich praktizierter Wahnsinn, der nicht mehr infrage gestellt wird.

Bevor die Methoden des Natural Horsemanship über den großen Teich schwappten, war hierzulande so gut wie niemandem bekannt oder bewusst, dass es auch so etwas wie »mentales Anbinden« gibt, das die Cowboys als »Ground Tying« bezeichnen. Übersetzt bedeutet der Begriff so viel wie »am Boden anbinden«. Es handelt sich dabei um eine Technik, die seit Ewigkeiten praktiziert wird. Denn wo sollten Cowboys ihr Pferd denn festmachen, wenn mitten in der baumlosen Prärie ein Zaun repariert oder ein verletztes Rind behandelt werden musste?

Hohe Verletzungsgefahr

Aber Cowboys hin oder her: Auch ohne Prärie und alle mit dieser Landschaft verbundenen Notwendigkeiten gibt es viele Gründe, ein Pferd nicht anzubinden. Ist dein Pferd z.B. generell schon ängstlich, solltest du definitiv aufs Anbinden verzichten. Wie gesagt: Pferde sind Fluchttiere, erschreckt man sie, wollen sie sich instinktiv der Gefahrensituation entziehen. Kommt dann noch Druck am Kopf hinzu, verursacht durch den gespannten Strick und das Halfter, geraten sie erst recht in Panik (»Pullback-Reflex«), und die Gefahr, dass sie sich oder andere verletzen, das Halfter zerreißen oder beides, steigt enorm.

Auch wenn du dein Pferd an neue Dinge gewöhnen möchtest, wie Hufe heben, Sattel auflegen, mit Insektenspray einsprühen, ist Anbinden eine schlechte Idee. Ganz im Gegenteil: Lass das Seil locker hängen und erlaube deinem Pferd in solchen Situationen rückwärts, oder auch seitwärtszugehen. Beides ist anstrengend für dein Pferd, und wenn es schließlich anhält und du den jeweiligen Druck dabei wegnimmst, wird es bald selbst auf die Idee kommen, dass Stehenbleiben die einfachste Lösung ist. Allein die Flucht nach vorne musst du unterbinden.

Flucht ohne Losreißen

Noch ein Tipp zum Thema Anbinden: Sollte das »Ground Tying« mit deinem Pferd noch nicht funktionieren, empfehle ich die Verwendung eines Nothakens (»Safety Clip«), der im Fachhandel erhältlich ist. Das Besondere an diesem Helfer: Gerät dein Pferd in Panik und weicht zurück, zieht sich das Seil Stück für Stück durch den Haken, sodass dein Pferd zurückweichen kann. Verwendet man ein Horsemanship-Seil, beträgt der Spielraum vier Meter. Das Pferd kann also gewissermaßen fliehen, ohne sich loszureißen, was den meisten Pferden bereits genügt, um sich wieder zu beruhigen.

Ground Tying - mentales Anbinden

Zugegeben, das »Ground Tying«, also das »mentale Anbinden« mit deinem Pferd zu erarbeiten erfordert etwas mehr Anstrengung, als einen Knoten zu knüpfen. Doch aus meiner Sicht lohnt sich die Mühe auf jeden Fall. Zum einen eliminierst du die Sicherheitsrisiken, die mit dem Anbinden einhergehen. Zudem bist du wesentlich flexibler, auch wenn gerade mal keine Stange in der Nähe ist, an der du dein Pferd festknoten kannst. Nicht zuletzt ist es auch ziemlich cool, wenn du anderen zeigen kannst, wie gut du dein Pferd im Griff hast. Und so funktioniert's:

- **Schritt 1:** Du hast ein normales Führseil, das durchhängt und Bodenkontakt hat, sodass sich keine deiner Handbewegungen auf den Pferdekopf auswirken. Du stehst vor dem Pferd, entfernst dich einen Schritt rückwärts und bleibst kurz stehen. Dann gehst du wieder zu deinem Pferd, lobst es. Kommt dein Pferd auf dich zu, stellst du es an exakt denselben Platz wie zuvor und wiederholst die

»Ground Tying«, also das »mentale Anbinden« des Pferdes, erfordert viel Übung, die Mühe lohnt sich aber!

Übung so lange, bis es dort stehen bleibt. Allmählich vergrößerst du den Abstand, aus einem werden also zwei, dann drei, dann vier Schritte und so weiter. Wichtig ist, dass dein Seil dabei immer Bodenkontakt behält und dass du dein Pferd immer korrigierst, falls es nicht auf dem ihm zugewiesenen Platz stehen bleibt.

- **Schritt 2:** Sobald das gut funktioniert, gehst du zuerst wieder rückwärts und anschließend seitwärts vor deinem Pferd auf und ab.
- **Schritt 3:** Klappt auch das, nimmst du ein sieben Meter langes Ringrope oder Ähnliches, hältst das Ende in der Hand - wieder muss das Seil Bodenkontakt haben - und gehst erst rückwärts und danach in einem Halbkreis um dein Pferd herum.
- **Schritt 4:** Steht dein Pferd auch dabei still, lässt du das gesamte Seil vor deinem Pferd auf den Boden fallen, wiederholst die ersten drei Übungen und gehst nun ganz um dein Pferd herum.

Auf diese Weise erweiterst du den Abstand zwischen dir und deinem Pferd immer mehr. Wichtig ist, dass du dein Pferd immer wieder auf den ihm zugewiesenen Platz stellst, sollte es sich einmal wegbewegen.

Schreckgespenster

Pferde sind Fluchttiere, das wissen wir ja bereits, aber man kann es nicht oft genug wiederholen. Und Fluchttiere haben eben Angst vor allem, was ihnen unbekannt ist. Aus evolutionärer und verhaltensbiologischer Perspektive ist diese Angst und die Reaktion, die sie hervorruft, sehr sinnvoll. Denn Unbekanntes kann gefährlich sein - und das Tier im Ernstfall das Leben kosten.

Uns Pferdehalter stellt dieser Fluchtreflex jedoch immer wieder vor ungeahnte Herausforderungen. Denn für das Pferd lauern die Schreckgespenster überall: sei es die Sprühflasche mit dem doch so hilfreichen

Mittel gegen Mücken und Bremsen, der Schlauch zum Abspritzen, der im Sommer für Erfrischung sorgt, oder die Injektionsnadel des Tierarztes.

Annäherung und Rückzug

Was tun gegen diese Angst? Die effektivste Methode ist der Wechsel aus Annäherung und Rückzug. Das bedeutet, dass du dich deinem Pferd mit dem unbekannten Gegenstand annäherst und wieder zurückziehst. Wichtig ist, dass du dein Pferd dabei nicht anbindest, sondern den Führstrick in der Hand hältst, damit es zurückweichen kann und nicht zusätzlich dem Druck des Stricks ausgesetzt ist, denn sonst kann eine Angstreaktion leicht eskalieren.

Nehmen wir als Beispiel die eben schon erwähnte Sprühflasche. Sprühflaschen sind für die meisten Pferde ein Graus. Uns selbst mag das verwundern, weil wir mit diesem Hilfsmittel vertraut sind und es noch dazu für sehr nützlich halten. Für das Pferd hingegen ist die Flasche ein unbekannter, potenziell gefährlicher Gegenstand, der noch dazu merkwürdige Geräusche von sich gibt und seltsame Gerüche verströmt. Also erst mal Flucht!

Genau das willst du aber vermeiden. Also näherst du dich deinem Pferd zunächst in gelassener Haltung (!) mit der Sprühflasche. Wie nahe? Kommt darauf an, wie nervenstark dein Pferd ist. Für den Anfang ist ein Meter eine gute Distanz. Nach der ersten Annäherung ziehst du dich dann mit ebenso gelassener Körpersprache wieder zurück.
Klappt das, verringerst du den Abstand Schritt für Schritt, ziehst dich aber nach jeder Annäherung wieder zurück. Wenn dein Pferd vor dem Schreckgespenst zurückweicht, begleitest du es auf seinem Rückzug so lange, bis es wieder stehen bleibt. Das gilt auch dann, wenn dein Pferd seitlich ausweicht.

Sprühflaschen sind für viele Pferde ein Graus, in ganz kleinen Schritten kann man sie aber gut daran gewöhnen.

Sollte dein Pferd die Flucht nach vorne wählen, unterbindest du dies, indem du das Seil schüttelst. Du kannst dein Pferd auch mit der Nase an einen Zaun stellen. Dann ist dieser Weg blockiert und ein Ausweichen nach vorne gar nicht erst möglich.

In kleinen Schritten zum Erfolg

Egal, welcher Gegenstand, und egal, wie viele Annäherungsversuche es kostet: Mache weiter, bis dein Pferd mit der Sprühflasche Kontakt aufnimmt, sie also beschnuppert. Ist das geschehen, ziehst du dich wieder zurück. Im nächsten Schritt reibst du die Sprühflasche am Hals deines Pferdes. Weicht es zurück, bleibe wieder so lange dran, bis es stillsteht. Dann reibst du nach und nach den Körper deines Pferdes mit der Flasche ab.
Bevor du dein Pferd nun tatsächlich ansprühst, gewöhne es an das Geräusch, das es gleich hören wird. Dazu hältst du die Flasche zunächst weg vom Pferd und imitierst das Geräusch: »Psch, Psch«. Dann wiederholst du das Gleiche in Richtung Hals. Kann es sich auch damit arrangieren, sprühst du mit der Flasche vom Pferd weg und machst dabei deine jetzt ja bereits vertrauten Geräusche.

Alternative: Angst »verjagen«

Um dein Pferd an größere Schreckgespenster zu gewöhnen, kann es auch hilfreich sein, wenn du es dem Pferd ermöglichst, diesen Angstmachern zu folgen. Aus der Perspektive des Fluchttieres bedeutet das: Dein Pferd kann sein Schreckgespenst vertreiben. Das kann dann auch schon mal ein Trecker oder eine Kutsche sein. Etwas, das »wegläuft«, verliert für dein Pferd jedenfalls schnell und spürbar an Bedrohlichkeit.

Dann kannst du dir das Wasser, mit dem die Flasche zunächst gefüllt sein sollte, in deine Hand sprühen und damit den Hals deines Pferdes einreiben. So gewöhnt es sich daran, dass die Sprühflasche mit Feuchtigkeit verbunden ist. Hat dein Pferd auch das akzeptiert, ist es endlich so weit. Du imitierst das Geräusch und sprühst dein Pferd gleichzeitig an. Nach wie vor gilt: Weicht dein Pferd zurück, gehst du solange mit, bis es stehen bleibt. Jeder kleine Schritt wird natürlich wie immer belohnt – mit einer Pause, Streicheln, lobenden Worten.

Aus Scheu wird Neugier

Auch wenn das alles sehr zeitaufwendig klingt, meist ist das Thema Sprühflasche mit dieser Methode in kurzer Zeit erledigt. Du solltest die Übung dennoch einige Male mit Wasser wiederholen, bis dein Pferd vollkommen entspannt ist, sonst vergeudest du unter Umständen teures Spray. Aber du wirst sehen, dein Pferd wird schnell kein Problem mehr mit dem Einsprühen haben.
Auf gleiche Weise kannst du dein Pferd an alle möglichen Außenreize gewöhnen, die ihm Angst machen. Diese Form des Trainings hat übrigens auch langfristig und unabhängig von den Gegenständen einen sehr positiven Effekt: Je öfter du dein Pferd in dieser Form ermutigst, sich seiner Angst zu stellen und sie zu überwinden, desto selbstsicherer wird es im Laufe der Zeit. Und vielleicht wird es sogar schon bald eher mit Neugier als mit Scheu auf Neues reagieren.

Die Königsdisziplin Verladen

Für uns ist der Pferdehänger ein praktisches Transportmittel, für das Fluchttier Pferd ein »Sarg auf Rädern«, der Engpass aller Engpässe. Deshalb ist es wichtig, dass du dein Pferd in deiner Bodenarbeit auf das Verladen vorbereitest. Stelle sicher, dass dein Pferd den Einsatz des Sticks verstanden hat, also sowohl den freundlich-streichelnden Stick akzeptiert

als auch den, der Druck erzeugt. Prüfe, ob dein Pferd durch die Aufforderung des Sticks mit seiner Hinter- und Vorhand sowie rückwärts weicht. Auch durch das Schütteln des Seils sollte dein Pferd respektvoll rückwärtstreten. Überprüfe, ob die Kommunikation zwischen dir und deinem Pferd an Hindernissen wie einer Plane auf dem Boden, einer Wippe oder einem Flattervorhang immer noch funktioniert. Schicke dein Pferd in das Kreisspiel und teste, ob du es dabei auch in einen Engpass manövrieren kannst, indem du dich z.B. im Spiel einem Zaun oder einer Wand näherst. Funktioniert das alles problemlos, kannst du dich der nächsten Herausforderung, dem »Hindernis Pferdehänger« zuwenden.
Hierbei hat es sich als besonders hilf- und erfolgreich herausgestellt, die folgenden Phasen mit deinem Pferd zu trainieren und erst die nächste Phase anzugehen, wenn die vorhergehende gut gelingt:

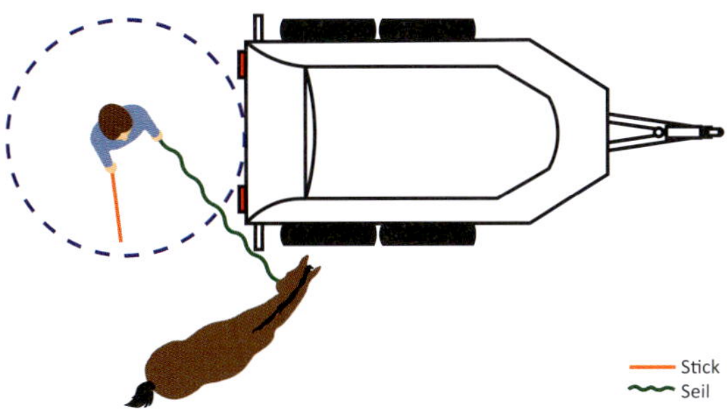

Kreisspiel bei geschlossener Klappe

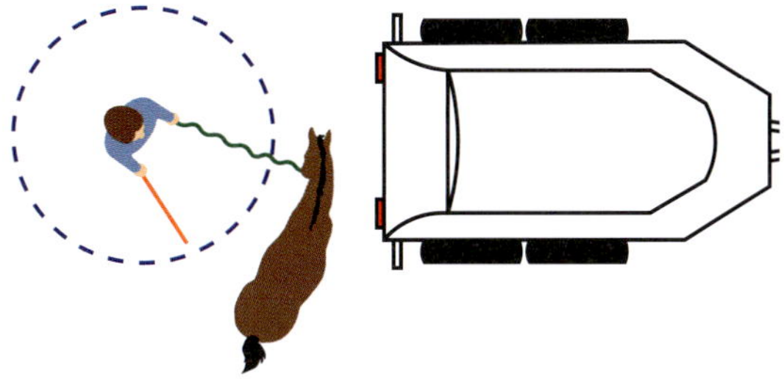
Engpass-Spiel bei geschlossener Klappe

- **Phase 1:** Die Rampe des Hängers ist noch geschlossen. Du stellst dich mit dem Rücken mittig vor die Hängerklappe, schickst dein Pferd in das Kreisspiel und lässt es mit der Nase Kontakt zu beiden Seiten des Hängers aufnehmen.
- **Phase 2:** Du stellst dich zwei bis drei Meter vor die noch immer geschlossene Klappe und lässt dein Pferd im Kreisspiel zwischen dir und dem Hänger hindurchlaufen. Achte dabei besonders darauf, dass das Pferd möglichst nahe am Hänger vorbeigeht und nicht zu dir hindrängt. Sollte es dies tun, verteidige deine persönliche Zone, die du durch deinen ausgestreckten Arm und den Stick markierst. Bringe dein Pferd dazu, im Engpass anzuhalten und auch ein paar Schritte rückwärtszugehen. Wenn dein Pferd diese Aufgabe langsam und mit Ruhe meistert, kommt der nächste Schritt.
- **Phase 3:** Gib deinem Pferd ausreichend Seil, um eventuell ein paar Schritte zurückzuweichen, und öffne die Klappe des Hängers. Nun stellst du dich mit gewissem Abstand mittig vor die Rampe und spielst erneut das Kreisspiel, diesmal mit dem Ziel, dass dein Pferd über die Rampe läuft. Bei dieser Übung mitzumachen ist schon eine echte Herausforderung – vor allem für sehr ängstliche Pferde. Daher musst du besonders darauf achten, dass dein Pferd jetzt nicht in deinen Raum eindringt.

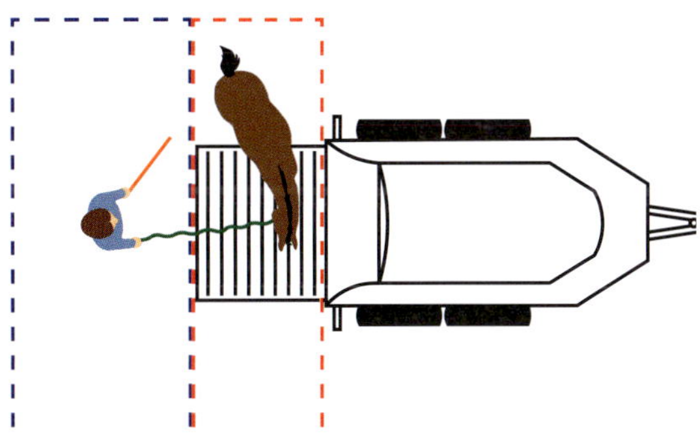
Engpass-Spiel bei offener Klappe

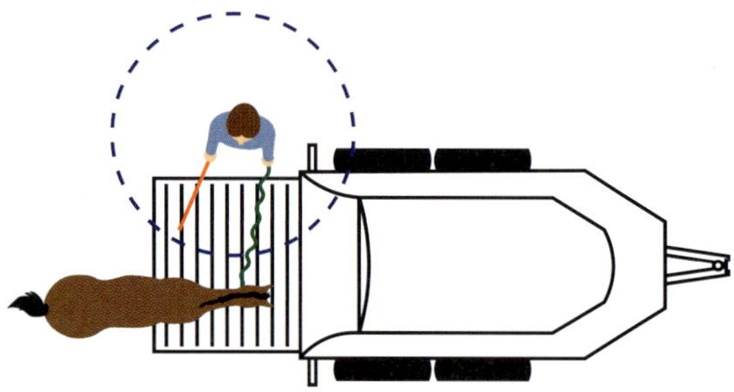

Jo-Jo-Spiel auf der Hängerklappe

Verteidige deinen Raum also vehement mit dem Stick und schicke seine Schulter gegebenenfalls deutlich hinaus. Für diese wie für alle anderen Übungsschritte gilt wie immer: Der kleinste Versuch wird mit Entspannung, mit einer Pause belohnt. Übe diese Phase so lange, bis dein Pferd mit allen vier Beinen ruhig über die Rampe geht.

- **Phase 4:** In dieser Übungsphase stellst du dich neben die Rampe und forderst nun dein Pferd auf, frontal beide Vorderhufe auf der Rampe abzustellen. Jeder Schritt auf die Rampe zu oder auf die Rampe wird mit einer Pause belohnt.
  Spiele mit deinem Pferd das Jo-Jo-Spiel, indem du es immer einen Schritt mehr auf die Rampe oder in den Hänger treten lässt und es, wenn es dies kurz ausgehalten hat, wieder ein paar Schritte zurückschickst. So führst du dein Pferd nach und nach immer weiter in den Anhänger hinein. Entzieht sich dein Pferd rückwärts oder auf andere Weise, forderst du es auf, bis zu dem bisher erreichten Schritt zurückzukehren. Erst dann gibt es wieder eine Pause, sodass die Rampe zu einer Komfortzone wird. So gehst du Schritt für Schritt in Richtung Pferdehänger-Box voran.

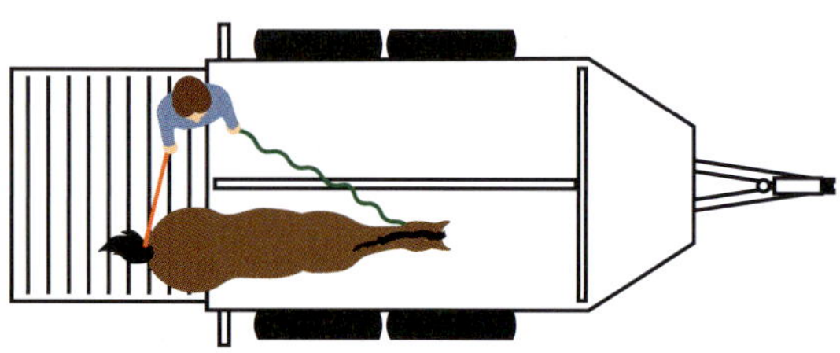

Jo-Jo-Spiel im Hänger

- **Phase 5:** Du kannst zu Beginn dein Pferd, wenn es in seine Box hineintritt, in der anderen Box begleiten und ihm mit dem Führseil die Richtung zeigen. Dein Stick streichelt permanent die Kruppe und fordert dein Pferd, wenn es wieder heraustreten will, deutlich auf, dies zu unterlassen. Erst wenn du dein Pferd aufforderst, den Hänger zu verlassen, sagst du »zurück« oder gibst ein ähnliches Kommando und begleitest es hinaus. Die hintere Stange schließt du erst, wenn dein Pferd sicher im Anhänger stehen bleibt. Funktioniert auch das gut, kannst du die Hängerklappe schließen.

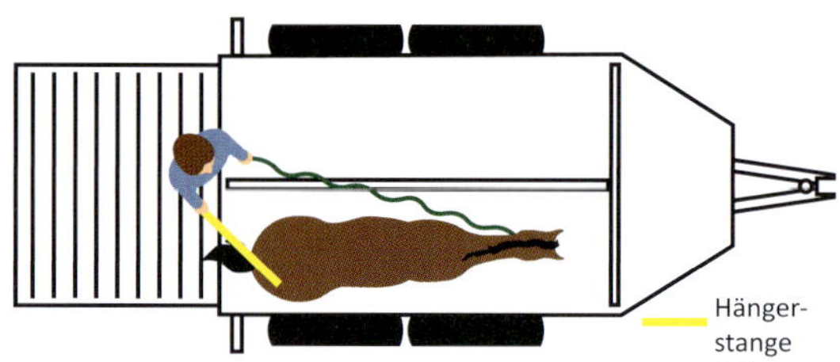

Verladen – Klappe und Hängerstange noch offen

Die wichtigsten Grundregeln

Beim Verladen muss man ein paar Dinge beachten, die für deine und die Sicherheit deines Pferdes unverzichtbar sind. Hier die wichtigsten Punkte:

- Wir verladen unser Pferd immer mit Knotenhalfter, Arbeitsseil, Stick und String. Wir binden unser Pferd niemals am Knotenhalfter an. Dafür halten wir ein Stallhalfter bereit.
- Wir vergessen niemals – wirklich niemals –, dass der erste Handgriff beim Entladen das Lösen der Anbindevorrichtung am Kopf des Pferdes ist.

- Wir haben immer das nötige Werkzeug an Bord, mit dem wir notfalls die Bruststange lösen können.
- Wir haben immer einen Wagenheber und ein Ersatzrad für den Hänger dabei, damit wir uns im Falle einer Panne schnell selbst helfen können.
- Vor Antritt der Fahrt prüfen wir grundsätzlich den Reifendruck und die Hängerbeleuchtung.
- Achte darauf, dass die Stange an die Größe deines Pferdes angepasst ist. Ist sie zu hoch angebracht, wird dein Pferd eventuell versuchen, unter ihr hindurchzukriechen – und das kann schlimmstenfalls zu schweren Verletzungen führen.
- Wenn du dir einen Hänger borgst, kläre, wer im Schadensfall haftet, und schließe gegebenenfalls eine Transportversicherung ab. Das ist auch für einzelne Transportfahrten möglich.

Typische Probleme

Hier noch ein paar Extratipps für besondere Situationen, denen man beim Verladen und beim Transport im Hänger häufig begegnet. Ich habe sie schon öfter erlebt, als mir lieb ist!

- **Mein Pferd steht unruhig oder es randaliert sogar, sobald es im Hänger verladen wurde und die Fahrt beginnen soll. Was tun?**

Hier empfehle ich mentale Vorbereitung für dein Pferd, bevor Stange und Rampe geschlossen werden. Was ist damit gemeint? Imitiere z.B. die Geräusche, die beim Fahren entstehen. Trample mit den Füßen auf den Boden des Hängers und bereite dein Pferd damit auf das Gerumpel während der Fahrt vor. Schlag mit deinem Stick gegen die Wand oder das Dach und desensibilisiere dein Pferd damit gegen die gleich folgenden Außenreize. Mache absichtlich Krach mit der hinteren Stange, damit sich dein Pferd beim wirklichen Öffnen und Schließen der Stange nicht mehr erschrickt, sondern cool und entspannt bleibt. Bei alldem beachtest du natürlich das Prinzip von Annäherung und Rückzug, um die zunehmende Gelassenheit deines Pferdes zu belohnen.

Rückwärts in den Anhänger? Beim Verladen ist das schon eine echte Kür für Fortgeschrittene.

Pferden, die trotz dieser vorbereitenden Übungen beim Schließen der Rampe und beim Anfahren panisch reagieren, hilft ein erfahrenes, ruhiges Pferd als Mitfahrer – denn geteiltes Leid ist halbes Leid.

- **Mein Pferd stürmt rückwärts aus dem Hänger, sobald die Stange weg ist. Bin ich nicht schnell genug, stemmt es sich gegen die Heckstange, sodass ich diese gar nicht erst öffnen kann. Was tun?**

Wenn mein Pferd gegen die Stange drückt, fordere ich es in den »Vier Phasen der freundlichen Bestimmtheit« (so wenig Druck wie möglich aber auch so viel wie nötig) auf, nach vorne zu treten.

Zurück im Wald - mein Paradies Neu Drefahl

Der Zufall führt mich zurück zu meinen Wurzeln. Ich finde mein Glück im abgeschiedenen Mecklenburg: neue Liebe, neuer Hof, neuer Ruhm. Und aus Arhöna wird Aruhna!

In den Ruhner Bergen im Süden Mecklenburgs habe ich mir meinen großen Traum erfüllt.

Neustart in Abgeschiedenheit

Im Frühjahr 2010 ziehe ich in den Norden und erlebe ein unbeschreibliches Gefühl der Befreiung.
Mit Arhöna, meinem Projekt im osthessischen Mansbach, habe ich abgeschlossen. Ohne mich noch einmal umzudrehen, stürze ich mich in den Neuanfang. Ich kann mein Glück kaum fassen. In Berlin war es mir vergönnt gewesen, meinen Theatertraum zu leben; später eröffnete ich meinen ersten Reiterhof. 20 Jahre später habe ich allen Ballast abgeworfen und kann mit 52 Jahren noch einmal von vorn beginnen. Ein kompletter Neustart ist es ja nicht, weil ich schon zuvor viele Wochenenden mit Kursen irgendwo in Deutschland verbracht habe. Das geht jetzt so weiter, und ich genieße die freien Tage unter der Woche.

Wiesen, Weite, Pferde

Bei meinem ersten Pfingstcamp im Norden in Leisterförde bei Greven fällt mir das gute Horsemanship-Equipment eines Teilnehmers auf. Ich frage ihn, wo er das herhat, und er erzählt von einem verrückten Pärchen, das in Mecklenburg im Wald lebt und dort Halfter und Seile herstellt. Ich lasse mir die Handynummer geben und rufe ein paar Tage später an. Sie laden mich zu einem Besuch in die Ruhner Berge südlich von Parchim ein, wo sie in einem Ferienbungalow eines ehemaligen Reiterhofs leben.
Ich komme und staune. Und innerhalb von zwei Wochen ziehe ich mit Sack und Pack in die andere, noch freie Ferienwohnung ein und werde ein Waldbewohner - in Neu Drefahl, einem Dorf mit vier Häusern am »Arsch der Welt«. Hier führt nur ein holpriger Sandweg hin. Rundherum Wiesen, Wald, Pferde und kaum Menschen. Eben mein Paradies.

Im Dorf gibt es noch einen hässlichen Betonklotz. Es ist ein ehemaliges Kinderferienheim, das wie die Ländereien drum herum im Besitz der Agrargenossenschaft Ziegendorf ist. Ich werde beim Eigentümer vorstellig, und nach einigem Hin und Her werden wir uns einig und finden eine Lösung, die unseren Umzug dorthin möglich macht.
Als ich meine Habseligkeiten nur zwei Grundstücke weiter schleppe, spüre ich, dass das für länger sein wird. Weil das Haus renovierungsbedürftig ist, wohnen wir die ersten Jahre mietfrei. Doch mein Betrieb wird jetzt von Jahr zu Jahr ein kleines bisschen größer - die ersten Camps finden im Wald statt. Ich pachte die Wiesen, ich baue Roundpen und Reitplätze, einen Trailplatz, es entstehen Gästezimmer.

Im Jahr 2011 gewinne ich den Verladewettbewerb, dann folgt mein Triumph bei der Hop-Top-Show der Equitana; ich reise mit meinen Pferden von Auftritt zu Auftritt, von Kurs zu Kurs. Ich werde ein Rockstar der Horsemanship-Szene. Ein Leben auf der Überholspur, ein Erfolg jagt den nächsten.
Als der ostfriesische »Knochenbrecher« Tamme Hanken stirbt und sein Sendeplatz frei wird, rücke ich nach und werde zwei Jahre lang sein Nachfolger. Die NDR-Doku steigert meine Bekanntheit noch mehr, ich kann mich vor Anfragen kaum retten. Praktikanten kommen und gehen, ich bilde jetzt selbst Trainer aus und stelle sie als Mitarbeiter ein. Meine neue Liebe Conny zieht mit Kind und Köter zu mir.

Denken, Schreiben, Spazieren

Was mit vier Camps pro Jahr und drei Pferden begonnen hat, entwickelt sich unbemerkt zum zweiten Arhöna - also zu »Aruhna«, mit Dauerbetrieb von April bis Oktober und 40 Pferden auf der Weide.

Der große Unterschied: kein Reittourismus, keine Halle, keine Boxen, keine Geldsorgen. Denn Dank meiner Bekanntheit und der langjährigen Unterstützung eines Schulfreundes habe ich Geld, das mich ruhig durch den Winter bringt. Außerdem entwickelt sich ein festes Team, das mir treu den Rücken für Rückzug, Ruhe und meine Rente freihält. Den Hof leitet jetzt meine Lebensgefährtin, und ich habe Zeit zum Denken, Schreiben und Spazieren.

Es gibt keine Garantie, dass das Leben gelingt, wenn man es in die eigenen Hände nimmt. Aber: Wer den brennenden Wunsch in sich spürt, etwas Bestimmtes zu tun - sei es auf der Bühne, sei es in irgendeiner Form von Selbstständigkeit -, sollte es tun!

Wer den brennenden Wunsch verspürt, etwas Bestimmtes zu machen, sollte es einfach tun!

Umgang mit Extremfällen

Manche Pferde haben gelernt, sich ungeliebten Situationen durch Losreißen zu entziehen. Solche Pferde musst du in einem geschützten Rahmen (also in einer Umzäunung) verladen. Das Losreißen wird von dir mit einigen Galopprunden quittiert, dann verschwindet dieses Verhalten in den meisten Fällen recht schnell.
Dieser geschützte Rahmen sollte jedoch nicht größer sein als eine Reithalle (etwa 20x40 Meter), sonst kannst du nicht wirklich einwirken. Wie man beim Verladen Schritt für Schritt vorgeht, erfährst du auf meiner DVD »Verladen« sowie in den Übungsvideos der DVD-Box »Weinzierl Horsemanship - Grundlagen des Horsemanship«. Hier finden sich auch etliche Beispiele und Lösungsstrategien für den Umgang mit ängstlichen und unerfahrenen Pferden.

Ich stelle mich in die freie Box, übe am Halfter leichten Druck nach vorne aus und berühre die Kruppe mit meinem Stick unter Einsatz von zunächst leichtem, dann aber zunehmend stärkerem Druck.
Sobald mein Pferd die Stange freigibt, indem es einen Schritt nach vorne tritt, beginnt mein Stick, die Stelle zu streicheln, die es zuvor mahnend touchiert hat. Ist die Stange gelöst und mein Pferd stürmt sofort unaufhaltsam rückwärts, gibt es mehrere Strategien, dies zu unterbinden. Eine Möglichkeit ist: Verstärke den Drang deines Pferdes rückwärtszutreten so intensiv, dass dieser Impuls für das Pferd anstrengend und unattraktiv wird. Konkret bedeutet das: Lass dein Pferd rückwärtsstürmen und begleite es, bis es stehen bleiben will. Dann schickst du es aktiv rückwärts, mindestens fünf oder zehn Meter, und führst es ohne Pause zurück in den Hänger. Das wiederholst du so lange, bis dein Pferd ruhig abwartet, bis du das Kommando zum Verlassen des Hängers gibst.
Die zweite Option: Lege deinen Stick streichelnd auf die Kruppe deines Pferdes; wenn es losstürmt, sagst du laut und deutlich »Nein« (Phase 1). Hebe deinen Stick an und lasse ihn mit einiger Energie auf die Kruppe sausen. Diese Prozedur muss unangenehm oder ein bisschen schmerzhaft sein und sich in etwa wie ein Schlag vom Stromzaun anfühlen. Mit großer Wahrscheinlichkeit wird dein Pferd nicht beim ersten Mal auf dein »Nein« reagieren und stehen bleiben. Wiederhole den Vorgang, bis du Erfolg hast.

Reitvorbereitung

Reitvorbereitung bedeutet vor allem mentale Vorbereitung. Wie wichtig dieses Thema ist, betont auch Pat Parelli, der dazu feststellt: »I work on the horses' mind and let the body follow.«
Egal, ob es der Aufbau von Vertrauen und Respekt in der Freiarbeit im Roundpen oder die Arbeit an Halfter und Seil ist: Letztendlich ist alles, was du dir mit deinem Pferd am Boden erarbeitest, eine Vorbereitung auf das Reiten. Mit alldem bereiten wir den Weg, die Position der Leitstute bzw. des Alphatiers auch auf dem Rücken des Pferdes einzunehmen.
Die folgenden Übungen solltest du als Vorbereitung auf das »Führen von oben« unbedingt am Boden mit deinem Pferd erarbeitet haben:

- das seitliche Führen (laterales Führen)
- das Führen von hinten (mit Doppellonge)
- die Vorbereitung mit dem »Marketendersattel«

Gemütliche Spaziergänge im landläufigen Sinne, bei denen du vorausgehst und das Pferd hinter dir hertrottet, sind zwar nett und entspannend, aber für die Selbstständigkeit deines Pferdes wenig förderlich. In der Herde reagieren Pferde auf jedes Signal der Leitstute, egal, aus welcher Richtung es kommt. Das sollte unbedingt auch unser Ziel sein.

Seitliches Führen

Der erste Schritt ist das seitliche oder auch laterale Führen. Es sieht aus wie Longieren, ist es aber nicht; es ist ein Kreisspiel. Meine Seilhand führt und meine Stickhand - wenn das nötig ist - treibt.

Wenn das klappt, beginne ich, mich seitlich mit meinem Pferd mitzubewegen. Auf diese Weise lernt es schon mal, auf die Führung von vorn, die in der Natur von der Leitstute übernommen wird, verzichten zu können. Sobald das funktioniert, bauen wir kleine Herausforderungen auf dem Platz ein:

- Führe dein Pferd in der seitlichen Position durch einen Engpass zwischen Reitplatz-Bande und beispielsweise einer Tonne.
- Lass es über Stangen am Boden gehen, anhalten und wieder rückwärtstreten.
- Führe dein Pferd an einem anderen Pferd vorbei.
- Gehe mit deinem Pferd im Slalom um Hindernisse herum, beispielsweise um Pylonen.

All das tust du, indem du dein Pferd immer seitlich führst. Dir fallen bestimmt weitere Übungen ein, die alle nur ein Ziel haben: deinem Pferd eine Idee von Selbstständigkeit und -sicherheit zu geben sowie die feine Kommunikation mit ihm zu verbessern.

Führen von hinten

Im zweiten Schritt führen wir das Pferd mit einer langen Doppellonge von hinten. Das ist im Grunde genommen wie reiten, aber eben noch ohne die damit verbundenen Risiken.

Wenn du also wissen willst, ob dein Pferd schon bereit ist, sich von oben führen zu lassen - im Gelände oder auf dem Platz, allein oder mit anderen -, prüfe es aus der hinteren Führposition. Dieses Prinzip kennt auch jeder Kutschfahrer. Du erinnerst dich: Vertrauen und Respekt bekommt man am Boden - oder gar nicht. Also, ran an die Doppellonge! Die Arbeit mit den langen Zügeln macht richtig Spaß.

Perfekte Vorbereitung: Das Führen von hinten mit der Doppellonge kommt dem echten Reiten schon sehr nahe.

Einfach alles ran: Mit dem Marketendersattel gewöhnt man Pferde an fremde Dinge, Geräusche und Gewicht.

Das kannst du ganz einfach mit zwei Horsemanship-Führseilen machen, die du beide unterhalb des Diamantknotens am Halfter befestigst. Wenn dein Pferd nicht auf deine Signale hört, lässt du das äußere Seil einfach los, drehst mit dem anderen den Kopf deines Pferdes zu dir und fängst in Ruhe von vorn an. Dabei bitte beachten: Niemals an beiden Leinen ziehen, denn du zeigst deinem Pferd damit nur, wie stark es ist und wie schwach du bist!
Halte die Leinen also locker, aber nicht so locker, dass dein Pferd mit den Vorderbeinen auf die Longe tritt (wenn es doch mal passiert, ist das aber kein Weltuntergang). Du kannst auch einen Longiergurt verwenden und die Führseile durch die Haltegriffe oder Ösen des Gurts leiten - oder dafür die Steigbügel deines Sattels benutzen. Funktionieren »Gas, Bremse und Lenkung« einwandfrei, ist es an der Zeit, aus deinem Pkw einen Sattelschlepper zu machen!

Der Marketendersattel

Damals standen Amazon & Co. noch in den Sternen: Im Stück »Mutter Courage und ihre Kinder« von Bertolt Brecht begleitet die Titelheldin im Dreißigjährigen Krieg die Soldaten als Marketenderin. Sie zieht einen schweren, mit allen nötigen Dingen beladenen und behangenen Wagen hinter sich her und verkauft die Waren nach Bedarf. Ich bin großer Brecht-Fan, und das Drama hat in mir die Idee zu meinem »Marketendersattel« reifen lassen. Was das ist?
Reiten bedeutet ja unter anderem, dem Pferd Gewicht und Geräusche auf seinem Rücken zuzumuten. Mit meinem Marketendersattel kann man diese Reize hervorragend simulieren. Wir bereiten die Übung folgendermaßen vor:

- In einer sicheren Umzäunung nehmen wir einen robusten Sattel, am besten mit vielen Ösen und Schlaufen, und befestigen an ihm nach und nach alle möglichen und unmöglichen Dinge, wie Plastiktüten, Regenjacken, Töpfe, Wasserkanister und Autoreifen etc. So bringen wir Geräusche und Gewicht aufs Pferd, ohne uns selbst zu gefährden – das ist die ideale Reitvorbereitung.
- Wichtig dabei: Beginne mit diesen Übungen auf einem eingezäunten Platz oder noch besser im Roundpen, sodass dein Pferd mit seinem »Behang« nur begrenzt weglaufen kann, wenn es sich vor den fremden Gegenständen erschrickt.
- Hänge die Dinge immer erst innen an den Sattel. Denn wenn dein Pferd vor dem Gewicht oder den Geräuschen flieht, rennt es nicht auf dich zu, sondern weicht nach außen aus. Erst wenn dies gut funktioniert - in Schritt, Trab und Galopp -, kannst du die Gegenstände auch außen befestigen.
- Danach üben wir mit dem Pferd aus der hinteren Führungsposition mit der Doppellonge am oben beschriebenen Engpass, den Pylonen und Stangen. Du wirst staunen, wie gelassen dein Pferd nach einigen Übungseinheiten sein wird.
- Und wenn es in der Umzäunung mehrmals gut und sicher geklappt hat, geht's ab ins Gelände!

Nicht vergessen: Jedes Mal, wenn du dein Pferd seitlich oder von hinten führst oder es mit dem Marketendersattel trainierst, stärkst du seine Selbstständigkeit und bereitest es sicher auf seine Existenz als

Reitpferd, also auf unser »Führen von oben« im Sattel vor. Pluvinel, dem Reitlehrer Ludwigs XIII., überlassen wir diesmal das Schlusswort: »Dabei muss man achtgeben, ihm nicht den Arbeitseifer zu nehmen und seine Gutwilligkeit zu ersticken, denn die Anmut eines jungen Pferdes ist wie der Duft einer Blüte, der, einmal verflogen, nie wiederkehrt.«

Reiten, aber natürlich!

Die Indianer taten es, und es sah einfach toll aus: Mit dem Pferderücken verschmolzen, flogen sie in gestrecktem Galopp über die Prärie und jagten ganz nebenbei ihren Feinden ein paar Pfeile oder die Klinge ihres Kriegsbeils in den Rücken. Und das Gute siegte immer, zumindest in den Westernfilmen. Inzwischen wissen wir, dass das Gute meist nicht zum Zuge kommt, aber ich kann dir nur empfehlen, mache es wie die Indianer: einfach draufsetzen und los! Den Indianern standen keine europäischen Traditionen im Weg, keine aristokratischen oder militärischen Richtlinien. Und so waren sie vielleicht die Urahnen moderner Freizeitreiter: Ohne Sattel und Gebiss, wie Monty Roberts, haben sie die Pferde beobachtet und daraus ihre Schlüsse gezogen.

Vergiss Bent Branderup, die Ausbildungsskala der Fédération Équestre Nationale (FN) und die anderen Kunstreiter aus der falschen Zeit. Setz dich auf dein Pferd und habe Spaß dabei! Nimm am besten keine Reitstunden, denn Reiten lernt man durch Reiten. Und lass dich vor allem nicht verunsichern: »Wer in allen Gangarten auf dem Pferd sitzt und nicht runterfällt, kann erst mal reiten«, sagt auch Pat Parelli.

Eisen im Pferdemaul

»Ein guter Reiter braucht Kreuz und Schenkel, die Zügel sind eigentlich nur Zierde.« Dieses kluge Statement stammt nicht vom Freizeitreitertreff um die Ecke, sondern von Reitlehrer Uli Ising. Dabei ist gebissloses Reiten bei der FN in etwa so beliebt wie Reiten ohne Sattel: Klassisches Reiten geht nur mit Anlehnung, also der ständigen Verbindung von Reiterhand und Pferdemaul. Und das funktioniert eben am besten mit Gebiss – sagt die FN.

Pro und Kontra Gebiss

Reiter mit gebissloser Zäumung können bei einem Dressur-Turnier der FN also gleich absatteln. Nur Spring- und Geländereiter dürfen in Prüfungen ab Klasse M gebisslos reiten. In den Turnieren der »Working Equitation«, einer Disziplin, die Elemente unterschiedlicher Arbeitsreitweisen einzelner Länder aufgreift, ist die gebisslose Zäumung übrigens erlaubt. Bei den Westernreitern der EWU wiederum ist immerhin die zweihändig gerittene Hackamore (Bosal) zulässig. Fortschritt erkennbar! Aber was genau spricht nun für oder gegen ein Gebiss?

- **Pro gebissloses Reiten:** Der Fortschritt hat uns auch das Wissen um die Biomechanik und die Anatomie des Pferdes gebracht. Zum Glück! Studien des amerikanischen Wissenschaftlers Robert

Für Pferde ist gebissloses Reiten angenehmer – und auch Reiter lernen, nicht immer an den Zügeln zu zerren.

Gute Reiterinnen und Reiter brauchen Kreuz und Schenkel – die Zügel sind eigentlich nur Zierde.

Cook haben gezeigt, dass Gebisse den Kiefer des Pferdes verletzen können, Verhaltensstörungen fördern und dem Tier zudem das Atmen erschweren. Eigene Studien und Beobachtungen, die jeder für sich selbst fortführen kann, belegen, dass viele Reiter den Zweck des Gebisses immer noch mit dem eines Instruments für die perfekte Rollkur verwechseln. Na, und nicht zu vergessen: Mit gebissloser Zäumung können unsere Pferde in den Pausen beim Wanderritt entspannt fressen.

- **Kontra gebissloses Reiten:** Ich höre sie jetzt schon, die Einwände der Ja-aber-Fraktion: Der Druck am Kopf durch gebisslose Zäumung ist für das Pferd viel unangenehmer als ein Gebiss im Maul! Und wie soll man ohne Gebiss bitte schön gymnastizieren? Da ist doch null Anlehnung vorhanden, Stellung und Biegung funktionieren auch nicht. Und die Notbremse? Da kann doch jedes Pferd nach Lust und Laune durchgehen, oder etwa nicht?

Gebisslos bedeutet nicht schmerzfrei

Ganz grundsätzlich: Ein Gebiss soll nicht das Pferd bremsen oder lenken, sondern in seinen geforderten Lektionen unterstützen. Wie eingangs zitiert: »Ein guter Reiter braucht Kreuz und Schenkel, die Zügel sind eigentlich nur Zierde.«

Ob wir in der Lage sind, unser Pferd adäquat zu unterstützen, liegt nur an uns. Wenn wir das nicht können, quälen wir unser Pferd mit der brutalen Hebelwirkung einer mechanischen Hackamore auf Nase und Genick ebenso wie mit dem Eisen im Maul. Dann stümpert man doch lieber mit einem Knotenhalfter oder Bosal, denn dabei schubbert man seinem Pferd maximal das Fell von der Nase.

Gleiches gilt übrigens für die gebisslose Zäumung mit »Glückrad«. Denn je nach Einstellung (des Lederriemens oder des Reiters) haben diese Dinger auch eine heftige Hebelwirkung. Was ich damit sagen will: Gebisslos bedeutet eben nicht gleich schmerzfrei.

Und eine gebisslose Zäumung verhindert auch nicht, dass man als Reiter Fehler macht. Aber sie ist in meinen Augen immer noch die beste Alternative.

Die gebisslose Ausbildung

Egal, ob Bosal, Sidepull, Bitless Bridle oder Knotenhalfter - hier ist mein Fünf-Punkte-Programm für die gebisslose Zäumung:

- Gebisslose Zäume eignen sich am besten für eine Signalreitweise wie z.B. das Westernreiten. Beginne am Boden mit dem Knotenhalfter und mit leichten Hilfen bzw. Zupfen in die unterschiedlichen Richtungen, steigere die Intensität und beende sofort das Signal, sobald dein Pferd die kleinste Bewegung in die gewünschte Richtung zeigt. Das kannst du dann auch im Sattel üben. Laterale Biegung erzeugt vertikale Biegung - und nicht etwa stärkeres Rupfen und Zerren mit zwei Zügeln!
- Die gebisslose Zäumung sollte nicht zu dicht am Pferdeauge sitzen oder auf dem Nasenrücken hin und her rutschen. Wichtig beim Knotenhalfter: Der richtige Sitz auf dem Nasenrücken ist zwei Fingerbreit unter dem seitlichen Nasenknochen!
- »Hilfszügel sind für Hilfsschüler«, sagte mal Freizeitreiter-Papst Claus Penquitt. Das gilt auch für das gebisslose Reiten. Das Pferd reißt den Kopf hoch, weil es unsicher ist und selbst den Überblick behalten will. Halte dich daher ans Horsemanship: Arbeite an der Beziehung, der Einstellung des Pferdes zu dir, dann folgt der Körper von alleine!
- Daraus folgt: Arbeite an deinem unabhängigen Sitz. Dann ist es letztendlich egal, ob das Pferd ein Knotenhalfter, ein Bosal oder einen Halsring trägt. Oder ein Gebiss? Du bist derjenige, der seinem Pferd Schmerzen zufügt. Oder eben nicht!
- Verabschiede dich von der Illusion, das Gebiss sei ein Sicherheitsfeature, eine Art Notbremse, und stelle dich stattdessen lieber deiner Angst vor dem Kontrollverlust. In kleinen Schritten, durch Sitzschulung und mit dem Knotenhalfter kannst du dir und deinem Pferd zunehmend Sicherheit geben und so ganz langsam die positive Entwicklung mit deinem Pferd genießen!

Langer Zügel, kein Problem

Und noch ein Wort für alle, die Sorge haben, dass ihr Pferd am langen Zügel nur »auf der Vorhand latscht«: Seit Jahren ermutige ich meine Kunden in unseren Kursen und Camps, die Zügel loszulassen, damit die Pferde selbst bestimmen können, in welcher Haltung sie uns durch die Landschaft tragen. Die meiste Zeit war ich ein einsamer Rufer. Doch schließlich erhielt ich Beistand aus der Fachpresse: »Reiter, die ausschließlich am langen Zügel ins Gelände gehen und sich tragen lassen, werden ihren Pferden nicht schaden.« (Cavallo, 09/2018, S.47). Was lernen wir daraus? Sorge dich nicht, reite!

Reiten ohne Sattel

Reiten ohne Sattel ist für mich noch immer der Inbegriff von Verbundenheit mit dem Pferd, von grenzenloser Freiheit und von einem perfekten Sitz. Ich weiß, das klingt nach romantischen Klischees, die ja eigentlich nicht mein Ding sind. Nach 20 Jahren Erfahrung als Pferdetrainer kann ich allerdings nur sagen: Tu's einfach! Reiten ist die harmonische Bewegung zweier Körper. Das ist im Idealfall beim Tanzen so - und übrigens auch beim Sex nicht anders.

Doch was anstelle des Sattels als Unterlage nehmen? Denn so ein Pferderücken ist ja doch empfindlich. Was diese Frage betrifft, gibt es sogar Hardliner, die fordern, dass man ein Pferd eigentlich gar nicht reiten sollte. Gewiss, ohne Sattel wird das Gewicht

Gepolsterte Pads sind ein guter Kompromiss für alle, die komfortabel ohne festen Sattel reiten wollen.

des Reiters weniger gleichmäßig auf dem Pferderücken verteilt als bei einem Sattel, der gut sitzt. Beim Reiten ohne Sattel kann daher ein Reitkissen ein akzeptabler Kompromiss für Pferd und Reiter sein.

Das »Bareback-Pad«, also eine gepolsterte Sitzunterlage mit Gurt, ist da in meinen Augen die beste Alternative: mehr Halt und kein Schweiß. Der Markt ist groß, und die Produktpalette reicht von »geht gar nicht« bis hin zu »ja, da hat sich jemand Gedanken gemacht«. Die Produkte von Parelli, Brockkamp und Honza Bláha kann ich empfehlen, weil ich sie selbst getestet habe und täglich benutze. Bareback-Pads gibt es mittlerweile auch mit Steigbügeln, davon rate ich aber dringend ab! Wird etwa der eine Steigbügel mehr belastet als der andere, kommt das Pad sehr leicht ins Rutschen. Im Klartext: Diese Pads sind ein nicht zu unterschätzendes Sicherheitsrisiko!

Der perfekte Sitz ist Übungssache

Egal, ob Reitkissen oder ganz ohne – aller Anfang ist wackelig. Am leichtesten überwindest du das anfängliche Gehoppel, indem du deinen Oberkörper nach hinten fallen lässt und dich an der Mähne des Pferdes oder am Griff des Bareback-Pads festhältst, damit du nicht ganz nach hinten wegkippst. So kannst du die Auf- und Abwärtsbewegung des Pferderückens gut spüren. Die richtige Beckenbewegung entsteht in dieser Haltung von selbst. Nach und nach richtest du dich aus diesem »unmöglichen« Sitz wieder in eine aufrechte Position auf und machst die Bewegungen aktiv mit, die dir dein Pferd in deiner anfänglichen Schräglage beigebracht hat.

Deine Beine sollten lang hängen bzw. leicht am Pferdebauch anliegen – ohne Knieklammer oder klopfende Hacken! Wenn du anfängst, dich zu verkrampfen, schalte einen oder zwei Gänge zurück, also durchatmen und wieder im Schritt starten. Ohne Steigbügel und Sattelknauf entsteht so ein ausbalancierter, unabhängiger Sitz nach einiger Zeit von ganz allein. Wer braucht da noch endlose Sitzschulungen? Und: Intensiver kannst du die Bewegungen deines Pferdes nicht spüren; du bist geradezu gezwungen, dich immer geschmeidiger seinen Bewegungen anzupassen. Spätestens dein schmerzender Hintern wird dich das lehren – du wirst also im eigenen Interesse deine Sitzhaltung schleunigst verbessern.

Gut ist, wenn du parallel zum Reiten ohne Sattel, quasi als »Schleudersitz«, das leichte und sichere Notfall-Abspringen übst. Das sollte dir in Fleisch und

Blut übergehen, sodass du dich in unsicheren oder gefährlichen Situationen locker aus der Gefahrenzone entfernen kannst und auf deinen Füßen landest. Damit beginnst du natürlich erst einmal im Schritt und steigerst dann das Tempo.

Reiten ohne Sattel - das Für und Wider

Hier noch einmal eine kurze Übersicht: Was spricht für das Reiten ohne Sattel – und was dagegen? Wie mein Fazit lautet, könnt ihr euch sicher denken.

Wir beginnen mit den Pluspunkten:

- Du lernst, im Gleichgewicht zu sitzen, ohne dich am Zügel oder im Steigbügel auszubalancieren.
- Du kannst das überlebenswichtige Notfall-Absteigen leichter und sicherer üben.
- Wenn du tatsächlich freiwillig absteigst, bleibst du dabei wenigstens nicht auch noch mit deinen Fußspitzen in den Steigbügeln hängen.
- Du vermeidest Selbstüberschätzung und reitest nur so schnell, wie du es auch kannst.
- Zu hoher Satteldruck durch einen schlecht sitzenden Sattel ist ausgeschlossen.

Und die negativen Aspekte?

- Beim Reiten ohne Sattel kann punktueller Druck auf dem Pferderücken entstehen. Vor allem auch dann, wenn noch nicht geübte Reiterinnen und Reiter dem Pferd in den Rücken »plumpsen«.
- Man fällt leichter runter – ist einfach so.

An dieser Liste sieht man schon auf einen Blick: Die Vorteile überwiegen deutlich! Klar, ein gut sitzender Sattel erhöht die Bequemlichkeit für Pferd und Reiter. Wie die Sporen sollte man sich diese Bequemlichkeit aber erst verdienen. Für das Erfühlen der Pferdebewegungen sowie für das Gleichgewicht des Reiters ist das Reiten ohne Sattel also absolut zu empfehlen – zumindest für eine bestimmte Zeit. Deswegen rate ich jedem, der mit dem Reiten beginnt: Starte in den ersten Wochen und Monaten ohne Sattel! Übrigens: Nicht erst die Indianerfilme propagierten die enge Verbindung zum Pferd und sattelloses Reiten. Noch enger war die Beziehung in der griechischen Mythologie. Dort verschmolzen Mensch und Pferd zu einem geheimnisvollen Mischwesen; heraus kam dabei der ebenso lüsterne wie unbeherrschte »Zentaur«. Klingt gut, finde ich!

Wer zahlt, wenn was passiert?

Bin ich beim Reiten mit Knotenhalfter und ohne Sattel bei Unfällen versichert? Diese Frage habe ich mir als Betreiber eines touristischen Reitbetriebs schon vor 20 Jahren stellen müssen.
Die Antwort habe ich mir von meinen jeweiligen Versicherungen schriftlich bestätigen lassen.
In den ersten Jahren waren wir bei der Trowe Versicherung in Frankfurt, die uns umstandslos bestätigt hat, dass wir unsere Gäste ohne Sattel, ohne Gebiss und sogar ohne Helm unterrichten dürfen. Später sind wir zur Sparkassenversicherung gewechselt, und auch die ließ sich festlegen, weil das Bürgerliche Gesetzbuch (BGB) eben fürs Reiten im Unterschied zum Autofahren (Sicherheitsgurt) und zum Motorradfahren (Helmpflicht) keine ähnlichen, zwingenden Vorschriften kennt.
Inzwischen habe ich meine Betriebshaftpflicht bei der Uelzener Versicherung abgeschlossen, die ihrerseits bestätigt, dass es in puncto Schuhwerk, Zaum- und Sattelzeug keine Auflagen gibt. Die Ausrüstung, so die Versicherung in ihrem Schreiben, müsse lediglich in gutem Zustand sein. Als Schuhwerk empfehle man zur eigenen Sicherheit Reitstiefel, Stiefeletten mit Chaps oder Stiefelschäfte. Wichtig sei vor allem die Besohlung der Schuhe: keine hohen Absätze und rutschhemmendes Material.

Reiten und sogar bremsen, das funktioniert auch ganz locker mit nur einer Hand!

Die Notbremse

Ich habe schon unzählige Leute erlebt, die ihr Pferd im Gelände mit permanent anstehendem Zügel geritten haben. Ihre Begründung? Das sei eben notwendig, damit das Pferd das Reitergewicht aufnehmen könne. Die Wahrheit dahinter: Sie hatten schlicht Angst davor, die Kontrolle zu verlieren.
Kontrollverlust und Sicherheit, zwischen diesen beiden Polen bewegen wir uns doch ständig, das ist das Leben. Ich habe allerdings gelernt, dass es besser ist vorzusorgen, als ständig in Sorge zu leben. Was die Angst vor dem Durchgehen des Pferdes betrifft, ist dieses Vorbereitetsein sogar recht einfach. Der Trick lautet: »One-Rein-Stop«, was übersetzt so viel bedeutet wie »Anhalten mit einem Zügel«.

Jeder Kutschfahrer weiß, dass er sein durchgehendes Gespann niemals mit zwei Leinen bremsen kann, sondern dass er es in eine Volte führen muss. Die Kraft, die aus der Hinterhand des Pferdes kommt und die es vorwärtstreibt, kann mit dem allerschärfsten Gebiss nicht gebremst werden. Man kann sie nur kanalisieren, und das heißt, den Hals des Pferdes zu biegen, um es in eine enge Drehung zu lenken.

Selbst wenn diese Einsicht theoretisch verstanden wird, tendieren wir in der Praxis immer noch dazu, mit beiden Händen zu ziehen, wenn unser Pferd scheut oder nach vorn ausbrechen will. Dann zerren wir meist instinktiv an den Zügeln, um uns bzw. das Pferd festzuhalten. Daher müssen alle, die zu mir in den Unterricht kommen, sämtliche Reflexe, Regeln und Handgriffe, die sie mit der Muttermilch eingesogen und von der konventionellen Reiterei eingetrichtert bekommen haben, vergessen. Wir gehen dabei sogar so weit, dass wir unsere Schützlinge anfangs nur mit einem Zügel reiten lassen. Konkret bedeutet das: Erst wenn du weißt, dass du mit beiden Händen unterschiedliche Dinge machst und nie wieder gleichzeitig an beiden Zügeln ziehst, bekommst du bei uns den zweiten Zügel in die Hand.
Bei den Zügeln ist es also gewissermaßen wie bei den Sporen: Man muss sie sich erst verdienen.

- **Die entscheidende Übung:** Wir biegen den Kopf des Pferdes – erst am Boden, dann von oben in allen Gangarten – auf leichten Zügelimpuls nach links bzw. nach rechts und führen es so in eine Volte. Durch die Kreisbewegung wird der Vorwärtsschub vermindert, das Pferd wird langsamer und hält schließlich an.
- **Das Gelernte verankern:** Genauso wie Autofirmen in ihren Fahrzeugen intelligente, lernfähige Systeme einsetzen, die die Umgebung abtasten, potenzielle Gefahren vorhersehen und im schlimmsten Fall schnell reagieren, arbeiten wir mit unserer und der Lernfähigkeit unserer Pferde: Wir entwickeln Gewohnheiten, die uns sicher durch alle Gefahrensituationen navigieren.

Bis unsere »Sicherheitsbremse« aber so gut funktioniert, muss der Ablauf immer wieder und in allen Gangarten geübt werden. Aus der Forschung weiß man, dass Menschen etwa 5.000 Wiederholungen benötigen, bis sie mit links und rechts Gaspedal und Kupplung so bedienen können, dass sie beim Anfahren am Berg nicht den Motor ihres Autos abwürgen.

Noch mehr Wiederholungen benötigt ein Pferd, bis es auf einen kleinen Impuls des Zügels den Kopf zur Seite gibt. Kein Wunder, denn das Biegen verkleinert sein Blickfeld, und damit legt es sein Schicksal in die Hände seines Reiters, dem es vertrauen muss.

Wenn also das Anhalten mit nur einem Zügel in Fleisch und Blut übergegangen ist und instinktiv in sämtlichen Gangarten klappt, ist es Zeit für einen sicheren Geländeausritt mit zwei Zügeln. Das ist bequemer, denn im Gelände musst du dein Pferd des Öfteren schnell nach links und nach rechts bewegen, und dann reicht die Zeit vielleicht nicht, um den Zügel zur anderen Seite des Pferdehalses zu schwingen.

Und der zweite Zügel? Er ist für Fortgeschrittene! Durch das Biegen nach links und rechts, also die laterale Bewegung, entsteht die vertikale (senkrechte) Biegung, also die Möglichkeit im Vorwärts-Abwärts zu reiten oder das Pferd zu versammeln. Bei einem gemütlichen Geländeritt ist das unnötig. Wenn man aber ambitioniert ist und auch im Gelände Seitengänge übt, dann sind beide Zügel sinnvoll. Sie sollten aber nicht eingesetzt werden, um ein Pferd bei einem Ausritt anderthalb Stunden lang versammelt zu reiten! Vielleicht hören es nicht alle gerne, aber mit dem One-Rein-Stop gibt es keine Ausrede mehr für sinnloses Zügelgezerre im Gelände. Also: Kontrollzwang ade, hallo entspanntes Ausreiten!

Unabhängiges Reiten

Es ist wie so oft: Drei, fünf oder auch zehn Leute machen sich zu einem Ausritt fertig, die Regeln werden besprochen: Man warnt sich gegenseitig vor herabhängenden Ästen und herannahenden Personen. Es darf nicht überholt und vor allem nicht zu dicht aufgeritten werden, weil das eine oder andere Pferd tritt oder sich bei so viel Nähe zum Artgenossen

Mit lateralen und vertikalen Kopfbewegungen steuert man das Pferd – ohne zu zerren, versteht sich!

nicht mehr korrigieren lässt. Wenn einer seine Gerte oder seinen Handschuh verliert, muss natürlich die ganze Gruppe warten. Dann die Reihenfolge festlegen: Dieses Pferd kann nur ganz vorne gehen, und ein weiteres läuft nur entspannt neben seinem besten Freund. Darauf ist Rücksicht zu nehmen! Gangartenwechsel werden angesagt, und es herrscht ein allgemeines Überholverbot.

Reiten in der Karawane

Das ist der Alltag, der schauerliche Alltag. Willst du wirklich ewig so weiterreiten? Wie haben das eigentlich die Cowboys gemacht? Sie haben Rinder getrieben, versprengte Tiere eingefangen, sind dahin und dorthin geritten - und das ganz unabhängig von ihren Mitreitern. Geht ja eigentlich gar nicht, oder? Jahrelang habe ich es nicht wie die Cowboys gemacht und Touristen durch die Rhön geführt. Und sie waren tatsächlich nicht mehr als Güterwaggons, die an eine Lokomotive angehängt sind. Und diese Lokomotive vorn am Zug war ich! Ich habe an der Spitze den Gangartwechsel angesagt, alle Pferde kannten die Befehle und haben darauf gehört - und die Touristen sind mitgehoppelt. Reiten war das nicht. Diese Ausritte funktionieren nur, solange sie einem bestimmten Muster folgen. In der Karawane fühlt sich das Pferd als Herdentier sicher und geborgen. Wenn es allerdings einen eigenständigen Job erledigen soll, ist es meist überfordert und wird unsicher, was wiederum die Reiterinnen und Reiter auf seinem Rücken oft ordentlich einschüchtert.

Unabhängigkeitsübungen

Wer nun gerne jederzeit mit seinem Pferd einen eigenen Weg einschlagen möchte, wer lieber eine Abkürzung nehmen oder zurückreiten will, weil er etwas verloren oder vergessen hat, kurzum: Wer unabhängig von der Gruppe die Richtung und Geschwindig-

Immer schön der Reihe nach? Ausritte in größeren Gruppen, die wirklich Spaß machen, sehen anders aus!

keit seines Pferdes bestimmen will, der sollte dies rechtzeitig und im geschützten Rahmen mit ein paar Gleichgesinnten vorbereiten. Es gibt einige ganz einfache Übungen, die die Unabhängigkeit fördern. Wir beginnen in einem sicheren und geschützten Umfeld. Ideal ist die Halle, die Reitbahn oder eine eingezäunte Wiese, bevor das Gelernte dann später im freien Gelände überprüft wird:

- Die Gruppe reitet in einer Abteilung, und etwa alle 20 Meter macht der erste Reiter kehrt, reitet nah an der Gruppe vorbei und wird zum Letzten. Sind alle einmal an der Gruppe nach hinten geritten, trabt der letzte Reiter an und reitet rechts oder links an der Gruppe nach vorne.
- Wenn das funktioniert, folgt das »Durchschlängeln«: Der Abstand zwischen den Pferden wird vergrößert; der Reiter an der Spitze wendet jetzt und schlängelt sich im Zickzackkurs zwischen den nachfolgenden Pferden hindurch, bis er ganz hinten am Zug angelangt ist.
- Der letzte Reiter bleibt stehen und lässt die Gruppe weiterreiten, bis sie von hinten aufschließt und er an erster Stelle die Gruppe anführt.
- Eine Unabhängigkeitsübung, die ich besonders mag: Die Gruppe reitet auf einem Zirkel mit großem Radius. Auf Kommando bewegen sich dann alle Pferde mit ihren Nasen nach innen Richtung Mittelpunkt und halten dort an. Jetzt schert ein Reiter nach dem anderen aus und umreitet einzeln die Gruppe ein- bis zweimal in der Gangart, die er sich und seinem Pferd zutraut.

Der Fantasie sind hier keine Grenzen gesetzt, und das Üben macht meist richtig Spaß! Nach und nach könnt ihr das Training dann auch im Trab und im Galopp sowie im freien Gelände durchführen.

Kontrollverlust?

Wenn dein Pferd ganz und gar unsicher wird, weil die anderen Reiter sich entfernen, und du Angst hast, die Kontrolle zu verlieren, dann denke daran, richtig und rechtzeitig abzusteigen und mit deinem Pferd die Bodenarbeit (Hinterhand verschieben, rückwärts- und seitwärtsweichen lassen) wieder aufzufrischen, damit die Harmonie auf der Basis von Vertrauen und Respekt wieder hergestellt wird. Dann könnt ihr zusammen wirklich durch dick und dünn gehen – und nicht nur durch »dick und doof«!

Mit ein paar einfachen Übungen gewinnen Pferde und Reiter auch im Gelände Unabhängigkeit und Flexibilität.

Der Erfolg beginnt am Boden

Bevor du mit den Übungen zum unabhängigen Reiten beginnst, muss dir klar sein: Aller Erfolg beginnt am Boden. Voraussetzungen sind also:

- Du hast mit deinem Pferd am Boden trainiert und machst das auch weiterhin.
- Du kannst im Notfall abspringen und beherrschst auch die Notbremse.
- Das Führen von hinten mit Doppellonge klappt auf dem Platz und im Gelände.

Dreimal genickt? Dann kann's jetzt losgehen!

Goldgräber, Gurus und Propheten

Pat Parelli und Monty Roberts sind Pioniere des Horsemanship in Deutschland und Europa. Doch wem nützt eine Trademark – und wer hat eigentlich die Pferdesprache erfunden?

Es geht wie immer ums Geschäft

Obwohl ich nie persönlich von ihnen ausgebildet wurde, sind sie meine wichtigsten Lehrmeister: Pat Parelli und Monty Roberts, die beiden Pioniere des Horsemanship. Darüber können wir und besonders unsere Pferde froh sein. Ein Alleinvertretungsanspruch entsteht dadurch aber nicht.

Unverkennbare Marken

Wenn wir ein Taschentuch brauchen, greifen wir zum »Tempo«. Wenn wir raue Hände haben und sie eincremen wollen, nehmen wir »Nivea«. Wenn wir mit einem Pferd nicht klarkommen, rufen wir im Chor »Parelli«! Wenn alle Papiertaschentücher, die es in einem Land gibt, »Tempo« genannt werden, denkt man automatisch, dass diese Marke eine Monopolstellung hat – dass es keine andere gibt. Und wenn doch, dann handelt es sich dabei doch gewiss um ein Billigprodukt, oder? Was Tempo für den Taschentuch- und Nivea für den Crememarkt ist, wollte Pat Parelli für das Horsemanship werden: ein Original, ein unverkennbares Markenprodukt.

Pat Parelli gilt als Erfinder des Natural Horsemanship – seine Methoden hat er weltweit vermarktet.

Auch Alfonso Aguilar zog es nach Europa. Und auch er zählt heute zu den Stars der Horsemanship-Szene.

Wenn Monty Roberts behauptet, die Pferdesprache »Equus« entdeckt zu haben, dann ist das in meinen Augen einfach nur lächerlich. Auch die »Parelli Organisation« hat alles dafür getan (und jahrelang ist ihr das gelungen), uns glauben zu machen, dass Pat Parelli der Erfinder des Horsemanship sei.

Getrennte Wege, gleiches Ziel

Als mir damals klar wurde, dass ich kein Parelli-Instructor werden wollte, dachte ich mir eigene Namen für meine Angebote aus: Meine Horsemanship-Kurse taufte ich »Spielregeln für Alphatiere«, und auf meiner ersten DVD gab ich sogar den »Sieben Spielen« neue Namen - und hatte dann trotzdem noch Angst, man könnte mir vielleicht an den Karren fahren. Es ging es eben ums Geschäft und nicht um die Verbreitung des Horsemanship-Gedankens.
Später staunten wir nicht schlecht, als immer mehr Trainer aus Übersee landeten und Wochenendkurse anboten: Alfonso Aguilar, Ian Benson, Steve Halfpenny, Honza Blaha. Alle hatten ihre Parelli-Vergangenheit, alle waren sie im Streit auseinandergegangen. Um zu verstehen, warum, musste ich erst zwei Reisen nach Mexiko und Chile unternehmen.

In Mexiko besuchte ich 2003 einen Kurs bei Alfonso Aguilar. Ich erfuhr, dass er zehn Jahre lang ein enger Weggefährte Pat Parellis war. Das Zerwürfnis begann, als Parelli verkündete, er werde jetzt den europäischen Markt erobern und Alfonso solle mitkommen - und so gingen die beiden getrennte Wege.
Die Ironie des Schicksals und nicht zuletzt die Notwendigkeit, Geld zu verdienen, führten dazu, dass auch Alfonso Aguilar nach Europa pilgerte, weil es in Mexiko eben nicht genügend zahlungskräftige Horsemanship-Kundschaft gab - und weil der Prophet im eigenen Land in der Regel nichts gilt.

Gastarbeiter der Pferdeszene?

War es möglich, dass all die internationalen Trainer nicht aus Güte und Großzügigkeit nach Deutschland kamen, sondern weil man hier einfach besser Geld verdienen konnte? Waren sie also gar nicht die exotischen Gurus mit dem besonderen Wissen, für die sie viele hielten, sondern eine Art Gastarbeiter der Pferdeszene? Zur Gewissheit wurde diese Vermutung für mich 2004 in Chile. In Deutschland war ich ein Horsemanship-Nobody, einer unter vielen. In Südamerika genügte es, dass meine chilenischen Freunde von meinen besonderen Fähigkeiten schwärmten. Sie baten mich, mir einen jungen Hengst anzusehen, mit dem die Gauchos partout nicht zurechtkamen. Als sie sahen, dass das Pferd nach kürzester Zeit frei hinter mir herlief, war ich dort plötzlich ein Star.

Ich weiß nicht, warum Clinton Anderson nicht nach Deutschland kommt, aber wenn ich mir sein Marketing und seine Videos ansehe, würde ich sagen, er hat das nicht nötig. Und inzwischen gibt es hierzulande Horsemanship-Schulen wie Sand am Meer. Es ist ein Geschäft, von dem auch ich gut lebe. Man geht eben dorthin, wo man Geld verdienen kann und will.

Uwe Weinzierl ganz privat

Was du schon immer über den Pferdeversteher wissen wolltest.

Deine Kundschaft ist vorwiegend weiblich, stört dich das nicht?

Uwe Weinzierl: Ganz im Gegenteil, es macht mir Spaß, mit Frauen zu arbeiten, und ich habe die interessantesten Frauen meines Lebens bei der Pferdearbeit kennengelernt. Solange ich Horsemanship habe, brauche ich kein Parship.

In den 1980er-Jahren hast du in Kreuzberg in der Künstlerszene gelebt. In diesen Kreisen haben auch Drogen eine Rolle gespielt, oder?

Uwe Weinzierl: Ich war ein neugieriger und wissbegieriger junger Mann und wollte mir nicht vom Staat vorschreiben lassen, worauf ich Lust haben darf und worauf nicht – und wo hier die Grenzen liegen. Ich habe deswegen eben alles ausprobiert, was mir Spaß gemacht hat.

Wie stehst du heute zum Thema Drogen?

Uwe Weinzierl: Insgesamt bin ich zurückhaltender geworden. Wenn es aber der Erweiterung meines Bewusstseins dient oder therapeutische Zwecke erfüllt, handle ich nach wie vor nach dem Grundsatz der Selbstbestimmung: Ich und sonst kein anderer entscheidet darüber, was in meinen Körper hineindarf und was nicht!

Uwe, wie hältst du's mit der Religion?

Uwe Weinzierl: Wie bei vielen anderen Themen, bin ich auch hier von meinem Vater beeinflusst und habe seinen wichtigsten Glaubenssatz übernommen: Ich glaube, dass fünf Pfund Fleisch eine gute Suppe ergeben! Ich finde, Religion ist Volksverdummung. Vieles daran erinnert ans Mittelalter, und ich wundere mich, warum Religion und Glauben noch heute so populär sind. Oder wie Einstein es gesagt hat: »Die menschliche Dummheit und das Universum sind unendlich, beim Universum bin ich mir noch nicht ganz sicher.«

Du lebst ja sehr abgeschieden im Süden von Mecklenburg-Vorpommern. Was bedeutet das Landleben für dich?

Uwe Weinzierl: Natürlich ist es schön, in der Natur zu leben, aber es hat den Beigeschmack des Rückzugs von der Menschheit. Und das Landleben ist gewissermaßen auch ein Ausdruck meiner Resignation. Als junger Mann hatte ich mir die Rettung oder zumindest Verbesserung der Welt auf die Fahnen geschrieben, mittlerweile bin ich aber davon überzeugt, dass das aussichtslos ist. Und was macht man dann? Man kann depressiv werden, man kann anfangen zu saufen. Oder man kann wie ich durch den Wald reiten und langsam ruhiger und schweigsamer werden. Das ist doch die angenehmste Form der Resignation, die ich mir vorstellen kann.

Dein Beruf ist ja wie eine Berufung. War dein Lebensweg Glück oder Schicksal?

Uwe Weinzierl: Es ist so schrecklich modern geworden, den Menschen zu empfehlen, das Leben in die eigene Hand zu nehmen. Die Ratgeberlitera-

Diesen herrlichen Ausblick genieße ich in Neu Drefahl fast jeden Tag - beneidenswert, oder?

tur zu diesem Thema ist unüberschaubar und - Pardon - zum Kotzen. Die Leute, die Unsinn über Wiedergeburt und kosmische Seelenwanderung erzählen, tun mir ein bisschen leid, aber noch mehr nerven sie mich. Ich denke, wir sollten die Tatsache, dass wir das meiste, was uns umgibt, nicht begreifen, mit großer Gelassenheit hinnehmen - und uns auf die wenigen Dinge, die wir wirklich wissen und verstehen, verlassen.

Du wolltest die Welt verändern, und das ziemlich radikal. Gekämpft hast du aber nur mit Worten, nie mit Fäusten?

Uwe Weinzierl: Wenn es bei den Protesten und Aktionen der linken Szene zu Gewalt kam, habe ich mich oft klammheimlich gefreut. Zu mehr hat es leider nicht gereicht. Also habe ich das schlechte Gewissen kultiviert und auf die Bühne gebracht.

Wie stehst du zu Gewalt bei der Arbeit mit Pferden - ist sie unvermeidbar?

Uwe Weinzierl: Ach, bei diesem Thema wird so viel um den heißen Brei herumgeredet. Da fallen dann Begriffe von »touchieren« oder »Grenzen ziehen« bis hin zu »Energie senden«. Das wird jetzt wieder viele empören, aber ich sage es trotzdem noch einmal ganz deutlich: In der Pferdeerziehung darf es nicht nur, sondern muss es Gewalt geben. Es muss eine Drohung ausgesprochen werden, also angekündigte Gewalt. Und dann muss sie auch durchgeführt werden, sonst kann das Tier mich nicht ernst nehmen.

Bist du im Tierschutz aktiv?

Uwe Weinzierl: Nein. Ich finde es auch absurd, sich um rumänische Straßenhunde und streunende Katzen in Griechenland zu kümmern, während gleichzeitig Angehörige unserer eigenen Spezies gerade im Mittelmeer ertrinken. Ich tauge da aber schlecht als moralische Instanz, da ich mich weder hier noch da engagiere.

Diese Frage hast du sicher schon oft gehört: Können Pferde denken?

Uwe Weinzierl: Ja, das stimmt! Das mit der Frage, meine ich. Die Antwort lautet: Das Wunschdenken der Menschen führt dazu, dass man Pferden Fähigkeiten andichtet, die sie definitiv nicht haben. Pferde sind süß, aber doof. Das ist im Übrigen auch ganz gut, denn der Umgang mit intelligenten Pferden wäre sehr viel schwieriger als mit diesen doch recht einfach gestrickten Wesen.

Haben Pferde eine Seele?

Uwe Weinzierl: Es sind schon viele Menschen und Pferde obduziert worden, und man hat alle möglichen Organe entdecken können, die Seele war nicht dabei. Solange das so ist, halte ich sie für eines der vielen Hirngespinste, die in menschlichen Gehirnen ihr Unwesen treiben.

Ich bin wirklich sehr glücklich, dass ich mit und sogar von meinen Pferden leben kann.

Warum schreibst du eigentlich nie Artikel für Fachzeitschriften?

Uwe Weinzierl: Nie stimmt nicht ganz, aber ich bin unglaublich gelangweilt von dieser Ratgeberliteratur, die sich immer und immer wiederholt. Wenn mir dazu etwas einfällt, dann ist es Spott – und Spott gehört in eine Satirezeitschrift. Außerdem bin ich oft angewidert von diesen ganzen Expertenartikeln, die den Leserinnen und Lesern nicht Wissen und Information vermitteln, sondern ihnen in Wahrheit nur Produkte andrehen wollen.

Was soll das »Denglisch« und der Sprach-Kauderwelsch in deinen Videos?

Uwe Weinzierl: Ich habe sehr viel mithilfe von DVDs gelernt, und die gab es anfangs nur in englischer Sprache. Wenn man ständig hört, wie amerikanische Trainer ihr Pferd »good boy« loben, dann übernimmt man das irgendwann ganz unbewusst. Später war ich viel in Italien und in Spanien unterwegs und war darauf angewiesen, ein bisschen Kauderwelsch mit den Leuten zu reden, weil sie eben nicht Englisch oder Deutsch sprachen. Mir fällt das gar nicht mehr auf.

Wie stehst du zur Kastration?

Uwe Weinzierl: Wenn ich meine Sexualität nicht ausleben könnte, dann wäre ich sehr froh, wenn mir jemand das Verlangen danach nehmen könnte. Nichts ist schlimmer, als Lust zu haben und sie nicht befriedigen zu können. Deswegen denke ich, dass es für Hengste, die nicht zum Decken kommen, eine Wohltat ist, wenn sie von der Plage, die von ihren Hoden ausgeht, befreit werden.

Wie verhindert man, dass die Kastration für den Hengst zum traumatischen Erlebnis wird?

Uwe Weinzierl: Indem man ihn nicht kastriert! Nein im Ernst: Für ein Pferd, das narkotisiert ist,

macht es keinen Unterschied, ob die Hoden oder ein Geschwür entfernt werden. Traumatisiert werden Menschen, weil sie ein Bewusstsein haben, ein Gehirn und Denkprozesse.
Die Vorstellung, dass ein Pferd durch eine Kastration traumatisiert wird, ist das, was man in der Psychologie als »Projektion« bezeichnet. Pferde leben im Hier und Jetzt, das ist ihnen eigen und bewahrt sie vor Traumata.

Du stehst öfter in der Kritik, wie ist das für dich, trifft dich das?

Uwe Weinzierl: Am Anfang hat es mich sehr getroffen. Und natürlich ist für mich auch heute begeistertes Lob viel schöner als harsche Kritik. Es kommt aber immer auch darauf an, ob sich meine Kritiker Gedanken machen - oder ob sie mich einfach nur zum Blödmann erklären wollen. Ich versuche mich damit zu trösten, dass Shitstorms auch Indikatoren für Popularität sein können.

Spiegeln Pferde unser Verhalten?

Uwe Weinzierl: Ich kann mit diesem feinfühligen Kram wenig anfangen. Manche Leute behaupten, es ist Unsinn, zu seinem Pferd zu gehen, wenn man schlecht drauf ist. Wenn ich schlecht drauf bin, gibt es für mich keinen besseren Ort als meine Pferde! Dass sich meine schlechte Laune auf sie überträgt, konnte ich noch nie beobachten.

Man sagt immer, dass sich ängstliche Pferde von ängstlichen Reitern anstecken lassen - ist da was dran?

Uwe Weinzierl: Richtig ist auf jeden Fall, dass Pferde auf Unsicherheit reagieren. Pferde nehmen war, ob ein Mensch authentisch ist oder nicht, ob er Sicherheit und Selbstbewusstsein ausstrahlt oder nicht - und auch, ob er hektisch ist oder ruhig, besonnen und gelassen. Wenn das mit Spiegeln gemeint ist, dann ja.

Verstehst du viel von der Anatomie deiner Pferde?

Uwe Weinzierl: Gar nichts! Und das muss ich auch nicht. Wer Auto fährt, muss schließlich auch nicht die Elektronik seines Fahrzeugs kennen und es selbst reparieren können. Den Ölwechsel darf man aber nicht vergessen - beim Pferd ist das die Wurmkur. Tanken muss man natürlich auch, genauso wie man Pferde mit Heu, Wasser und Mineralien versorgen muss. Und dann muss man natürlich wachsam sein, wenn sich etwas verändert. Ich renne aber nicht dauernd zur Vorsorge - und wenn mir nichts wehtut, gehe ich auch nicht zum Zahnarzt. Wenn ich mal lahme, schone ich mich ein paar Tage, und meistens geht es von alleine weg. So halte ich es mit meinen Pferden auch.

Kann man ein Pferd nur mit der Kraft seiner Gedanken lenken?

Uwe Weinzierl: Also ehrlich, ich wäre schon froh, wenn ich mich mit meinen eigenen Gedanken lenken könnte, z.B. weg vom Kühlschrank. Manchmal bin ich auch froh, dass meine Gedanken meine

Pferde reagieren auf Unsicherheit und nehmen wahr, ob ein Mensch Selbstbewusstsein ausstrahlt oder nicht.

Handlungen nicht lenken können, sonst wäre ich vielleicht schon längst im Knast. Aber im Ernst. Indirekt funktioniert das natürlich schon: Wenn ich einen Gedanken habe im Pferdetraining, dann manifestiert er sich in meinem Körper, und dann gibt's einen Muskeltonus; und diesen Muskeltonus kann ein Pferde wahrnehmen – und wird darauf reagieren, wenn es entsprechend fein ausgebildet ist. Als »Salami Sony Roy« habe ich allerdings mein Pferd mit meiner indianischen Weisheit gelenkt, dass war ein großer Spaß.

Was bedeutet Glück für dich?

Uwe Weinzierl: Da halte ich es mit Max Frisch: »Glück ist das lichterlohe Bewusstsein: diesen Augenblick wirst du nie vergessen.« Menschen empfinden die Differenz, und da ich ein Mensch bin, der zur Traurigkeit neigt, sind Glücksgefühle, etwa nach dem Sex, für mich immer ein besonderes Ereignis. Glück empfinde ich aber auch, wenn ich gemeinsam mit meinen Pferden in der Natur bin, wenn da eine Einheit ist, wenn die Kommunikation funktioniert. Und ich bin auch oft glücklich, wenn ich einen lang gehegten Wunsch realisieren kann. Das kann eine gelungene Premiere, ein Bühnenerfolg oder ein Fernsehauftritt sein. Je tiefer ich am Boden bin, umso mehr kann ich Glück, wenn es mich denn heimsucht, auch genießen.

Wenn du ein Pferd wärst, was wäre deine liebste Beschäftigung?

Uwe Weinzierl: Wenn man Pferde beobachtet, sieht man, dass sie in erster Linie, wie wir alle, das Bedürfnis nach Sicherheit, Saufen und Fressen haben. Hinzu kommt irgendwann das Bedürfnis, sich sexuell zu betätigen – und ansonsten ein bisschen spielen und in Gemeinschaft mit anderen sein. Wenn ich's mir also recht überlege, bin ich vielleicht schon ein Pferd! All das mache ich gern und würde es auch als Pferd gern machen.

Was für ein Pferd wärst du am liebsten?

Uwe Weinzierl: Bei meiner Mentalität wird es niemanden überraschen, dass ich am liebsten ein Showpferd wäre. Ich würde gern auf Abendgalas auftreten; und dann möchte ich, dass man mich wegen meiner Schönheit, Eleganz und der Anmut meiner Bewegungen nach Hollywood ruft. Ich möchte aber am liebsten ein Showpferd sein, das für seinen Erfolg nicht jahrelang trainieren muss. Ich möchte gern mit einfachen Nummern möglichst viele Leute begeistern, etwa auf einen Pick-up springen. Dinge, die man in zwei Tagen lernen kann, aber von denen man zwei Jahre profitiert.

Wenn du etwas in deinem Leben anders machen könntest, was wäre das?

Uwe Weinzierl: Ich habe eigentlich nicht viel zu bereuen. Ich denke, für meine Verhältnisse und für mein durchschnittliches Talent habe ich überdurchschnittlich viel erreicht. Jetzt sitze ich auf einer Parkbank und bin überrascht, wie einverstanden ich mit dem Leben oft bin.

Wer sind, abgesehen von deinem Vater, deine größten Vorbilder?

Uwe Weinzierl: Da gibt es einige. Vor allem Leute, die bereit waren, für ihre Ideen und Ideale große Risiken einzugehen oder sogar ihr Leben zu riskieren. Da gehört für mich übrigens Ulrike Meinhof genauso dazu wie Mahatma Gandhi und Martin Luther King. Es geht gar nicht um Gewalt, sondern um die Bereitschaft, für seine Ziele das eigene Leben einzusetzen. So viel Mut hatte ich nie.
Was das Pferdetraining betrifft waren anfangs Monty Roberts und vor allem Pat Parelli meine großen Vorbilder. Inzwischen gibt es aber so viele gute Trainer, deren Arbeit ich sehr schätze – und mir ist Clinton Anderson inzwischen tatsächlich ein bisschen lieber als Parelli, weil er klare und einfache Worte für das Verhältnis zwischen

Mensch und Pferd findet und nicht versucht, Pferde, bloß weil man sie gern hat, zu einer Art Mensch auf vier Beinen zu machen.

Welche Faszination geht für dich von Pferden aus - was an ihnen liebst du am meisten?

Uwe Weinzierl: Ich glaube, es ist die Schönheit an sich und die Anmut ihrer Bewegungen. Sicherlich spielt es auch eine Rolle, dass man sich auf sie setzen kann - zurück in die Mutterarme, die einen tragen. Beim Reiten verfügt man über eine Kraft und Schnelligkeit, die man selbst nicht hat. Mit Pferden zusammen zu sein verschafft eine tiefe Befriedigung, es ist besser als jede Therapiestunde. Man kommt befreit zurück aus dem Wald - und das sollte ja eine Therapie leisten, es einem in der eigenen Haut erträglicher zu machen, oder? Bei Pferden ist dieses Gefühl fast garantiert.

Kann man sein Pferd bei dir einstellen?

Uwe Weinzierl: Ich muss ganz offen sagen, dass ich das Einstellen von Pferden mittlerweile eingestellt habe, weil meistens die Einstellung der Einsteller nicht richtig eingestellt werden konnte. Sich von Pferdebesitzern ökonomisch abhängig zu machen, halte ich für keine gute Idee. Zumindest für mich funktioniert das nicht.

Was macht Uwe Weinzierl nach einem anstrengenden Pferdetag?

Uwe Weinzierl: Also meistens mache ich mir ein Bier auf, setze mich hin und bin zufrieden und glücklich, dass ich mit und von meinen Pferden leben kann. Dann beschäftige ich mich ganz gerne mit Musik oder Literatur. Und wenn spannende Leute da sind, versuche ich, durch provozierende Fragen die Aufmerksamkeit weg von Pferdefotos hin zu spannenderen Themen zu lenken.

Ein gutes Team: Constanze Fiedler habe ich inzwischen die Hofleitung in Neu Drefahl übertragen.

Magst du Fußball?

Uwe Weinzierl: Oh ja! Fußball hat mich das erste Drittel meines Lebens beschäftigt. Kurz nachdem ich richtig laufen konnte, habe ich schon den Ball mit meinen Füßen bewegt. Mit sieben Jahren habe ich zum ersten Mal ein Vereinstrikot getragen und mit 25 zum letzten Mal bei einem Vereinsspiel gekickt. Dieser Sport hat mich aber nie so richtig losgelassen, und am Anfang bin ich so geritten, wie ich Fußball gespielt habe: immer mit voller Kraft, immer mit der großen Lust an der Bewegung. Und wenn man stolpert, rappelt man sich eben wieder auf, und weiter geht's. Heute gucke ich mir immer noch sehr gern die Spiele dieser großartigen Athleten an, und manchmal bedaure ich es ein wenig, dass ich in meinem Alter bei diesen jungen Kerlen nicht mehr mitmischen kann.

Bist du ein »Späthippie«?

Uwe Weinzierl: Wenn damit gemeint ist, dass ich für die 68er-Bewegung ein bisschen zu spät gekommen bin, würde ich sagen: ja. Wenn es meint, dass ich jetzt in meinem hohen Alter immer noch die Hippie-Ideale der Sechziger hochhalte, würde ich sagen: ja. Und wenn man bedenkt, dass ich heute eine Frisur trage wie Wolfgang Neuss, dann würde ich sagen: eindeutig ja!

Wie geht es den Menschen und Pferden, die zu dir nach Neu Drefahl kommen?

Uwe Weinzierl: Die Pferde, die zu uns kommen, sind meistens gefallene Engel. Sie wurden also als Traumpferd gekauft und dann nach kürzerer oder längerer Zeit zum Albtraum geworden. Wenn diese Kandidaten zu uns kommen, aben nicht nur die Pferde im Blick, sondern vor allen auch die Ausbildung der Besitzer. In unser Waldparadies zu kommen bedeutet, ein Gesamtkunstwerk zu betreten. Wir leben in einer großen Wohngemeinschaft, in der die kleinen Familienstrukturen aufgehoben sind. Wir leben und arbeiten gemeinsam, wir essen zusammen – und das hat Neu Drefahl zu einer Art Sehnsuchtsort gemacht. Wenn die Ausbildungspferde uns nach drei Monaten verlassen, dann sind wir immer ein bisschen traurig, weil wir wissen, so schön wie bei uns werden sie es nie mehr haben. Und die Menschen, die uns verlassen, gehen auch meist unter Tränen, weil es eben eine Ausnahme ist. Die meiste Zeit bin ich mir dessen bewusst und verneige mich dankbar vor den Göttern, die es nicht gibt, für dieses Glück.

Gibt es etwas, was du unbedingt noch mit Pferden erleben willst – etwas, was du bisher noch nicht gemacht hast?

Uwe Weinzierl: Wenn ich auf Schwierigkeiten in der Ausbildung mit Pferden getroffen bin, dann hatte ich oft die Fantasie, mich mal irgendwo in der Wildnis mit dem Pferd absetzen zu lassen und tage- vielleicht sogar wochenlang Tag und Nacht mit diesem Pferd zusammen zu sein - nur das Pferd und ich. Das habe ich bisher nicht gemacht, das ist ein schöner Traum.

Welche Pläne hast du für die Zukunft?

Uwe Weinzierl: Den Plan zu verwirklichen, den ich schon als junger Mann hatte. Damals dachte ich immer, wenn ich nur genug Geld hätte, würde ich jeden Tag neu überlegen, worauf ich heute Lust habe, und das dann machen. Jetzt befinde ich mich in einer Situation, in der ich mir so etwas leisten kann – und genau das werde ich auch tun. Ich werde morgens die Augen aufschlagen, mir überlegen, worauf ich Bock habe, und dann werde ich das tun und nichts anderes.

Wo ist der schönste Platz für dich – der schönste Ort auf der Welt?

Uwe Weinzierl: Oh, das ist einfach: In den Armen meiner Frau – nachdem wir beide gekommen sind.

»Ich habe eigentlich nicht viel zu bereuen. Ich denke, für meine Verhältnisse und für mein durchschnittliches Talent habe ich überdurchschnittlich viel erreicht.«

Register

Die **halbfett** gesetzten Seitenzahlen verweisen auf Abbildungen und Illustrationen.

A

Abspringen 198
Aguilar, Alfonso 17, 78, 205, **205**
Altes Pferd 172
Anämie, infektiöse 101
Anbinden, mentales 183
Anderson, Clinton 17, 78, 203
Angst »verjagen« 186
Angst vor Unbekanntem 184-186, **185**
Angst vor dem Verladen 22
Anhalten des Pferdes 200, 201
Anhalten mit einem Zügel 200
Annäherung und Rückzug 179
Arbeitsseil 19, 20, 78, 126, 188
Argentinische Criollos 51, 68
Argentinische Ranchpferde 55
ArhönA Reiterhof **53**, 55, **66**
Ausbildung
- am Boden 17
-, artgerechte 166
Außenreize 186

B

Bareback-Pad 198
Beistellpferd 92
Belohnung 186
Bestimmtheit, freundliche 169
Bewegungsspiel 175
Bodenarbeitsstick 20
Bosal 197
Boxenhaltung 168
Brannaman, Buck **15**, 16
Bürsten 171

C

Carrot-Stick 20
Chef-Position 15, 167, 168
Criollos, argentinische 51, 68

D

Der perfekte Sitz 198
Desensibilisierung 80, 81, 127, **185**, 186
Diskomfort 169
Doppellonge 19, **193**
Dorrance, Tom und Bill 15
Druck
- -aufbau 169
- ausüben 169

E

Einstellung gegenüber dem Pferd 167
Engpass-Spiel 187, **187**
Equitana **24**, 112, **112**, **116**
Entspanntes Führen 181, **181**
Erziehung, gewaltfreie 176

F

Feinde, natürliche 14, 168
Fellwechsel 174
Feuchtes Stroh 47
Fleischfresser 13
Flucht
-instinkt 19
-tier 14, 168, 184
-reflex 184
Freiarbeit im Roundpen 15, 182
Freizeitreiten 13

Freundliche Bestimmtheit 169
Führen, entspanntes 181, **181**, **182**
Führ-
-strick 19
-länge 19
-technik 182
Führungsqualität 175
Futter 171
-, Kraft- 171
-neid 171

G

Gammelstroh 47
Gangart 48
Gebiss 17
Geländeritt 201
Gemeinsamkeit von Pferd und Mensch 14
Geräusche, Gewöhnung an 186
Geruchssinn 14
Gewaltanwendung 176
-, indirekte- 176
-, direkte- 176
Gewaltfreie Erziehung 176
Gewalt, natürliche 174–177
Good Guy - Bad Guy 179
Ground Tying 183, **184**
Grundausbildung 17
Günther, Thomas 17

H

Haflinger **210**
Halfter 17, 20
Haltung, artgerechte 17, **55**, **56**, **91**, **100**, **111**, **166**, **167**, **170**, 171, **206**, **209**
Harmonische Partnerschaft 12
Herdenhaltung **100**, **111**, 170, **166**, **170**, **206**
Herdentiere **100**, **111**, 168, **170**, **206**
Heu, altes 47
Herdenführer 15, 167, 168
Historie 166
Hop-Top-Show **116**, 117, 118, 191
Horsemanship, Definition 10–23
Horsemanship-Seil 183
Horsemanship-Stick 20
Hunt, Ray 15, 16

I

Individueller Umgang mit dem Pferd 17
Infektiöse Anämie 101
Inkompetenz,
-, bewusste 22
-, unbewusste 22, 23
Instinkt
- des Menschen 14
- des Pferdes 13
Isolation 178

J

Jo-Jo-Spiel 113, 188, **188**
Join-up 17, 58, 150
Jungpferd 79

K

Kandare 81
Knotenhalfter und Seil 15, 19, 81, 197
Kolik 41, 46
Komfort 169
Kommunikation 15
Körperbau 15
Kontaktstock 20
Kontrollverlust 204
Konventionelle Pferdehaltung 17
Körpersprache 14, 21, 167, 168
Kraftfutter 171
Kreisspiel 187, **187**
Kuppenrhön **52**

L

Learn Burns 88
Lusitano 109

M

Marketendersattel **80**, 194
Mentales Anbinden 183
Mobiler Zaun 178
Mustang 57, 179

N

Nahrung 171
Natural Horsemanship 10-23
Natürliche Feinde 14, 168
Natürliche Gewalt 174-177
Natürlicher Umgang 13
Natürliches Verhalten 13
Neugierde 186
Nothaken 183

O

Offenstall 171
One-Rein-Stop 200

P

Parelli Natural Horsemanship 17
Parelli, Pat 13, 16, 17, 58, 70, 116, 151, 192, 204
Partnerschaft, harmonische 12
Persönlichkeit des Pferdes 17
Pferd
-, altes- 172
- als Therapeut 171
- anbinden 182
- einfangen 178
-, krankes **102**
- randaliert im Hänger 189
- seitlich führen 193
- von hinten führen 193
Pferde
- als Begleiter des Menschen 166
-fest 75
-fleisch 167
- führen 180-182, **181**
-hänger 186
Pferdegeschichten 24-163
Aragon **50**, 51-59,
Charly **144**, 145-159
Dakini **86**, 87-93
Gamin 55
Indigo **134**, 135-141
Jacques **76**, 77-83,
Java 42, **55**
Mambo 135
Nando 27-35
Nina 97-104
Peon **64**, 65-72,
Samson **40**, 41-48, **55**
Serio **122**, 123-129
Sisco 69
Veloz **6**, **108**, 109-118
Pferdemenschen-Kunst 13
Pferdehaltung, konventionelle 17
Pflanzenfresser 13
Pflege 171
Praxistipps 164-203
Psyche des Pferdes 13
Pullback-Reflex 183
Putzen des Pferdes 171

R

Ranchpferde, argentinische 55
Rangordnung 15, 168
Rangordnungskämpfe 18
Rangordnungsspiele 18
Raum verkleinern 178
Reiten 167
- in der Karawane 202, **202**
- ohne Sattel **195**, 197-199
-, gebissloses 195
-, unabhängiges 201, **203**
Reiterhof ArhönA **53**, 55
Reiterhof Neu Drefahl **153**, 190, **209**
Reitkissen 198
Reitvorbereitung 192

Respekt 15, 70, 180
Roberts, Monty **16**, 17, 57, 148, 204
Roundpen 18, **18**, **20**, **125**, 180, **194**
-höhe 18
-größe 18

S
Safety Clip 183
Sattel 199
Säugetiere 14
Scheu vor Gegenständen 22
Schockstarre 140
Schocktherapie 141
Schreckhaftigkeit 22
Schubsen 14
Seil 17, 20
Seilhand 20
Seven Games 17, 77
Showpferde 72, 109, **128**
Sich losreißen 182, 192
Sieben Spiele 17, 77
Sitz, der perfekte 198
Sporen 17
Sprungkraft des Pferdes 19
Stall **44**, **45**
Stallhalfter 19
Stick 20, 21, **177**
Streicheln 14
Stress 180
Striegeln 171
String 20, 21
-, Leder- 21
Stroh, feuchtes 47

T
Talgschicht Haut 171
Telepathie 102
Timing 169
Totstellreflex 139
TV-Dreharbeiten 146, **146**, 149–157

U
Überfütterung 177
Umgang mit Pferden
-, natürlicher 13
-, individueller 17
Unabhängigkeitsübungen 91, 203, 204
Unterstand 170

V
Vallentin, Silke 17
Varian, Sheila 16
Verhalten
-, natürliches 13
-, unerwünschtes 177
Verladen 97, 98, **139**, **166**, 186–189, 192
Verladetraining 113, **187**, **188**
Verletzungsgefahr 170, 183
Versicherung 199
Vertrauen 15, 70, 180
Vertreiben 14

W
Warmblut 87, 150
Wasserentzug 178
Weglaufen 178
Weidehaltung 17, **55**, **56**, **91**, **100**, **111**, **166**, 171, **206**, **209**
Welsh-Cob-C 77
Welz, Heinz 8, **9**
Westernreiten 13
Wildpferd 57, 179
Winter-
-pelz **136**, 174, **178**
-quartier 44

Z
Zäumung, gebisslose 197
Zaun, mobiler 178
Zentaur-Spiel 179
Zerren 181

LITERATUREMPFEHLUNGEN

Aguilar, Alfonso:
Professionelle Ausbildung am Boden: für jedes Alter, für jede Rasse,
Franckh Kosmos Verlag, 2014

Anderson, Clinton, Kaitcer, Melinda:
Lessons Well Learned: Why my method works for any horse,
Trafalgar Square Books, 2009

Anderson, Clinton:
Clinton Anderson's Downunder Horsemanship: Establishing Respect and Control for English and Western Riders,
Trafalgar Square Books, 2004

Dauth, Michael:
Wer ist der Chef? Wie dominante Pferde zu Partnern werden,
Kosmos Verlag, 2010

Günther, Thomas, Kreuer Susanne:
Pro Ride Horsemanship: Harmonische Trainingserfolge durch Wissen, Struktur und Gefühl,
Pepper Verlag, 2020

Hackl, Bernd: Basistraining für Pferde:
Richtig ausbilden, Problemen vorbeugen,
BLV, 2018

Welz, Heinz:
Pferdeflüstern kann jeder lernen: Kommunikation im Round Pen,
Kosmos Verlag, 2012

VIDEOS

Clinton Anderson
https://www.youtube.com/user/DUHorseman
im App Store unter Downunder horsemanship
englischsprachig, kostenfrei, dafür mit Werbung

Parelli Club
https://www.youtube.com/channel/UC-ZnaM6MmlfN9hEv4Rog7y1w
englischsprachig, kostenfrei

Weinzierl Horsemanship
https://www.youtube.com/channel/UC1K_OI2RdWri4BNOBboHimA
deutschsprachig, kostenfrei, ohne Werbung

ZEITSCHRIFTEN

Feine Hilfen
Das Bookazine für den verantwortungsvollen Umgang mit Pferden
www.feinehilfen.com

Horseman
Westernreiten, Freizeitreiten, Horsemanship
www.horseman-magazin.de

Natural Horse
Über den achtsamen Umgang mit Pferden
www.naturalhorse.de

DIE KÖNNTEN SIE AUCH INTERESSIEREN.

ISBN 978-3-96747-046-8

ISBN 978-3-8354-1785-4

ISBN 978-3-96747-029-1

ISBN 978-3-8354-1660-4

ISBN 978-3-8354-1616-1

ISBN 978-3-8354-1791-5

Auch als E-Book erhältlich

DER AUTOR

Das Multitalent Uwe Weinzierl wurde 1958 im Schwarzwald geboren, hier verbrachte er auch seine Kindheit und Jugend. Von 1985 bis 1994 stand er als politischer Kabarettist auf der Bühne, Mitte der 1990er-Jahre entdeckte er dann seine Leidenschaft für Pferde und Horsemanship. 1996 rief er im Nordosten Hessens das Projekt »ArhönA« ins Leben, eine Mischung aus Reiterhof, Kommune und alternativem Kulturzentrum. 2010 zog er ins südliche Mecklenburg-Vorpommern, wo er bis heute als Horsemanship-Trainer arbeitet und gemeinsam mit seinem Trainerteam Schüler, Gäste und ihre Pferde ausbildet. Einem breiteren Publikum wurde Uwe Weinzierl als »Pferdeversteher« im TV-Programm des Norddeutschen Rundfunks bekannt.

Alle weiteren Infos unter: Weinzierl Horsemanship, www.uweweinzierl.de

DANK

Mein besonderer Dank geht an:

Christoph Jungmann
Mein Freund seit Kabarett-Tagen, unermüdlicher Berater und Zuhörer, der das Buchprojekt begleitet hat und den Hitzkopf Uwe Weinzierl immer noch aushält und schätzt.

Janina Rieck
Geduldige Zuhörerin, die meine Gedanken für den Praxisteil des Buches strukturiert und zur Druckreife gebracht hat.

Constanze Fiedler
Meine Lebensgefährtin, die nun schon zum zweiten Mal dafür gesorgt hat, dass mir beim Endspurt nicht die Puste ausgeht.

Anja Daume
Ihr danke ich für Freundschaft, Gehör und Fotos.

Unterstützer und Lebensretter in zufälliger Reihenfolge:

Katja Münch
Tanja van Uden
Jördis Brunke
Heinz Welz
Petra Barchfeld
Vera Kamaryt
Günter Wieland
Rainer Klee

Ich danke auch allen, die mir zugehört und widersprochen, die mich aufgebaut und runtergemacht haben – und allen, denen ich Dank schulde und sie zum Dank dafür leider vergessen habe.

BILDNACHWEIS

Alle Fotos in diesem Buch stammen von **Jördis Brunke** (www.joerdis-horsemanship.de) mit Ausnahme von:

akg-images: 60, 62, 63, 131; **Alamy:** 15; **Uwe Beyer:** Cover, 6, 10-2, 153, 190, 212, 213, 215, 222; **Cavallo/Rädlein:** 112; **Anja Daume:** 53, 55, 56, 66, 74, 120, 121, 133; **ddp images:** 119; **dpa/picture alliance:** 47; 130; **Getty Images:** 16, 26, 43; **Huber Images:** 67; **Imagebroker:** 85; **Imago:** 52, 102, 204; **Interfoto:** 84; **Keystone Pressedienst:** 132; **Katja Münch:** 50, 59, 64, 71, 72, 73, 76, 99, 205; **Plainpicture:** 33; **privat:** 9, 24-2; 36-39, 49, 75, 89, 105, 116, 150, 151, 154, 160; **Shutterstock:** 2, 29, 34, 44, 45, 95, 103, 106; **stock.adobe.com:** 30, 40, 94, 96, 142, 143; **Wildlife:** 107.

Illustrationen: **Laura Kruck:** 187, 188.

WIDMUNG

Dieses Buch widme ich meiner Tante Jutta. Sie war die fast gleichaltrige Spielkameradin meiner Kindheit, die Tochter meiner geliebten Großmutter. Jutta war die Erste, die mir als junge Erwachsene und auch durch all die Jahre immer wieder sagte: Du musst ein Buch schreiben!
Habe ich jetzt gemacht, Jutta.
Über mich und - für dich.

IMPRESSUM

BLV ist eine eingetragene Marke der GRÄFE UND UNZER VERLAG GmbH, www.blv.de

ISBN 978-3-96747-014-7

1. Auflage 2021

Projektleitung: Susanne Kronester-Ritter
Lektorat: jvr media, München (www.jvr-media.de)
Bildredaktion: Petra Ender, Natascha Klebl (Cover)
Korrektorat: Andrea Lazarovici
Umschlaggestaltung: kral & kral design, Dießen a. Ammersee unter Verwendung eines Coverentwurfs von independent Medien-Design, Horst Moser, München
Herstellung: Petra Roth
Layout: Dorothee Griesbeck, griesbeckdesign, München
Satz: Christopher Hammond
Repro: Longo AG, Bozen
Druck und Bindung: Firmengruppe APPL, aprinta druck, Wemding

Wichtiger Hinweis

Das vorliegende Buch wurde sorgfältig erarbeitet. Dennoch erfolgen alle Angaben ohne Gewähr. Weder Autor noch Verlag können für eventuelle Nachteile oder Schäden, die aus den im Buch vorgestellten Informationen resultieren, eine Haftung übernehmen.

Umwelthinweis: Dieses Buch ist auf PEFC-zertifiziertem Papier gedruckt. PEFC garantiert, dass Holz- und Papierprodukte aus nachhaltig bewirtschafteten Wäldern stammen.

Liebe Leserin und lieber Leser,

wir freuen uns, dass Sie sich für ein BLV-Buch entschieden haben. Mit Ihrem Kauf setzen Sie auf die Qualität, Kompetenz und Aktualität unserer Bücher. Dafür sagen wir Danke! Ihre Meinung ist uns wichtig, daher senden Sie uns bitte Ihre Anregungen, Kritik oder Lob zu unseren Büchern. Haben Sie Fragen oder benötigen Sie weiteren Rat zum Thema? Wir freuen uns auf Ihre Nachricht!

GRÄFE UND UNZER Verlag
Grillparzerstraße 12
81675 München
www.graefe-und-unzer.de

GRÄFE UND UNZER

Ein Unternehmen der
GANSKE VERLAGSGRUPPE